数据结构实验实训指导

主　编　康水平　谭德坤

副主编　王　军　吴润秀　冯祥胜

电子工业出版社

Publishing House of Electronics Industry

北京·BEIJING

内 容 简 介

本书是主教材《数据结构》的配套教材。全书分为两篇：第一篇为习题与实验，共 9 章，每章基本都由学习指导、习题、实验等内容组成，其中实验部分主要由验证性实验和设计性实验组成；第二篇为实训案例，共 12 个兼具综合性、设计性的实训案例，并提供程序的源代码。附录 A 共 17 套数据结构模拟试卷。

本书的最大特点是将实验进行分层，适合不同层次的程序设计者：初学者能循序渐进地熟悉数据结构的基础知识；基础较好者能开拓思路，潜移默化地提高计算机素质。

本书既可作为高等学校应用型本科和高等职业院校计算机相关专业的实验实训教材，也可作为计算机爱好者的参考书。

图书在版编目（CIP）数据

数据结构实验实训指导 / 康水平，谭德坤主编. —北京：电子工业出版社，2023.12

ISBN 978-7-121-47762-1

Ⅰ. ①数… Ⅱ. ①康… ②谭… Ⅲ. ①数据结构—高等学校—教学参考资料 Ⅳ. ①TP311.12

中国国家版本馆 CIP 数据核字（2024）第 083599 号

责任编辑：魏建波

印　　刷：三河市鑫金马印装有限公司
装　　订：三河市鑫金马印装有限公司
出版发行：电子工业出版社
　　　　　北京市海淀区万寿路 173 信箱　邮编　100036
开　　本：787×1 092　1/16　印张：20.5　字数：524.8 千字
版　　次：2023 年 12 月第 1 版
印　　次：2023 年 12 月第 1 次印刷
定　　价：67.60 元

凡所购买电子工业出版社图书有缺损问题，请向购买书店调换。若书店售缺，请与本社发行部联系，联系及邮购电话：（010）88254888，88258888。

质量投诉请发邮件至 zlts@phei.com.cn，盗版侵权举报请发邮件至 dbqq@phei.com.cn。

本书咨询联系方式：（010）88254713，qiurj@phei.com.cn。

目　　录

第一篇　习题与实验

第二篇　实训案例

附录 A　数据结构模拟试卷

Part 1

习题与实验

第一章

绪　　论

本章学习目标

1. 熟悉专业名词、术语的含义，掌握数据结构的基本概念，特别是数据的逻辑结构和存储结构之间的关系，能分清哪些是逻辑结构的性质，哪些是存储结构的性质。

2. 了解抽象数据类型的定义、表示和实现方法。

3. 理解算法的五个要素的确切含义：①有输入；②有输出；③确定性；④有穷性；⑤有效性。

4. 掌握计算语句频度和估算算法时间复杂度的方法。

1.1　学习指导

1.1.1　基本概念

1. 概述

著名计算机科学家、Pascal 语言发明者尼古拉斯·沃思提出如下结构式：

程序 ＝ 算法 ＋ 数据结构

也就是说，计算机可按照程序描述的算法对某种数据结构进行加工和处理。

我们可以进行如下理解：在设计程序前先要了解需要解决的问题，再提出解决此问题的方法和步骤。程序就是用计算机语言表述的算法，目的是加工数据；算法就是解决问题的方法，算法的处理对象是数据；数据结构是问题的数学模型。

非数值计算的程序设计问题如下：信息自动检索、计算机游戏、多岔路口交通信号灯管理等。

2. 常用术语

数据（Data）：是能够被计算机输入、存储、处理和输出的一切信息，是计算机处理的信息的某种特定符号的表示形式。它包括数值型数据和非数值型数据（如字符、图像、声音）。

数据项（Data Item）：是数据的最小单位，有时也称域，即数据表中的字段。

数据记录（Data Record）：是数据处理领域中用来组织数据的基本单位，由数据项组成，即数据表中的一条记录。

数据元素（Data Element）：是数据集中相对独立的单位（也称元素或结点），也是数据结构中讨论的基本单位。它和数据是相对的，如果一条记录相对其所在的文件存在，就可以被认为是数据元素，而相对于所含的数据项又可以被认为是数据。

数据对象（Data Object）：是性质相同的数据元素的集合，是数据的一个子集。如代码中的大写字母形式的字符数据对象是集合 C={'A','B','C',…，'Z'}，整数数据对象是集合 N = { 0, ±1, ±2, … }。

数据结构（Data Structure）：是带结构的数据元素的集合，描述了一组数据元素及数据元素间的相互关系，如关系型数据表。数据结构包括逻辑结构和存储结构。

逻辑结构（Logical Structure）：是指数据元素之间的抽象化的关系。

存储结构（Storage Structure）：也称物理结构，是数据的逻辑结构在计算机存储器中的存储形式（或称映像）。

顺序存储结构：借助数据元素在存储器中的相对位置来表示数据元素之间的逻辑关系，可用一维数组进行描述。

链式存储结构：借助可指示数据元素存储地址的指针来表示数据元素之间的逻辑关系，可用指针进行描述。

3. 数据结构概要

经总结，得到数据结构概要如下：

线性结构：每个结点有且只有一个前驱结点和一个后继结点（第一个和最后一个结点除外）。

树型结构：每个结点有且只有一个前驱结点（树根结点除外），但可以有任意多个后继结点。

图型结构：每个结点都可以有任意多个前驱结点和任意多个后继结点。

顺序存储结构：将数据结构的数据元素按某种顺序存放在计算机存储器的连续存储单元中。其结构简单，可节省存放指针的空间，但需要连续的空间。数据元素的数目不确定会造成空间闲置。

链式存储结构：为数据结构的每个结点附加一个数据项，其中存放一个与其相邻的数据元素的地址（指针），通过指针找到下一个相邻数据元素的实际地址。每个结点由数据域和指针域组成，其空间不必连续，在进行插入、删除操作时不必移动结点，但结点指针要占用额外的空间。

索引存储结构：将全部记录存入存储器的不同位置，系统为全部记录建立一张索引表，索引表中登记了每条记录的长度、逻辑记录号及其在存储器中的位置。可通过索引表来访问相应的记录。

散列存储结构：在每条记录的存储位置及其关键字之间建立一个确定的对应关系，使每个关键字和结构中唯一一个存储位置对应。由关键字进行某种运算后直接确定数据元素的地址。

在数据的逻辑结构中，树型结构（1:N）是图型结构（M:N）的特例（因为树型结构满足 $M=1$），线性结构（1:1）是树型结构（1:N）的特例（因为线性结构满足 $N=1$）。

一种数据结构可以表示成一种或多种物理结构。在数据处理过程中，一个恰当的数据结构有着非常重要的作用。

4. 数据结构讨论的范畴

有关数据结构的讨论一般涉及以下三个方面的内容。

（1）数据成员及它们之间的逻辑关系，也称数据的逻辑结构，简称数据结构。

（2）数据成员及其逻辑关系在计算机存储器内的存储表示，也称数据的物理结构，简称存储结构。

（3）施加于数据结构上的操作。

数据的逻辑结构是用逻辑关系来描述数据，它与数据存储不是一码事，与计算机存储无关。因此，数据的逻辑结构可以看作从具体问题中抽象出来的数据模型，是数据的应用视图。数据的存储结构是数据的逻辑结构在计算机存储器中的实现（亦称映像），它依赖计算机，是数据的物理视图。数据的操作是定义于数据的逻辑结构上的一组运算，每种数据结构都有一个运算集合。例如，搜索、插入、删除、更新、排序等。

1.1.2 抽象数据类型

1. 基本概念

数据类型（Data Type）：一个数据的集合和基于这个集合定义的一组操作的总称。如 C 语言中的整型（短整型为 2 字节，表示范围为-32768～32767；长整型为 4 字节）、浮点型（4 字节，带小数点）、字符型（1 字节，用单引号表示，如'a'）、双精度型（8 字节）。

抽象数据类型（Abstract Data Type，ADT）的说明如下：

（1）由用户定义的、用以表示应用问题的数据模型。

（2）由基本的数据类型组成，并包括一组相关的服务（或称操作）。

（3）信息隐蔽和数据封装。

ADT 有以下两个重要特征：

（1）数据抽象：在用 ADT 描述程序处理过程的实体时，强调的是其本质特征、所能完成的功能，以及它和外部用户的接口（即外界使用它的方法）。

（2）数据封装：将实体的外部特性及其内部实现细节分离，并且对外部用户隐藏其内部实现细节。

2. 抽象数据类型的描述方法

抽象数据类型可用三元组(D,S,P)表示，其中，D 是数据对象，S 是 D 的关系集，P 是 D 的基本操作集，可用如下形式表示：

```
ADT 抽象数据类型名 {
数据对象：〈数据对象的定义〉
数据关系：〈数据关系的定义〉
基本操作：〈基本操作的定义〉
} ADT 抽象数据类型名
```

其中，数据对象和数据关系的定义用伪码（不是被程序真正执行的符号）进行描述，基本操作的定义格式如下：

```
基本操作名（参数表）
初始条件：〈初始条件描述〉
操作结果：〈操作结果描述〉
```

基本操作有以下两种参数：只为操作提供输入值的赋值参数；以&开头的引用参数，除了可以提供输入值，还可以返回操作结果。

"初始条件"描述了在操作执行之前数据结构和参数应满足的条件，若不满足条件，则操作失败，并返回相应的错误信息。

"操作结果"说明了操作在被正常完成之后的数据结构的变化状况和应返回的结果。若初始条件为空，则省略。

3. 复数的抽象数据类型的表示与实现

复数的抽象数据类型的定义如下：

```
ADT Complex {
数据对象: D＝{e1,e2|e1,e2∈RealSet }
数据关系: R1={<e1,e2> | e1 是复数的实部, e2 是复数的虚部 }
基本操作:
InitComplex( &Z, v1, v2 )
        操作结果: 构造复数 Z,其实部和虚部分别被赋予参数 v1 和 v2 的值
DestroyComplex( &Z )
        操作结果: 复数 Z 被销毁
GetReal( Z, &realPart )
        初始条件: 复数已存在
        操作结果: 用 realPart 返回复数 Z 的实部值
GetImag( Z, &ImagPart )
        初始条件: 复数已存在
        操作结果: 用 ImagPart 返回复数 Z 的虚部值
Add( z1,z2, &sum )
        初始条件: z1、z2 是复数
        操作结果: 用 sum 返回两个复数 z1、z2 的和
} ADT Complex
```

假设 z1 和 z2 是复数，则 Add(z1,z2,z3)的结果为 z3=z1+z2。

1.1.3 算法及其分析

1. 算法的概念

算法是为了解决某类问题而规定的一个长度有限的操作序列，是解题过程的准确而完整的描述。算法有数值算法、非数值算法两种，详细说明如下：

算法的种类 { **数值算法**：是解决数值问题的算法，主要进行算术运算，如求解代数方程、求解数值积分等。早期的计算机主要用于数值计算。

非数值算法：是解决非数值问题的算法，主要进行比较和逻辑运算，如排序、查找、插入、删除等。随着计算机技术的发展，非数值计算的应用范围越来越广。

2. 算法的特性

（1）有输入：算法必须有零个或多个输入数据，简称有输入，输入数据是算法在开始运算前给予算法的量。这些输入数据取自特定对象的集合，它们可以使用输入语句从外部获取，也可以使用赋值语句在算法内部给定。

（2）有输出：算法应有一个或多个输出数据，简称有输出，输出数据是算法的计算结果。

（3）确定性：算法应被确切地、无歧义地定义。对于每一种情况，执行动作都应被严格地、清晰地规定。

（4）有穷性：算法无论在什么情况下都应在执行有穷次后结束。

（5）有效性：算法的每一次运算都必须能被精确地执行。

算法和程序不同，程序可以不满足有穷性。例如，一个操作系统在用户未使用前一直处于等待的循环状态，直到出现新的用户事件为止，这样的操作系统可以无休止地运行，直至停工。

3. 算法的描述

可将算法进行如下剖析：

$$
算法
\begin{cases}
流程图、代码符号专用工具。 \\
算法描述语言。 \\
自然语言（易产生歧义，烦琐，且当前的计算机尚不能处理）。
\end{cases}
$$

4. 算法设计的原则（性能标准）

（1）正确性：在输入合理的数据的情况下，算法能在有限的时间内得到正确的结果。

（2）可读性：程序可读性好，易于理解算法。

（3）健壮性：当输入的数据非法时，算法应当恰当地做出反应或进行相应处理，而不是产生不相关的输出结果。并且，处理错误的方法不应是中断程序的执行，而应是返回一个表示错误或错误性质的值，以便在更高的抽象层次进行处理。

（4）运行时间（时间复杂度）：指一个算法在计算机上运算所花费的时间。

（5）占用的内存空间（空间复杂度）：指一个算法在计算机存储器中占用的内存空间。

5. 算法性能的度量

♦ 算法的后期测试。

♦ 算法的前期估计：时间复杂度、空间复杂度。

（1）时间复杂度。

与算法执行时间相关的因素有如下几个：

1）算法选用的策略。

2）问题的规模。

3）编写程序的语言。

4）编译程序产生的机器代码的质量。

5）计算机执行指令的速度。

通常把算法中包含的简单操作的执行次数叫作算法的时间复杂度。算法的执行时间与简单操作的执行次数之和成正比，简单操作的执行次数越少，算法的执行时间越短。

设解决一个规模为 n 的问题，比如排序问题中，n 表示待排序元素的个数；矩阵运算中，n 表示矩阵的阶数；图的遍历中，n 表示图的顶点数。简单操作的执行次数是根据 n 得到的一个函数 $f(n)$ 的函数值。随着问题规模（n）的增长，算法执行时间的增长率和函数 $f(n)$ 的增长率相同，则可记作 $T(n) = O(f(n))$。其中，$T(n)$ 叫算法的渐进时间复杂度，简称时间复杂度，O 来源于 Order（数量级）的首字母，意思是 $T(n)$ 与 $f(n)$ 只差一个常数倍数。

算法的时间复杂度的计算如下：

例 1：累加求和。

```
for (int i = 1; i <= n; i++)
    for (int j = 1; j <= n; j++)
        c[i][j] = 0.0;
```

```
        for (int k = 1; k <= n; k++)
          c[i][j] = c[i][j] + a[i][k] * b[k][j];
    }
```

例 2：设代码中的 n 为正整数，分析程序段中各语句的执行次数。

```
x = 0;  y = 0;
for (int i = 1; i <= n; i++)
for (int j = 1; j <= i; j++)
    for (int k = 1; k <= j; k++)
        x = x + y;
```

详细的数学分析如下：

$$\sum_{i=1}^{n}\sum_{j=1}^{n}\sum_{k=1}^{n}1 = n^3$$

$$\sum_{i=1}^{n}\sum_{j=1}^{i}\sum_{k=1}^{j}1 = \sum_{i=1}^{n}\sum_{j=1}^{i}j = \sum_{i=1}^{n}\left(\frac{i(i+1)}{2}\right) = \frac{1}{2}\sum_{i=1}^{n}i^2 + \frac{1}{2}\sum_{i=1}^{n}i$$

$$= \frac{1}{2}\frac{n(n+1)(2n+1)}{6} + \frac{1}{2}\frac{n(n+1)}{2} = \frac{n(n+1)(n+2)}{6}$$

时间复杂度一般用数量级来衡量，当 n 大于一定的值时，不同数量级对应的值存在如下关系：

$$C < O(\log_2 n) < O(n) < O(n\log_2 n) < O(n^2) < (n^3) < O(2^n) < O(3^n) < O(n!)$$

（2）空间复杂度。

算法的存储量包括输入数据所占的空间、程序本身所占的空间、辅助变量所占的空间。

若输入的数据所占的空间只取决于问题本身，和算法无关，则只需要分析除输入的数据和程序的额外空间。

若所需的额外空间相对于输入的数据是常数，则称此算法在原地工作。若所需存储量依赖于特定的输入数据，则通常按最坏情况考虑。

空间复杂度是对算法在运行过程中临时占用的空间大小的度量，记作 $S(n) = O(g(n))$，表示随着问题规模（n）的增大，算法运行所需存储量的增长率与 $g(n)$ 的增长率相同。

注意：算法的所有性能之间都存在或多或少的影响，因此，当设计一个算法，特别是大型算法时，要综合考虑算法的各项性能、算法的使用频率、处理的数据量大小、算法描述语言的特性及算法运行的系统环境等各方面因素，才能设计出比较好的算法。

6. 常用算法

枚举法：求不定方程的解，如百元买百鸡问题。

迭代法：求近似解，不断逼近真值，如求方程 $x^3 - x - 1 = 0$ 在 $x = 1.5$ 附近的根。

递归法：自己调用自己，从给定的参数出发并递归到 0，如汉诺塔的故事。

递推法：从给定的边界出发，逐步迭代到给定参数，利用初始条件和递推公式计算，效率比递归法高。

分治法：将复杂问题分成若干小问题，在检索、快速分类和选择等问题中用得多。

回溯法：如骑士周游问题，"马"从棋盘上的任意一个格子开始走，总是可以走完棋盘上的 64 个格子。

1.2　习　　题

1.2.1　单项选择题

1. 组成数据的基本单位是（　　　）。

  A. 数据项   B. 数据类型

  C. 数据元素   D. 数据变量

2. 数据结构是研究数据的（　　　），以及它们之间的相互关系。

  A. 理想结构、物理结构   B. 理想结构、抽象结构

  C. 物理结构、逻辑结构   D. 抽象结构、逻辑结构

3. 在数据结构中，我们可以从逻辑上把数据结构分成（　　　）。

  A. 动态结构和静态结构   B. 紧凑结构和非紧凑结构

  C. 线性结构和非线性结构   D. 内部结构和外部结构

4. 数据结构是一门研究非数值计算的程序设计问题中计算机的（①）及其（②）和运算等的学科。

  ① A. 数据元素   B. 计算方法   C. 逻辑存储   D. 数据映像

  ② A. 结构   B. 关系   C. 运算   D. 算法

5. 数据的逻辑结构是（　　　）关系的整体。

  A. 数据元素之间的逻辑   B. 数据项之间的逻辑

  C. 数据类型之间的   D. 存储结构之间的

6. 在计算机的存储器中进行表示时，物理地址和逻辑地址的相对位置相同并且连续，被称为（　　　）。

  A. 逻辑结构   B. 顺序存储结构

  C. 链式存储结构   D. 以上都对

7. 在链式存储结构中，一个结点存储一个（　　　）。

  A. 数据项   B. 数据元素

  C. 数据结构   D. 数据类型

8. 数据结构在计算机内存中的表示是指（　　　）。

  A. 数据的存储结构   B. 数据结构

  C. 数据的逻辑结构   D. 数据元素之间的关系

9. 当数据采用链式存储结构时，要求（　　　）。

  A. 每个结点占用一片连续的存储区域

  B. 所有结点占用一片连续的存储区域

  C. 结点的最后一个数据域是指针类型的

  D. 每个结点有多少个后继结点，就设置多少个指针域

10. 下列说法中，不正确的是（　　　）。

  A. 数据元素是数据的基本单位

  B. 数据项是数据中不可分割的最小的可标识单位

  C. 数据可由若干个数据元素构成

  D. 数据项可由若干个数据元素构成

11.（　　）不是算法的基本特性。

    A. 可行性　　　　　　　　　　　　　　B. 长度有限

    C. 在规定的时间内执行完　　　　　　　D. 确定性

12. 算法分析的主要任务之一是分析（　　）。

    A. 算法是否具有较好的可读性　　　　B. 算法是否存在语法错误

    C. 算法的功能是否符合设计要求　　　D. 算法的执行时间和问题规模之间的关系

13. 算法分析的两个主要方面是（　　）。

    A. 正确性和简单性　　　　　　　　　B. 可读性和文档性

    C. 数据复杂性和程序复杂性　　　　　D. 时间复杂度和空间复杂度

14. 算法分析的目的是（　　）。

    A. 分析数据结构的合理性

    B. 研究算法中的输入数据和输出结果的关系

    C. 分析算法的效率以求改进

    D. 分析算法的易懂性和文档性

15. 算法的计算量被称为计算的（　　）。

    A. 效率　　　　　　　　　　　　　　B. 复杂性

    C. 现实性　　　　　　　　　　　　　D. 难度

16. 算法的时间复杂度取决于（　　）。

    A. 问题的规模

    B. 待处理数据的初态

    C. A 和 B

17. 可以从逻辑上把数据结构分为（　　）两大类。

    A. 动态结构、静态结构　　　　　　　B. 顺序结构、链式结构

    C. 线性结构、非线性结构　　　　　　D. 初等结构、构造型结构

18. 在下面的程序段中，对 x 进行赋值的频度为（　　）。

```
FOR i:=1 TO n DO
FOR j:=1 TO n DO
x:=x+1;
```

    A. $O(2n)$　　　　　　　　　　　　　B. $O(n)$

    C. $O(n^2)$　　　　　　　　　　　　　D. $O(\log_2 n)$

19. 在进行连续存储设计时，存储单元的地址（　　）。

    A. 一定连续　　　　　　　　　　　　B. 一定不连续

    C. 不一定连续　　　　　　　　　　　D. 部分连续，部分不连续

20. 某算法的时间复杂度为 $O(n^2)$，表明该算法的（　　）。

    A. 问题规模是 n^2　　　　　　　　　B. 执行时间是 n^2

    C. 执行时间与 n^2 成正比　　　　　D. 问题规模与 n^2 成正比

1.2.2　填空题

1. 在一个存储结点里，除了要有数据本身的内容，还要有体现＿＿＿＿＿＿的内容。

2. 顺序存储是把逻辑上＿＿＿＿＿＿＿＿的结点存储在物理位置上＿＿＿＿＿＿＿＿的存储单元里；链式存储中，结点间的逻辑关系是由＿＿＿＿＿＿＿＿表示的。

3. 数据的"存储结构"也称数据的"＿＿＿＿＿＿＿＿＿"。

4. 在数据结构中评价算法好坏的重要指标是＿＿＿＿＿＿＿＿。

5. 算法具有 5 个特性：＿＿＿＿＿＿＿、＿＿＿＿＿＿＿、＿＿＿＿＿＿＿、有输入、有输出。

6. 算法的执行时间是＿＿＿＿＿＿＿＿的函数。

1.2.3　判断题

1. 数据对象是由一些类型相同的数据元素构成的。　　　　　　　　　（　　）
2. 如果数据元素的值发生改变，则数据的逻辑结构也随之改变。　　　（　　）
3. 逻辑结构相同的数据可以采用多种不同的存储方法。　　　　　　　（　　）
4. 逻辑结构不同的数据必须采用不同的存储方法。　　　　　　（　　）
5. 顺序存储只能用于存储线性结构的数据。　　　　　　　　　　　　（　　）
6. 数据的逻辑结构是指各数据项之间的逻辑关系。　　　　　　　　　（　　）
7. 算法可以用不同的语言描述，如果用 C 语言等高级语言，则算法等同于程序。（　　）
8. 数据的物理结构是指数据在计算机内的实际存储形式。　　　　　　（　　）
9. 数据的逻辑结构与各数据元素在计算机中如何存储有关。　　　　　（　　）

1.2.4　简答题

1. 分析下列程序段的时间复杂度。

```
…
i=1;
while(i<n){
    i=i*2;}
```

2. 简述算法的定义及其重要特性。

3. 请问答什么是数据结构？有关数据结构的讨论涉及哪三个方面的内容？

第二章

线性表

本章学习目标

1. 了解线性表的逻辑结构和特性，以及元素之间存在的线性关系。在计算机中表示这种线性关系的两类不同的存储结构是顺序存储结构和链式存储结构，用前者表示的线性表简称顺序表，用后者表示的线性表简称链表。

2. 熟练掌握两类存储结构的描述方法，并理解链表中指针 p 和结点*p 的对应关系，链表中的头结点、头指针和首元结点的区别，以及单链表、循环链表、双向链表的特点等。链表是本章的重点和难点。具备扎实的指针操作技术和内存动态分配技术是学好本章知识的基本要求。

3. 熟练掌握线性表在顺序存储结构上实现的基本操作：查找、插入和删除。

4. 熟练掌握在各种链表中实现线性表操作的基本方法，能在实际应用中选用适当的链表。

5. 能够从时间复杂度和空间复杂度的角度综合分析线性表的两种存储结构的不同特点及适用场合。

2.1 学习指导

2.1.1 线性表的定义及抽象数据类型

1. 线性表的定义

线性表（Linear List）是一个具有相同特征的元素的有限序列，其表现形式如下：

$$(a_1,a_2,\ldots a_i,a_{i+1},\ldots,a_n)$$

该序列所含元素的个数 n 是线性表的长度，n 大于或等于 0，n 等于 0 表示一个空表。a_1 叫表头元素，a_n 叫表尾元素。除第一个和最后一个元素，每个元素都只有一个前驱结点和一个后继结点。

线性表的逻辑结构是线性结构。线性表的存储结构有多种，最常用的两种是顺序存储结构和链式存储结构。

2. 线性表的抽象数据类型

线性表的抽象数据类型的定义如下（此处以代码形式体现）：

```
ADT List {
数据对象: D={ aᵢ | aᵢ ∈ElemSet, i=1,2,...,n, n≥0 }
```

{n 为线性表的表长，n=0 时的线性表为空表}

数据关系：R1={ <a_{i-1} ,a_i >|a_{i-1} ,a_i∈D, i=2,...,n }

{设线性表为（a_1, a_2,..., a_i, ..., a_n），称 i 为 a_i 在线性表中的位序}

基本操作：

（1）结构初始化

InitList(&L)

操作结果：构造一个空的线性表 L

（2）销毁结构

DestroyList(&L)

初始条件：线性表 L 已存在

操作结果：销毁线性表 L

（3）引用型操作

ListEmpty(L)

初始条件：线性表 L 已存在

操作结果：若 L 为空表，则返回 TRUE，否则 FALSE

ListLength(L)

初始条件：线性表 L 已存在

操作结果：返回线性表 L 中的元素个数

PriorElem(L, cur_e, &pre_e)

初始条件：线性表 L 已存在

操作结果：若 cur_e 是线性表 L 的元素，但不是第一个元素，则用 pre_e 返回它的前驱结点，否则操作失败，pre_e 无定义

NextElem(L, cur_e, &next_e)

初始条件：线性表 L 已存在

操作结果：若 cur_e 是线性表 L 的元素，但不是最后一个元素，则用 next_e 返回它的后继结点，否则操作失败，next_e 无定义

GetElem(L, cur_e, &next_e)

初始条件：线性表 L 已存在，且 1≤i≤LengthList(L)

操作结果：返回线性表 L 中第 i 个元素的值

LocateElem(L, e, compare( ))

初始条件：线性表 L 已存在，compare( ) 是元素判定函数

操作结果：返回线性表 L 中第 1 个与 e 满足指定关系（compare( )）的元素的位序。若这样的元素不存在，则返回值为 0

ListTraverse(L, visit( ))

初始条件：线性表 L 已存在

操作结果：依次对线性表 L 的每个元素调用函数 visit( )。一旦调用该函数失败，则操作失败

（4）加工型操作

ClearList(&L)

初始条件：线性表 L 已存在

操作结果：将线性表 L 重置为空表

PutElem(L, i, &e)

初始条件：线性表 L 已存在，且 1≤i≤LengthList(L)

操作结果：为线性表 L 中的第 i 个元素赋值（同 e 的值）

ListInsert(&L, i, e)

初始条件：线性表 L 已存在，且 1≤i≤LengthList(L)+1

操作结果：在线性表 L 的第 i 个元素前插入新元素 e，线性表 L 的长度加 1

ListDelete(&L, i, &e)

初始条件：线性表 L 已存在且非空，且 1≤i≤LengthList(L)

操作结果：删除线性表 L 的第 i 个元素，并用 e 返回其值，线性表 L 的长度减 1

} ADT List

2.1.2　顺序表的实现

顺序表是将线性表中的是所有元素按其逻辑顺序依次存放在一个连续的内存空间中，具有顺序存储结构的线性表可以随机存取的存储结构。

1. 顺序表中元素的存储位置的计算

可通过如下代码得到顺序表中第 i 个元素 a_i 的存储位置：

```
LOC(ai)=LOC(a1)+(i-1)*L
```

其中 LOC(a_1) 是线性表的起始地址或基地址。

2. 顺序表内存空间的动态分配

顺序表内存空间的动态分配的代码如下：

```
#define LIST_INIT_SIZE 100 // 顺序表内存空间的初始分配量
#define LISTINCREMENT 10 // 顺序表内存空间的分配增量
typedef struct {
    ElemType *elem; // 内存空间的基地址
    int length; // 当前长度
    int listsize; // 当前分配的存储容量(以 sizeof(ElemType)为单位)
}SqList;
```

3. 顺序表操作的实现

（1）初始化顺序表，代码如下：

```
Status InitList_Sq(SqList &L) { // 构造一个空的顺序表 L
    L.elem = (ElemType *)malloc(LIST_INIT_SIZE *sizeof(ElemType));
    if (!L.elem) exit(OVERFLOW); // 内存空间分配失败
    L.length = 0; // 长度为 0
    L.listsize = LIST_INIT_SIZE; // 初始存储容量
    return OK;
} // InitList_Sq
```

（2）从顺序表中查找具有给定值的第一个元素，代码如下：

```
int LocateElem_Sq(SqList L, ElemType e, Status (*compare)(ElemType, ElemType)) {
    // 在顺序表 L 中查找第 1 个与 e 满足指定关系（compare()）的元素的位序
    // 若找到，则返回其在顺序表 L 中的位序，否则返回 0
    i = 1; // i 的初值为第 1 元素的位序
    p = L.elem; // p 的初值为第 1 元素的存储位置
    while (i <= L.length &&!(*compare)(*p++, e)) ++i;
    if (i <= L.length) return i;
    else return 0;
} // LocateElem_Sq
```

此算法的时间复杂度为 $O(\text{ListLength(L)})$，平均比较次数为 $(n+1)/2$。

（3）在顺序表的指定位置前插入一个元素。

插入元素时，顺序表的逻辑结构由 $(a_1, ..., a_{i-1}, a_i, ..., a_n)$ 变为 $(a_1, ..., a_{i-1}, e, a_i, ..., a_n)$。

算法思想如下：

1）检查 i 的值是否超出允许的范围（$1 \leq i \leq n+1$），若超出，则对错误进行处理。

2）将顺序表的第 i 个元素和它后面的所有元素向后移动一个位置。

3）将新元素写入空的第 i 个位置上。

4）使顺序表的长度加 1。

代码如下：

```
Status ListInsert_Sq(SqList &L, int i, ElemType e) {
    // 在顺序表 L 的第 i 个元素之前插入新的元素 e
    // i 的合法值为1≤i≤Listlength_Sq(L)+1
    if (i < 1 || i > L.length+1) return ERROR; // 插入位置不合法
    if (L.length >= L.listsize) { // 当前内存空间已满，增加内存空间
        newbase = (ElemType *)realloc(L.elem, (L.listsize+LISTINCREMENT)*sizeof (ElemType));
        if (!newbase) exit(OVERFLOW); // 内存空间分配失败
            L.elem = newbase; // 新的基地址
            L.listsize += LISTINCREMENT; // 增加内存空间
    }
    q = &(L.elem[i-1]); // q 表示插入位置
    for (p = &(L.elem[L.length-1]); p >= q; --p) *(p+1) = *p;
            // 将插入位置及其之后的元素右移
            *q = e; // 插入元素 e
    ++L.length; // 表长加 1
    return OK;
} // ListInsert_Sq
```

此算法的时间复杂度为 $O(\text{ListLength}(L))$，平均移动次数为 $n/2$，$n=$元素个数$=\text{ListLength}(L)$。

（4）从顺序表中删除第 i 个元素。

删除元素时，顺序表的逻辑结构由 $(a_1, ..., a_{i-1}, a_i, a_{i+1}, ..., a_n)$ 变为 $(a_1, ..., a_{i-1}, a_{i+1}, ..., a_n)$。

算法思想如下：

1）检查 i 的值是否超出允许的范围（$1\leq i\leq n$），若超出，则对错误进行处理。

2）将顺序表的第 i 个元素后面的所有元素向前移动一个位置。

3）使顺序表的长度减 1。

代码如下：

```
Status ListDelete_Sq(SqList &L, int i, ElemType &e) {
    // 从顺序表 L 中删除第 i 个元素，并用 e 返回其值
    // i 的合法值为 1≤i≤ListLength_Sq(L)
    if ((i < 1) || (i > L.length)) return ERROR; // 删除位置不合法
    p = &(L.elem[i-1]); // p 为被删除元素的位置
    e = *p; // 将被删除元素的值赋给 e
    q = L.elem+L.length-1; // 表尾元素的位置
    for (++p; p <= q; ++p) *(p-1) = *p; // 将被删除元素之后的元素左移
    --L.length; // 表长减 1
    return OK;
} // ListDelete_Sq
```

此算法的时间复杂度为 $O(\text{ListLength}(L))$。

2.1.3　线性链表的实现

1. 线性链表的定义

线性链表是具有链式存储结构的线性表，它用一组地址的任意存储单元存放线性表中的元素，相邻的元素不要求物理位置相邻，不能随机存取，一般用结点描述，即：

结点（表示元素）＝数据域（元素的映像）＋指针域（指示后继结点的存储位置）

线性链表以线性表中的第一个元素 a_1 的存储地址作为线性表的地址，这个元素也被称为线性链表的头指针。整个线性链表的存取必须从头指针开始。

线性链表有如下三种：

（1）单链表：每个结点都有一个指针域、一个头指针 h，而无尾指针，单链表的最后一个结点的指针域是空的。其结构简单，但查找效率不高（查找结点总要从头开始），可表示为如下形式。

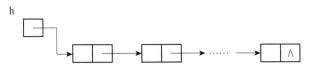

（2）循环链表：每个结点都有一个指针域、一个头指针 h 和一个尾指针 r，循环链表中的最后一个结点的指针域不是空的，尾指针指向循环链表的第一个结点。它是环形结构的链表，可显著提高查找效率（从任何结点出发都能查到所需结点），可表示为如下形式。

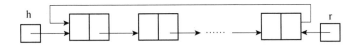

（3）双向链表：每个结点都有两个指针域，一个指向直接前驱结点，一个指向直接后继结点。它是双环形结构的链表，可进一步提高查找效率（从某结点出发时，既可以向前查找，又可以向后查找），可表示为如下形式。

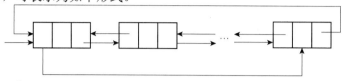

2. 线性链表的存储结构的实现

单链表代码如下：

```
typedef struct LNode {  // 定义单链表结点
        ElemType data;  // 数据域
        struct Lnode *next;  // 指针域
      } LNode, *LinkList;
```

data	next

双向链表代码如下：

```
typedef struct DuLNode {  // 定义双向链表结点
        ElemType data;  // 数据域
        struct DuLnode *prior;  // 指向前驱结点的指针域
        struct DuLnode *next;  // 指向后继结点的指针域
      } DuLNode, *DuLinkList;
```

prior	data	next

3. 单链表操作的实现

（1）将线性表的操作 GetElem(L, cur_e, & next_e)在单链表中实现的代码如下：

```
//基本操作: 使指针 p 始终指向第 j 个元素
Status GetElem_L(LinkList L, int i, ElemType &e) {
    //L 为带头结点的单链表的头指针
    //若存在第 i 个元素
    //则将第 i 个元素的值赋给 e 并返回 OK, 否则返回 ERROR
    p = L->next; j = 1;  // 初始化, p 指向第 1 个结点, j 为计数器
    while (p && j<i) {
        // 顺指针向后查找, 直至 p 指向第 i 个元素或 p 为空
        p = p->next; ++j;
    }
    if ( !p || j>i ) return ERROR;  // 第 i 个元素不存在
    e = p->data;  // 取第 i 个元素
    return OK;
} // GetElem_L
```

算法的时间复杂度为 $O(ListLength(L))$。

（2）将线性表的操作 ListInsert(&L, i, e)在单链表中实现的基本操作如下：找到第 $i-1$ 个结点，使其指向后继结点指针，使有序对$<a_{i-1}, a_i>$变为$<a_{i-1}, e>$和$<e, a_i>$。

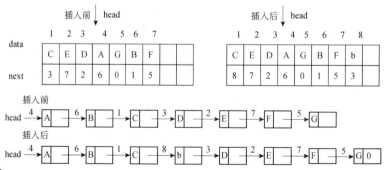

代码如下：

```
Status ListInsert_L(LinkList L, int i, ElemType e) {
```

```
// 在带头结点的单链表 L 的第 i 个元素前插入元素 e
p = L; j = 0;
while (p && j < i-1)
{ p = p->next; ++j; } // 寻找第 i-1 个结点
if (!p || j > i-1) return ERROR; // i 小于 1 或者大于表长
s = (LinkList) malloc ( sizeof (LNode)); // 生成新结点
s->data = e; s->next = p->next; // 插入单链表 L 中
p->next = s;
return OK;
} // LinstInsert_L
```

算法的时间复杂度为 $O(\text{ListLength}(L))$。

（3）将线性表的操作 ListDelete(&L, i, &e) 在单链表中实现的基本操作如下：找到第 $i-1$ 个结点，使其指向后继结点的指针，使有序对 $<a_{i-1}, a_i>$ 和 $<a_i, a_{i+1}>$ 改变为 $<a_{i-1}, a_{i+1}>$。

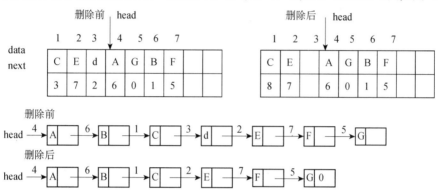

代码如下：

```
Status ListDelete_L(LinkList L, int i, ElemType &e) {
// 在带头结点的单链表 L 中，删除第 i 个元素，并由 e 返回其值
p = L; j = 0;
while (p->next && j < i-1) {
// 寻找第 i 个结点，并令 p 指向其前趋结点
p = p->next; ++j;
}
if (!(p->next) || j > i-1) return ERROR; // 表示删除位置不合理
q = p->next; p->next = q->next; // 删除并释放结点
e = q->data; free(q);
return OK;
} // ListDelete_L
```

算法的时间复杂度为 $O(\text{ListLength}(L))$。

4. 带头结点的单链表

对链式存储结构而言，为了方便在表头插入和删除结点，经常在表头结点（存储第一个元素的结点）的前面增加一个结点，这个结点被称为头结点或表头附加结点。原来的表头指针由指向第 1 个元素的结点改为指向头结点，头结点的数据域是空的，头结点的指针域指向第一个元素的结点，可表示为如下形式。

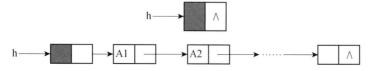

（1）定义一个带头结点的线性链表类型，代码如下：

```
typedef struct LNode { // 结点类型
```

```
        ElemType data;
        struct LNode *next;
    }*Link, *Position;
    typedef struct { // 线性链表类型
        Link head, tail; // 指向头结点和最后一个结点
        int len; // 表示链表长度
        Link current; // 指向当前访问的结点的指针, 初始位置指向头结点
    } LinkList;
    Status MakeNode( Link &p, ElemType e );
        // 分配一个 p 指向的、值为 e 的结点, 并返回 OK; 若分配失败, 则返回 ERROR
    void FreeNode( Link &p ); // 释放 p 所指的结点
```

（2）创建带头结点的单链表，代码如下：

```
    void CreateList_L(LinkList &L, int n) {
        // 按逆序输入 n 个元素, 建立带头结点的单链表
        L = (LinkList) malloc (sizeof (LNode));
        L->next = NULL; // 先建立一个带头结点的单链表
        for (i = n; i > 0; --i) {
        p = (LinkList) malloc (sizeof (LNode)); // 生成新结点
        scanf (&p->data); // 输入元素
        p->next = L->next; L->next = p; // 插入表头的位置
        }
    } // CreateList_L
```

算法的时间复杂度为 $O(\text{Listlength}(L))$。

2.1.4　分析讨论

（1）当顺序表很长时，按顺序插入和删除元素的效率很低，因此只有在很少进行插入和删除运算的情况下采用顺序表才是合适的。而线性链表的插入和删除运算的效率总是很高，与表长无关。

（2）顺序表所占内存空间少，但要求占用的是连续的存储单元；线性链表因为有指针域，所以占用的内存空间大，但可以利用非连续的存储单元。

2.1.5　线性表的应用

线性表是应用最广的数据结构，常见的有高级语言中的数组、操作系统中的文件系统和目录系统、事务管理中的表格等。

2.2　习　　题

2.2.1　单项选择题

1. 线性结构中的一个结点代表一个（　　）。
   A. 数据元素　　　　　　　　　　　　B. 数据项
   C. 数据　　　　　　　　　　　　　　D. 数据结构
2. 顺序表是线性表的（　　）。
   A. 链式存储结构　　　　　　　　　　B. 顺序存储结构
   C. 索引存储结构　　　　　　　　　　D. 散列存储结构

3. 对于顺序表，以下说法中错误的是（　　　）。

    A. 顺序表是用一维数组实现的线性表，数组的下标可以看成元素的绝对地址

    B. 顺序表的索引存储结点按相应元素间的逻辑关系决定的次序进行排列

    C. 顺序表的特点如下：逻辑结构中相邻的结点在存储结构中仍相邻

    D. 顺序表的特点如下：逻辑上相邻的元素，存储在物理位置也相邻的存储单元中

4. 顺序表的插入、删除算法的时间复杂度分析，通常以（　　　）为标准进行操作。

    A. 条件判断   B. 结点移动

    C. 算术表达式   D. 赋值语句

5. 有一个含 n 个结点、按顺序存储的线性表，在它的任意结点前插入一个结点，所需移动结点的平均次数为（　　　）。

    A. n B. $n/2$ C. $(n-1)/2$ D. $(n+1)/2$

6. 在含有 n 个结点、按顺序存储的线性表中删除一个结点，所需移动结点的平均次数为（　　　）。

    A. n B. $n/2$ C. $(n-1)/2$ D. $(n+1)/2$

7. 下列对非空线性表的特点的论述中，（　　　）是正确的。

    A. 所有结点有且只有一个直接前驱结点

    B. 所有结点有且只有一个直接后继结点

    C. 每个结点至多有一个直接前驱结点，至多有一个直接后继结点

    D. 结点间是按照一对多的邻接关系来维系其逻辑关系的

8. 下列哪个选项是顺序存储结构的优点？（　　　）

    A. 存储密度大

    B. 插入运算方便

    C. 删除运算方便

    D. 可方便地用于各种逻辑结构的存储和表示

9. 下列关于线性表的叙述中，错误的是哪一个？（　　　）

    A. 线性表采用顺序存储结构，必须占用连续的存储单元

    B. 线性表采用顺序存储结构，便于进行插入和删除运算

    C. 线性表采用链式存储结构，不必占用连续的存储单元

    D. 线性表采用链式存储结构，便于进行插入和删除运算

10. 线性表是具有 n 个（　　　）的有限序列（$n>0$）。

    A. 表元素   B. 字符   C. 元素

    D. 数据项   E. 信息项

11. 若某线性表最常用的操作是存取任意指定序号的元素和进行插入和删除运算，则利用（　　　）最节省时间。

    A. 顺序表   B. 双向链表

    C. 带头结点的双向循环链表   D. 单向循环链表

12. 某线性表中最常用的操作是在最后一个元素之后插入一个元素和删除第一个元素，则采用（　　　）最节省时间。

    A. 单链表   B. 仅有头指针的单向循环链表

    C. 双向链表   D. 仅有尾指针的单向循环链表

13. 设一个链表最常用的操作是在末尾插入结点和删除尾结点，则采用（　　）最节省时间。

　　A. 单链表　　　　　　　　　　　　　B. 单向循环链表

　　C. 带尾结点的单向循环链表　　　　　D. 带头结点的双向循环链表

14. 若某链表最常用的操作是在最后一个结点之后插入一个结点或删除最后一个结点，则采用（　　）最节省时间。

　　A. 单链表　　　　　　　　　　　　　B. 双向链表

　　C. 单向循环链表　　　　　　　　　　D. 带头结点的双向循环链表

15. 静态链表中的指针表示的是（　　）。

　　A. 内存地址　　　　　　　　　　　　B. 数组下标

　　C. 下一个元素的地址　　　　　　　　D. 左、右元素的地址

16. 链表不具有的特点是（　　）。

　　A. 进行插入、删除运算不需要移动元素　　B. 可随机访问任意元素

　　C. 不必事先估计内存空间　　　　　　D. 所需内存空间与线性长度成正比

17. 一般单链表 h 为空的判定条件是（　　）。

　　A. h == NULL　　　　　　　　　　　B. h->next == NULL

　　C. h->next == h　　　　　　　　　　D. h != NULL

18. 带头结点的单链表 h 为空的判定条件是（　　）。

　　A. h == NULL　　　　　　　　　　　B. h->next == NULL

　　C. h->next == h　　　　　　　　　　D. h != NULL

19. 在一个单链表中，已知 qtr 所指结点是 ptr 所指结点的直接前驱结点。现要在 qtr 所指结点和 ptr 所指结点之间插入一个 rtr 所指结点，要执行的操作应该是（　　）。

　　A. rtr->next = ptr->next; ptr->next = rtr;

　　B. ptr->next = rtr->next;

　　C. qtr->next = rtr; rtr->next = ptr;

　　D. ptr->next = rtr; rtr->next = qtr->next;

20. 在一个单链表中，若要删除 ptr 所指结点的直接后继结点，则需要执行的操作是（　　）。

　　A. ptr->next = ptr->next->next;

　　B. ptr = ptr->next;　 ptr->next = ptr->next->next;

　　C. ptr = ptr->next->next;

　　D. ptr->next = ptr;

21. 在长度为 n 的顺序表的第 i 个元素（$1 \leqslant i \leqslant n$）前插入一个新的元素时，需要往后移动（　　）个元素。

　　A. $n-i$　　　　　　　　　　　　　B. $n-i+1$

　　C. $n-i-1$　　　　　　　　　　　　D. i

22. 在长度为 n 的顺序表中删除第 i 个元素（$1 \leqslant i \leqslant n$）时，需要往前移动（　　）个元素。

　　A. $n-i$　　　　　　　　　　　　　B. $n-i+1$

　　C. $n-i-1$　　　　　　　　　　　　D. i

23. 设 tail 是指向一个非空且带头结点的单向循环链表的尾指针,那么删除该链表起始结点的操作应该是（   ）。

A. ptr = tail;
　　tail = tail->next;
　　free (ptr);

B. tail = tail->next;
　　free (tail);

C. tail = tail->next->next;
　　free (tail);

D. ptr = tail->next->next;
　　tail->next->next = ptr->next;
　　free (ptr);

24. 在单链表中,如果指针 ptr 所指结点不是链表的尾结点,那么在 ptr 之后插入 qtr 所指结点的操作是（   ）。

A. qtr->next = ptr;
　　ptr->next = qtr;

B. qtr->next = ptr->next;
　　ptr->next = qtr;

C. qtr->next = ptr->next;
　　ptr = qtr;

D. ptr->next = qtr;
　　qtr->next = ptr;

25. 设 p 指向双向链表的某个结点,则双向链表结构的对称性可用（   ）来刻画。

A. p->prior->next==p->next->next
B. p->prior->prior==p->next->prior
C. p->prior->next==p->next->prior
D. p->next->next==p->prior->prior

26. 在循环链表中,将头指针设为尾指针 rear 后,头结点和尾结点的存储位置分别是（   ）。

A. rear 和 rear->next->next
B. rear->next 和 rear
C. rear->next->next 和 rear
D. rear 和 rear->next

27. 循环链表的主要优点是（   ）。

A. 不再需要头指针
B. 在已知某个结点的位置后,就容易能找到它的直接前驱结点
C. 在进行插入、删除运算时,能更好地保证链表不断开
D. 从任意结点出发都能扫描整个链表

28. 当从线性表的存储结构中读取元素时,花费时间最少的是（   ）。

A. 单链表　　　　B. 双向链表　　　　C. 循环链表　　　　D. 顺序表

2.2.2 填空题

1. 当一组数据的逻辑结构呈线性关系时,可在数据结构里称这组数据为_____。
2. 线性表中元素的个数 n 被称为线性表的_____。
3. 以顺序存储结构实现的线性表,被称为_____。
4. 以链式存储结构实现的线性表,被称为_____。
5. 不带头结点的链表,是指该链表的表头指针直接指向该链表的_____。
6. 在一个双向链表中,已经由 ptr 指向需要删除的结点,则删除该结点所要执行的两个操作是_____、_____。
7. 设 tail 是指向非空、带头结点的单向循环链表的表尾指针,那么该链表起始结点的存储位置应该表示成_____。

8. 在一个不带表头结点的非空单链表中，若要在 qtr 所指结点的后面插入一个值为 x 的结点，则需要执行下列语句：

```
ptr = malloc (size);
ptr->Data = x ;
_____;
qtr->Next = ptr ;
```

9. 顺序表 Sq = $(a_1,a_2,a_3,…,a_n)$（$n \geqslant 1$）中的每个元素需要占用 w 个存储单元。若 m 为 a_1 的起始地址，那么 a_n 的存储地址是_____。

10. 当线性表的元素个数基本稳定、很少进行插入和删除运算，但却要求以最快的速度存取元素时，应该对该线性表采用_____存储结构。

11. 线性结构的基本特征如下：若至少含有一个结点，则除起始结点没有直接_____外，其他结点有且仅有一个直接_____；除终端结点没有直接_____外，其他结点有且仅有一个直接_____。

12. 在单链表中，删除 p 所指结点的直接后继结点的操作是_____
_____。

13. 非空的单向循环链表 head 的尾结点（由指针 p 指向）满足_____。

14. 单链表表示法的基本思想是用_____表示结点间的逻辑关系。

15. 在双向链表中，每个结点有两个指针域，一个指向_____，另一个指向_____。

16. 在单链表中，若 p 和 s 是两个指针，且满足 p->next 与 s 相同，则语句 p->next=s->next 的作用是_____s 指向的结点。

17. 在单链表中，p 所指结点为最后一个结点的条件是_____。

18. 在双向循环链表中，若要在指针 p 所指结点前插入 s 所指结点，则执行下列语句：

```
s->next=p;
s->prior=p->prior;
_____=s;
p->prior=s;
```

19. 在单链表中，若要在 p 所指结点之前插入 s 所指结点，则执行下列语句：

```
s->next=_____;
p->next=s;
temp=p->data;
p->data=_____;
s->data=_____;
```

2.2.3 判断题

1. 按顺序存储的线性表可以随机存取。 （   ）
2. 单链表可以从头结点开始查找任何一个元素。 （   ）
3. 在顺序表中插入和删除元素时，移动元素的个数与该元素的位置有关。 （   ）
4. 要在单链表中取得某个元素，只要知道该元素的指针即可，因此单链表是随机存取的存储结构。 （   ）
5. 顺序存储方式只能存储线性结构。 （   ）
6. 顺序存储方式的优点是存储密度大，且插入、删除元素的运算效率高。 （   ）
7. 如果单链表带头结点，则执行插入操作永远不会改变指向头结点的指针的值。（   ）

8. 在单向循环链表中，任何一个结点的指针域都不可能为空。 （　　）

9. 线性表的顺序存储结构优于链式存储结构。 （　　）

10. 双向链表的特点是很容易找到任意结点的前驱结点和后继结点。 （　　）

2.2.4　简答题

1. 线性表的顺序存储结构具有三个弱点：第一，在执行插入或删除操作时，需移动大量元素；第二，由于难以估计内存空间，因此必须预先分配较大的内存空间，致使内存空间不能得到充分利用；第三，容量难以扩充。线性表的链式存储结构是否一定能克服上述三个弱点？试讨论。

2. 若较频繁地对一个线性表执行插入和删除操作，则该线性表宜采用何种存储结构？为什么？

3. 线性结构包括_____、_____、_____和_____。线性表的存储结构分成_____和_____，请用类 C 语言描述这两种存储结构。

4. 当线性表$(a_1,a_2,...,a_n)$用顺序映射表示时，a_i 和 a_{i+1}（$1\leq i<n$）的物理位置相邻吗？采用链式存储结构表示呢？

5. 请说明在线性表的链式存储结构中，头指针与头结点的根本区别，以及头结点与首元结点的关系。

6. 试说明头结点、首元结点、头指针的概念。

7. 请解释为什么在单向循环链表中设置尾指针比设置头指针更好。

8. 请分析下列算法的功能。

```
Linklist  test(linklist l){
    Lnode    *q,*p;
    if(l&&l->next){q=l;l=l->next;p=l;
               While(p->next)  p=p->next;
               p->next=q;q->next=NULL;}
    return l;
}
```

2.2.5　算法设计题

1. 分别用顺序表和单链表作为存储结构，实现将线性表$(a_0,a_1,a_2,a_3,...,a_{n-1})$就地逆转的操作，所谓"就地"是指辅助空间为 $O(1)$。

2. 设顺序表 L 是一个递增（允许有相同的值）有序表，写一个算法将元素 x 插入顺序表 L 中，顺序表 L 仍为一个递增有序表。

3. 已知线性表是按顺序存储的，每个元素均是互不相等的整数，设计一个算法将所有的奇数移到偶数的前面。

4. 设计一个算法，将顺序表重新排列成以第一个结点为界的两部分，一部分元素的值都小于该结点的值，另一部分元素的值都大于或等于该结点的值。

5. 已知长度为 n 的线性表 L 采用了顺序存储结构，写一个算法将线性表 L 中所有值为 x 的元素删除，得到一个新的线性表。

6. 设计一个算法，判定单链表 L（带头结点）是否是递增的。

2.3 实　　验

2.3.1 线性表（验证性实验）

一、实验目的

（1）掌握线性表的逻辑结构特点，以及逻辑结构特点在计算机内的两种存储结构。

（2）掌握线性表的顺序存储结构——顺序表的定义及其 C 语言的实现。

（3）掌握线性表的链式存储结构——单链表的定义及其 C 语言的实现。

（4）掌握顺序表的各种基本操作。

（5）掌握单链表的各种基本操作。

二、实验要求

（1）认真阅读并掌握本实验的程序。

（2）上机运行程序，并进行分析。

三、实验内容

（1）构造一个空顺序表。

代码如下：

```
#include<stdio.h>
#include<malloc.h>
typedef struct{
    int *elem;
    int length;
    int listsize;}sqlist;

    int init_List(sqlist &L){

    （请将函数补充完整）

}

    void main(){
    sqlist l;
    int *p;int a;int e;int b;
    int i;
    if(!init_List(l)) printf("内存分配失败");
    else
    p=l.elem;
    printf("输入顺序表的长度l.length 的值:\n");
    scanf("%d",&l.length);
    printf("输入%d 个数:\n",l.length);
    for(i=0;i<l.length;i++)
    scanf("%d",p++);
    printf("创建的顺序表为:\n");
    for(i=0;i<l.length;i++)
    printf("%d\n",l.elem[i]);}
```

（2）顺序表的插入。

代码如下：

```
#include<stdio.h>
#include<malloc.h>
typedef struct{
```

```
        int *elem;
        int length;
        int listsize;}sqlist;

        int init_List(sqlist &L){
        L.elem=(int*)malloc(100*sizeof(int));
        if(!L.elem) return 0;
        else
        L.length=0;
        L.listsize=100;return 1;}

        int list_insert(sqlist &L,int i,int e){
```

（请将函数补充完整）

```
}

void main(){
        sqlist l;
        int *p;int a;int e;int b;
        int i;
        if(!init_List(l)) printf("内存分配失败");
        else
        p=l.elem;
        printf("输入顺序表的长度l.length的值:\n");
        scanf("%d",&l.length);
        printf("输入%d个数:\n",l.length);
        for(i=0;i<l.length;i++)
        scanf("%d",p++);
        printf("创建的顺序表为:\n");
        for(i=0;i<l.length;i++)
        printf("%d\n",l.elem[i]);

        printf("输入要插入的位置:\n");
        scanf("%d",&a);
        printf("输入要插入的数:\n");
        scanf("%d",&e);
        printf("插入后的顺序表为:\n");
        list_insert(l,a,e);
        for(i=0;i<l.length;i++)
        printf("%d\n",l.elem[i]);
}
```

（3）顺序表的删除算法。

代码如下：

```
#include<stdio.h>
#include<malloc.h>
typedef struct{
        int *elem;
        int length;
        int listsize;}sqlist;

        int init_List(sqlist &L){
        L.elem=(int*)malloc(100*sizeof(int));
        if(!L.elem) return 0;
        else
        L.length=0;
        L.listsize=100;return 1;}

        int list_delete(sqlist &L,int i){
        int *p,*q;
```

```
            if((i<1)||i>(L.length)) return 0;

        （请将函数补充完整）

            return 1;}
void main(){
        sqlist l;
        int *p;int a;int e;int b;
        int i;
        if(!init_List(l)) printf("内存分配失败");
        else
        p=l.elem;
        printf("输入顺序表的长度 l.length 的值:\n");
        scanf("%d",&l.length);
        printf("输入%d 个数:\n",l.length);
        for(i=0;i<l.length;i++)
        scanf("%d",p++);
        printf("创建的顺序表为:\n");
        for(i=0;i<l.length;i++)
        printf("%d\n",l.elem[i]);

        printf("输入要删除的位置:\n");
        scanf("%d",&b);
        printf("删除后的顺序表为:\n");
        list_delete(l,b);
        for(i=0;i<l.length;i++)
        printf("%d\n",l.elem[i]);}
```

（4）单链表的建立。

代码如下：

```
#include<stdio.h>
#include<malloc.h>

typedef struct Lnode{
        int data;
        struct Lnode *next;
}Lnode,*linklist;

void creatlist(linklist &l,int n){

（请将函数补充完整）

}

main(){
        linklist l,q;int n,i,k,e;
        printf("请输入单链表的元素的个数:\n");
        scanf("%d",&n);

creatlist(l,n);              /*单链表的创建*/
printf("创建的单链表为:\n");
q=l->next;
for(i=n;i>0;--i)
{printf("%d\n",q->data);
q=q->next;}
                        }
```

（5）查找单链表的元素。

代码如下：

```
#include<stdio.h>
#include<malloc.h>

typedef struct Lnode{
            int data;
            struct Lnode *next;
}Lnode,*linklist;

void creatlist(linklist &l,int n){
linklist p,q;int i;
l=(linklist)malloc(sizeof(Lnode));
l->next=NULL;
q=l;
printf("输入%d 个整数:\n",n);
for(i=n;i>0;--i)
{p=(linklist)malloc(sizeof(Lnode));
scanf("%d",&p->data);
p->next=NULL;
q->next=p;
q=p;}}

getelem(linklist l,int i,int &e){ /*取单链表的元素的函数*/
        linklist p;int j;

        （请将函数补充完整）

}

main(){
        linklist l,q;int n,i,k,e;
        printf("请输入单链表的元素的个数:\n");
        scanf("%d",&n);

creatlist(l,n);                /*单链表的创建*/
printf("创建的单链表为:\n");
q=l->next;
for(i=n;i>0;--i)
{printf("%d\n",q->data);
q=q->next;}

printf("请输入你要查找的元素的位置:\n");
scanf("%d",&k);

getelem(l,k,e);             /*单链表元素的查找*/
printf("你要查找的元素为:\n%d\n",e);
}
```

（6）向单链表插入元素。

代码如下：

```
#include<stdio.h>
#include<malloc.h>

typedef struct Lnode{
            int data;
            struct Lnode *next;
}Lnode,*linklist;
```

```
void creatlist(linklist &l,int n){
linklist p,q;int i;
l=(linklist)malloc(sizeof(Lnode));
l->next=NULL;
q=l;
printf("输入%d个整数:\n",n);
for(i=n;i>0;--i)
{p=(linklist)malloc(sizeof(Lnode));
scanf("%d",&p->data);
p->next=NULL;
q->next=p;
q=p;}}

list_insert(linklist &l,int i,int e){  /*插入单链表的元素的函数*/
int j;linklist s,p;p=l;j=0;
while(p&&j<i-1){
p=p->next;++j;}
if(!p||j>i-1)return 0;

（请将函数补充完整）

return 1;}
main(){
        linklist l,q;int n,i,k,e;
        printf("请输入单链表的元素的个数:\n");
        scanf("%d",&n);

creatlist(l,n);              /*单链表的创建*/
printf("创建的单链表为:\n");
q=l->next;
for(i=n;i>0;--i)
{printf("%d\n",q->data);
q=q->next;}

printf("请输入你要插入的元素的位置:\n");
scanf("%d",&i);
printf("请输入你要插入的元素:\n");
scanf("%d",&e);

list_insert(l,i,e);      /*单链表的插入操作*/
printf("插入元素后的单链表为:\n");
q=l->next;
for(i=n+1;i>0;--i)
{printf("%d\n",q->data);
q=q->next;}
}
```

（7）删除单链表的元素。

代码如下：

```
#include<stdio.h>
#include<malloc.h>

typedef struct Lnode{
            int data;
            struct Lnode *next;
}Lnode,*linklist;

void creatlist(linklist &l,int n){
```

```
linklist p,q;int i;
l=(linklist)malloc(sizeof(Lnode));
l->next=NULL;
q=l;
printf("输入%d个整数:\n",n);
for(i=n;i>0;--i)
{p=(linklist)malloc(sizeof(Lnode));
scanf("%d",&p->data);
p->next=NULL;
q->next=p;
q=p;}}

 int list_delete(linklist &L,int i){
         linklist p,q;int j;p=L;j=0;
         while(p->next&&j<i-1){
         p=p->next;++j;}
         if(!(p->next)||j>i-1)return 0;
         (请将函数补充完整)

         free(q);}

main(){
         linklist l,q;int n,i,k,e;
         printf("请输入单链表的元素的个数:\n");
         scanf("%d",&n);

creatlist(l,n);              /*单链表的创建*/
printf("创建的单链表为:\n");
q=l->next;
for(i=n;i>0;--i)
{printf("%d\n",q->data);
q=q->next;}

printf("请输入要删除的元素的位置:\n");
scanf("%d",&k);

list_delete(l,k);
printf("删除元素后的单链表为:\n");
q=l->next;
for(i=n;i>0;--i)
{printf("%d\n",q->data);
q=q->next;}}
```

四、实验报告规范和要求

实验报告规范和要求如下:

(1) 实验题目。

(2) 需求分析。

①程序要实现的功能。

②输入、输出的要求及测试数据。

(3) 概要及详细设计。

①采用 C 语言定义相关的数据类型。

②各模块的伪代码。

③画出函数的调用关系图。

（4）调试、分析。

分析在调试过程中遇到的问题，并提出解决方法。

（5）测试数据及测试结果。

2.3.2 线性表（设计性实验）

一、实验目的

（1）了解顺序表及线性链表的特性，以及它们在实际问题中的应用。

（2）掌握顺序表及线性链表的实现方法，以及基本操作。

二、设计内容

（1）将线性表就地逆置（分别通过顺序存储和链式存储来实现）。

代码一：顺序存储。

```c
#include<stdio.h>
#include<malloc.h>
typedef struct{
        int *elem;
        int length;
        int listsize;}sqlist;

        int init_list(sqlist&L){
        L.elem=(int*)malloc(100*sizeof(int));
        if(!L.elem) return 0;
        else
        L.length=0;
        L.listsize=100;return 1;}

void DaoZhi_list(sqlist &l){int p,i,k;
        k=l.length-1;
        for(i=0;i<l.length/2;i++,k--){
    p=l.elem[i];
        l.elem[i]=l.elem[k];
        l.elem[k]=p;}}

void main(){
        sqlist l;
        int *p;
        int i;
        if(!init_list(l)) printf("内存分配失败");
        else
        p=l.elem;
        printf("输入线性表总长 l.length 的值:\n");
        scanf("%d",&l.length);
        printf("输入%d 个数:\n",l.length);
        for(i=0;i<l.length;i++)
        scanf("%d",p++);
        printf("创建的线性表为:\n");
        for(i=0;i<l.length;i++)
        printf("%d\n",l.elem[i]);
        printf("倒置后的线性表为: \n");
        for(i=l.length+1;i>0;i--)
        printf("%d",l.elem[i]);
```

举例如下：

```
/*输入线性表总长 l.length 的值:
9
```

```
输入 9 个数：
1 4 7 2 5 8 3 6 9
创建的线性表为：
1 4 7 2 5 8 3 6 9
倒置后的线性表为：
9 6 3 8 5 2 7 4 1
```

代码二：链式存储。

```c
#include<stdio.h>
#include<malloc.h>
typedef struct Lnode{
            int data;
            struct Lnode *next;

}Lnode,*linklist;

void creatlist(linklist &l,int n){
linklist p,q;int i;
l=(linklist)malloc(sizeof(Lnode));
l->next=NULL;
q=l;
printf("输入%d 个整数:\n",n);
for(i=n;i>0;--i)
{p=(linklist)malloc(sizeof(Lnode));
scanf("%d",&p->data);
p->next=NULL;
q->next=p;
q=p;}}

void Daozhi(linklist &l){
            linklist k,Q,p,q;Q=l;k=p=l->next;
            while(p->next){
            while(p->next->next){
            p=p->next;}q=p->next;
            Q->next=q;
            Q=q;
            p->next=NULL;
            p=k;}
            Q->next=p;}

void main(){
linklist L,l,q,t;int n,i;
printf("请输入链表的元素的个数:\n");
scanf("%d",&n);

creatlist(l,n);        /*链表的创建*/
printf("创建的链表为:\n");
q=l->next;
for(i=n;i>0;--i)
{printf("%d\n",q->data);
q=q->next;}L=l;
printf("链表元素倒置后为:\n");
Daozhi(L);
t=L->next;
for(i=n;i>0;--i){
printf("%d\n",t->data);t=t->next;}}
```

举例如下：

```
请输入链表的元素的个数:
5
输入 5 个整数:
9 7 5 3 1
```

创建的链表为：
9 7 5 3 1
链表元素倒置后为：
1 3 5 7 9

（2）建立两个有序的线性表（单调递增），将它们合成一个按元素值递增的有序的线性表（分别用顺序存储和链式存储来实现）。

代码一：顺序存储。

```
#include<stdio.h>
#include<malloc.h>
typedef struct{
        int *elem;
        int length;
        int listsize;
}sqlist;

int Merge_list(sqlist La,sqlist Lb,sqlist &Lc)
{ int *pa,*pb,*pc,*pa_last,*pb_last;
pa=La.elem;
pb=Lb.elem;
Lc.listsize=Lc.length=La.length+Lb.length;
pc=Lc.elem=(int*)malloc(Lc.listsize*sizeof(int));
if(!Lc.elem)return 0;
pa_last=La.elem+La.length-1;
pb_last=Lb.elem+Lb.length-1;
while(pa<=pa_last&&pb<=pb_last){
        if(*pa<=*pb) *pc++=*pa++;
        else *pc++=*pb++;
}
while(pa<=pa_last) *pc++=*pa++;
while(pb<=pb_last) *pc++=*pb++;
return 1;}

int init_list(sqlist&L){
            L.elem=(int*)malloc(100*sizeof(int));
            if(!L.elem) return 0;
            else
            L.length=0;
            L.listsize=100;return 1;}

void main(){
    sqlist la,lb,lc;
        int *p;
        int i;
        if(!init_list(la)) printf("内存分配失败");
        else
        p=la.elem;
        printf("输入表1总长 la.length 的值:\n");
        scanf("%d",&la.length);
        printf("输入%d 个数:\n",la.length);
        for(i=0;i<la.length;i++)

        scanf("%d",p++);
        printf("线性表1 为:\n");
        for(i=0;i<la.length;i++)
        printf("%d\n",la.elem[i]);

if(!init_list(lb)) printf("内存分配失败");
            else
            p=lb.elem;
```

```
                    printf("输入表 2 总长 lb.length 的值:\n");
                    scanf("%d",&lb.length);
                    printf("输入%d 个数:\n",lb.length);
                    for(i=0;i<lb.length;i++)
                scanf("%d",p++);
                    printf("线性表 2 为:\n");
                    for(i=0;i<lb.length;i++)
                    printf("%d\n",lb.elem[i]);

                    Merge_list(la,lb,lc);
                    printf("合并后的线性表为:\n");
              for(i=0;i<lc.length;i++)
              printf("%d\n",lc.elem[i]);}
```

举例如下：

```
输入表 1 总长 la.length 的值:
4
输入 4 个数:
0 2 5 8
线性表 1 为:
0 2 5 8
输入表 2 总长 lb.length 的值:
5
输入 5 个数:
1 3 4 6 7
线性表 2 为:
1 3 4 6 7
合并后的线性表为:
0 1 2 3 4 5 6 7 8
```

代码二：链式存储。

```
#include<stdio.h>
#include<malloc.h>
typedef struct Lnode{
        nt data;
        struct Lnode *next;
}Lnode,*linklist;

void creatlist(linklist &l,int n){
linklist p,q;int i;
l=(linklist)malloc(sizeof(Lnode));
l->next=NULL;
q=l;
printf("输入%d 个整数:\n",n);
for(i=n;i>0;--i)
{p=(linklist)malloc(sizeof(Lnode));
   scanf("%d",&p->data);
   p->next=NULL;
   q->next=p;
   q=p;}}
void Merge_list(linklist &la,linklist &lb,linklist &lc){
        linklist pa,pb,pc;      /*合并链表的自定义函数*/
pa=la->next;pb=lb->next;
   pc=lc=la;
   while(pa&&pb){
   if(pa->data<=pb->data){
       pc->next=pa;pc=pa;pa=pa->next;}
       else{pc->next=pb;pc=pb;pb=pb->next;}}
   pc->next=pa?pa:pb;
   free(lb);}

void main(){
```

```
linklist q,la,lb,lc;int n,i,k;
printf("请输入链表1的元素的个数:\n");
scanf("%d",&n);

creatlist(la,n);    /*链表1的创建*/
printf("创建的链表1为:\n");
q=la->next;
for(i=n;i>0;--i)
{printf("%d\n",q->data);
q=q->next;}
printf("请输入链表2的元素的个数:\n");
scanf("%d",&k);

creatlist(lb,k);    /*链表2的创建*/
printf("创建的链表2为:\n");
q=lb->next;
for(i=k;i>0;--i)
{printf("%d\n",q->data);
q=q->next;}
printf("合并后的链表为:\n");

Merge_list(la,lb,lc); /*链表的合并*/
q=lc->next;
for(i=n+k;i>0;--i)
{printf("%d\n",q->data);
q=q->next;}}
```

举例如下:

```
请输入链表1的元素的个数:
5
输入5个整数:
1 4 6 8 9
创建的链表1为:
1 4 6 8 9
请输入链表2的元素的个数:
4
输入4个整数:
2 3 5 7
创建的链表2为:
2 3 5 7
合并后的链表为:
1 2 3 4 5 6 7 8 9
```

（3）从键盘输入两个多项式，求这两个多项式的和。

代码如下:

```
#include<stdio.h>
#include<malloc.h>
typedef struct duo{
        int expn;
        int coef;
        struct duo *next;}*duolinklist;

void creatduo(duolinklist &l,int &n){
        duolinklist q,p;int i;
        l=(duolinklist)malloc(100*sizeof(duo));
        l->next=NULL;
        q=l;
        for(i=n;i>0;--i)
```

```
        {printf("输入两个数(系数和指数)\n");
        p=(duolinklist)malloc(100*sizeof(duo));
        scanf("%d%d",&p->coef,&p->expn);
        p->next=NULL;
        q->next=p;
        q=p;}}

void Add(duolinklist j,duolinklist k,duolinklist &l){
        duolinklist pa,pb,pc;int sum;
        pa=j->next;pb=k->next;l=pc=j;
        while(pa&&pb)
        {if(pa->expn<pb->expn){
        pc->next=pa;pc=pa;pa=pa->next;if(!pa)pc->next=pb;}

        else if(pa->expn==pb->expn){
        sum=pa->coef+pb->coef;
        if(sum!=0){
            pa->coef=sum;
            pc->next=pa;pc=pa;pa=pa->next;pb=pb->next;if(!pa)pc->next=pb;}
        else{pa->coef=0;pa=pa->next;pb=pb->next;}
        }
      else{pc->next=pb;pc=pb;pb=pb->next;if(!pb)pc->next=pa;}}}

main(){
    printf("计算多项式 Y1=3X²+5X³+6X⁴,Y2=2X³+4X⁴+7X⁵+8X⁶ 的和\n");
    duolinklist l,q,k,j,b,p;int i,n,m;
    printf("输入多项式 1 的项数\n");
    scanf("%d",&n);

    creatduo(j,n);
    printf("创建的多项式 1 为:\n");
    q=j->next;
    for(i=n;i>0;--i){
    printf("%dX%d\n",q->coef,q->expn);
    q=q->next;}

    printf("输入多项式 2 的项数\n");
    scanf("%d",&m);
    creatduo(k,m);
    printf("创建的多项式 2 为:\n");
    p=k;
    for(i=m;i>0;--i){
    printf("%dX%d\n",p->next->coef,p->next->expn);
    p=p->next;}

    printf("相加后得到:\n");
    Add(j,k,l);
    b=l;
    while(b->next){
    printf("%dX%d\n",b->next->coef,b->next->expn);
    b=b->next;}}
```

举例如下:

```
计算多项式 Y1=3X²+5X³+6X⁴,Y2=2X³+4X⁴+7X⁵+8X⁶ 的和
输入多项式 1 的项数
3
输入两个数(系数和指数)
3  2
```

输入两个数(系数和指数)

5　3

输入两个数(系数和指数)

6　4

创建的多项式 1 为:

$3X^2$

$5X^3$

$6X^4$

输入多项式 2 的项数

4

输入两个数(系数和指数)

2　3

输入两个数(系数和指数)

4　4

输入两个数(系数和指数)

7　5

输入两个数(系数和指数)

8　6

创建的多项式 2 为:

$2X^3$　$4X^4$　$7X^5$　$8X^6$

相加后得到:

$3X^2$　$7X^3$　$10X^4$　$7X^5$　$8X^6$

第三章

栈与队列

本章学习目标

1. 掌握栈和队列这两种抽象数据类型的特点，并能在相应的应用问题中正确选用。
2. 熟练掌握栈的实现方法，要特别注意判断栈为满和栈为空的条件及描述方法。
3. 熟练掌握循环队列的基本操作和实现算法，要特别注意队列为满和队列为空的描述方法。

3.1 学习指导

3.1.1 栈的类型定义

1. 栈的基本概念

栈（或称堆栈）：是一种仅允许在一端进行插入和删除运算的线性表，遵循后进先出（Last-In First-Out，LIFO）的原则。

栈顶：栈中可以进行插入和删除运算的那一端，即线性表的表尾。

栈底：栈中不可以进行插入和删除运算的那一端，即线性表的表头。

进栈（或称入栈、压栈）：向栈中插入新元素，即把新元素放到栈顶元素的上面，使其成为新的栈顶元素。

出栈（或称退栈）：从栈中删除元素，即把栈顶元素删除，使与其紧邻的下一个元素成为新的栈顶元素。

存储结构：有顺序存储和链式存储两种存储结构，采用链式存储结构的栈叫链栈。

2. 栈的抽象数据类型的定义

代码如下：

```
ADT Stack {
数据对象：D={ a_i | a_i ∈ElemSet, i=1,2,...,n, n≥0 }
数据关系：R1={ <a_{i-1}, a_i>| a_{i-1}, a_i∈D, i=2,...,n }
约定 a_n 为栈顶，a_1 为栈底
基本操作：
InitStack(&S)
操作结果：构造一个空栈 S
DestroyStack(&S)
初始条件：栈 S 已存在
操作结果：栈 S 被销毁
ClearStack(&S)
```

初始条件：栈 S 已存在
操作结果：将 S 清为空栈
StackEmpty(S)
初始条件：栈 S 已存在
操作结果：若栈 S 为空栈，则返回 TRUE，否则 FALE
StackLength(S)
初始条件：栈 S 已存在
操作结果：返回 S 的元素个数，即栈的长度
GetTop(S, &e)
初始条件：栈 S 已存在且非空
操作结果：用 e 返回 S 的栈顶元素
Push(&S, e)
初始条件：栈 S 已存在
操作结果：将插入的元素 e 作为新的栈顶元素
Pop(&S, &e)
初始条件：栈 S 已存在且非空
操作结果：删除 S 的栈顶元素，并用 e 返回其值
} ADT Stack

3.1.2 顺序栈的实现

顺序栈的实现代码如下：

```
# define STACK_INIT_SIZE 100; //内存空间初始分配量
# define STACKINCREMENT 10; // 内存空间分配增量
typedef struct{
    SElemType * base; //在栈的构造之前和销毁之后，base 的值为 NULL
    SEleType * top; // 栈顶指针
    int stacksize; //当前已分配的内存空间，以元素为单位
}SqStack;
```

（1）置为空栈。

算法思想：把栈顶指针置零即可，或者让栈顶指针等于栈底指针。

代码如下：

```
Status InitStack(SqStack &S) { //构造一个空栈 S
    S.base=(SElemType *)malloc(STACK_INIT_SIZE * sizeof(SElemType));
    if(!S.base) exit(OVERFLOW); //内存空间分配失败
    S.top=S.base;
    S.stacksize= STACK_INIT_SIZE;
    return OK;
}// InitStack
```

（2）读取栈顶元素。

算法思想：将栈顶元素赋给指定参数 e 即可，栈顶指针保持不变。

代码如下：

```
Status GetTop(SqStack S, SElemType &e) { //若栈不空,则用 e 返回 S 的
        //栈顶元素,并返回 OK,否则返回 ERROR
    if(S.top==S.base) return (ERROR);
    e=*(S.top-1);
    return OK;
}// GetTop
```

（3）进栈。

算法思想：

①检查栈是否已满，若已满则追加内存空间，若没有追加成功则进行错误处理。

②将栈顶指针上移（即加 1）。

③将新元素赋给栈顶元素。

代码如下：

```
Status Push(SqStack &S, SElemType e) { //将插入的元素 e 作为新的栈顶元素
    if(S.top-S.base>= S.stacksize) { //栈满则追加内存空间
        S.base=(SElemType *)realloc(S.base ,(STACK_INIT_SIZE+
            STACKINCREMENT) * sizeof(SElemType));
        if(!S.base) exit(OVERFLOW); //内存空间分配失败
        S.top=S.base+ S.stacksize;
        S.stacksize+= STACKINCREMENT;
    }
    * S.top++ = e;
    return OK;
}// Push
```

（4）出栈。

算法思想：

①检查栈是否为空，若为空则进行错误处理。

②将栈顶元素赋给指定参数 y。

③将栈顶指针下移（即减 1）。

代码如下：

```
Status Pop(SqStack &S, SElemType &e) {
    if(S.top==S.base) return (ERROR);
    e=* - -S.top;
    return OK;
}// Pop
```

3.1.3　栈的应用

栈的应用有如下几种：

（1）数制转换。

（2）表达式求值。

（3）行编辑器。

（4）过程的递归。

（5）Hanoi 塔问题：借助一根柱子将大小不同的 3 个以上的盘子从一根柱子移到另一根柱子，要求每次移动一个盘子，且任何时候都不可以将大盘子压在小盘子上。

（6）迷宫问题：求迷宫入口(1,1)到出口(i,i)的所有路径。

（7）八皇后问题：设初始状态下，国际象棋棋盘上没有任何棋子。按顺序依次在第 1 行、第 2 行、…、第 8 行摆放棋子。每一行都有 8 个可选择的位置，但在任意时刻，棋盘的合理布局都必须满足 3 个条件，即任何 2 个棋子不得放在棋盘的同一行、同一列、同一条斜线上。试编写一个递归算法，求解并输出此问题的所有合理布局。

3.1.4 队列

1. 队列的基本概念

队列是一种限定了从一端插入而从另一端删除的线性表，遵循先进先出的原则。队列可以用一维数组表示，以 m 表示队列的最大容量，front 表示头指针，rear 表示尾指针，进队列时，尾指针加 1；出队列时，头指针加 1；当 rear-front=m 时，队列已满；当 rear=front 时，队列为空。

进队列：在队列尾插入一个新的队列尾元素。

出队列：将一个队列的队列头元素删除。

存储结构：有顺序存储结构和链式存储结构两种存储结构，采用链式存储结构的队列叫链队列。

2. 队列的抽象数据类型的定义

代码如下：

```
ADT Queue {
数据对象：D={ai | ai∈ElemSet, i=1,2,...,n, n≥0}
数据关系：R1={ <ai-1,ai> | ai-1, ai ∈D, i=2,...,n}
约定 a1 为队列头，an 为队列尾
基本操作：
InitQueue(&Q)
操作结果：构造一个队列 Q，该队列为空队列
DestroyQueue(&Q)
初始条件：队列 Q 已存在
操作结果：队列 Q 被销毁，不再存在
ClearQueue(&Q)
初始条件：队列 Q 已存在
操作结果：将队列 Q 清为空队列
QueueEmpty(Q)
初始条件：队列 Q 已存在
操作结果：若队列 Q 为空队列，则返回 TRUE，否则返回 FALSE
QueueLength(Q)
初始条件：队列 Q 已存在
操作结果：返回队列 Q 的元素个数，即队列的长度
GetHead(Q, &e)
初始条件：Q 为非空队列
操作结果：用 e 返回 Q 的队列头元素
EnQueue(&Q, e)
初始条件：队列 Q 已存在
操作结果：将插入的元素 e 作为队列 Q 的新的队列尾元素
DeQueue(&Q, &e)
初始条件：Q 为非空队列
操作结果：删除队列 Q 的队头元素，并用 e 返回其值
} ADT Queue
```

3. 循环队列——队列的顺序存储结构

代码如下：

```
#define MAXQSIZE  100 //最大队列长度
typedef struct {
    QElemType  * base; //初始化的动态分配内存空间
    int  front;       //头指针,若队列不为空,则指向队列头元素
    int  rear;        //尾指针,若队列不为空,则指向队列尾元素的下一个位置
}SqQueue;
```

4. 循环队列基本运算

（1）构造一个空队列。

算法思想：为队列分配内存空间，并使队列头指针和队列尾指针为0。

代码如下：

```
Status InitQueue(SqQueue &Q){
    Q.base=(QElemType *) malloc(MAXQSIZE *
        sizeof(QElemType));
    if(!Q.base) exit(OVERFLOW); //内存空间分配失败
    Q.front=Q.rear=0;
    return OK;
}
```

（2）进队列。

算法思想：

①检查队列是否已满，若已满，则进行错误处理。

②将新元素 e 赋给队列尾元素。

③将队列尾指针后移。

代码如下：

```
Status EnQueue(SqQueue &Q, QElemType e){
    if((Q.rear+1)% MAXQSIZE==Q.front) return (ERROR);
    //队列已满
    Q.rear=e;
    Q.rear =(Q.rear+1)% MAXQSIZE;
    return OK;
}
```

（3）出队列。

算法思想：

①检查队列是否为空，若为空，则进行错误处理。

②将队列头元素赋给指定参数 e。

③将队列头指针后移。

```
Status DeQueue(SqQueue &Q, QElemType &e){
    if(Q.front==Q.rear) return (ERROR);//队列为空
    e= Q.front;
    Q.front =(Q.front+1)% MAXQSIZE;
    return OK;
}
```

（4）求队列长度。

算法思想：返回队列的元素个数。

代码如下：

```
int QueueLength(SqQueue Q){
    return (Q.rear -Q.front + MAXQSIZE)% MAXQSIZE;
}
```

5. 队列应用举例

离散事件仿真——计算一天中客户在银行逗留的平均时间。

3.2　习　　题

3.2.1　单项选择题

1. 若一个栈的入栈序列的元素依次为 a、b、c、d、e，则栈不可能输出的序列是（　　）。

    A. edcba　　　　　　　B. decba　　　　　　　　C. dceab　　　　　　　　D. abcde

2. 设有一个顺序栈 S，其元素分别是 s_1、s_2、s_3、s_4、s_5、s_6，将它们依次输入栈中，如果这 6 个元素按如下顺序依次出栈：s_2、s_3、s_4、s_6、s_5、s_1，则栈的容量至少是（　　）。

    A. 2　　　　　　　　　B. 3　　　　　　　　　　C. 5　　　　　　　　　　D. 6

3. 栈结构通常采用的两种存储结构是（　　）。

    A. 顺序存储结构和链式存储结构　　　　B. 散列方式和索引方式

    C. 链式存储结构和数组　　　　　　　　D. 线性存储结构和非线性存储结构

4. 若一个栈的入栈序列的元素依次为 a、b、c，则通过入栈、出栈可得到 a、b、c 的排列个数为（　　）。

  A. 4   B. 5   C. 6   D. 7

5. 和顺序栈相比，链栈有一个比较明显的优势是（　　）。

  A. 通常不会出现栈满的情况   B. 通常不会出现栈空的情况

  C. 插入操作更容易实现   D. 删除操作更容易实现

6. 栈的特点是（　　），队列的特点是（　　）。

  A. 先进先出   B. 先进后出

7. 若一个栈的入栈序列的元素依次为 1、2、3、4、…、n，出栈的第一个元素是 n，则第 i 个元素是（　　）。

  A. 不确定   B. $n-i$

  C. $n-i+1$ D. $n-i-1$

8. 从一个栈顶指针为 H 的链栈中删除一个结点，用 x 保存被删结点的值，则执行（　　）。

  A. x=H; H= H->next;   B. x=H->data;

  C. H= H->next; x=H->data;   D. x=H->data; H= H->next;

9. 一个队列的入队列序列的元素依次为 1、2、3、4，则队列的出队列序列是（　　）。

  A. 4、3、2、1   B. 1、2、3、4

  C. 1、4、3、2   D. 3、2、4、1

10. 在代码中判定一个循环队列（m 为元素个数）为空的条件是（　　）。

  A. rear − front==m   B. rear−front−1==m

  C. front== rear   D. front== rear+1

11. 在代码中判定一个循环队列（m 为元素个数，m==Maxsize−1）为满队列的条件是（　　）。

  A. ((rear−front)+ Maxsize)% Maxsize ==m

  B. rear−front−1==m

  C. front==rear

  D. front== rear+1

12. 循环队列用数组 $A[0,m-1]$ 存放元素，已知其头、尾指针分别是 front 和 rear，则当前队列中的元素个数在代码中可表示为（　　）。

  A. (rear−front+m)%m   B. rear−front+1

  C. rear−front−1   D. rear−front

13. 栈和队列的共同点是（　　）。

  A. 都遵循先进后出的原则   B. 都遵循先进先出的原则

  C. 只允许在端点处插入和删除元素   D. 没有共同点

14. 在链栈中进行出栈操作时，（　　）。

  A. 必须判别栈是否已满   B. 判别栈元素的类型

  C. 必须判别栈是否为空   D. 不进行任何判别

15. 向一个栈顶指针为 top 的栈中插入 s 所指结点时，其操作步骤为（　　）。

  A. top->next=s;   B. s->next=top->next;top->next=s;

  C. s->next=top;top=s;   D. s->next=top->next;top=top->next;

16. 在一个链队列中，若 f、r 分别为队头、队尾指针，则插入 s 所指结点的操作为（　　）。

   A. f->next=s;f=s;　　　　　　　　B. r->next=s;r=s;

   C. s->next=r;r=s;　　　　　　　　D. s->next=f;f=s;

17. 设计一个可判别表达式中左、右括号是否配对出现的算法，采用（　　）最佳。

   A. 线性表的顺序存储结构　　　　　B. 栈

   C. 队列　　　　　　　　　　　　　D. 线性表的链式存储结构

3.2.2　填空题

1. 向量、栈和队列都是_____结构，可以在向量的_____位置插入和删除元素；栈只能在_____插入和删除元素；队列只能在_____插入元素和在_____删除元素。

2. 在一个长度为 n 的向量的第 i 个元素（$1 \leq i \leq n+1$）之前插入一个元素时，需向后移动_____个元素。

3. 在一个长度为 n 的向量中删除第 i 个元素（$1 \leq i \leq n$）时，需向前移动_____个元素。

4. 向栈中输入元素的操作是_____。

5. 对栈进行退栈的操作是_____。

6. 在一个循环队列中，队列头指针指向队列头元素的_____。

7. 从循环队列中删除一个元素时，其操作是_____。

8. 在具有 n 个存储单元的循环队列中，队列已满时共有_____个元素。

9. 若一个栈的输入序列是 1、2、3、4、5，则栈的输出序列 4、3、5、1、2 是_____。

10. 若一个栈的输入序列是 1、2、3、4、5，则栈的输出序列 1、2、3、4、5 是_____。

11. 在队列中，新插入的结点只能添加到_____。

12. 设有一个空栈，现在输入序列 1、2、3、4、5，则在经过 PUSH、PUSH、POP、PUSH、POP、PUSH 动作的操作后，栈顶指针所指元素是_____。

13. 如果栈的最大长度难以估计，则最好使用_____。

14. 若用带头结点的单链表来表示链栈，则栈为空的标志是_____。

15. 在实现顺序队列的时候，通常将其看成一个首尾相连的环，目的是避免出现_____现象。

3.2.3　判断题

1. 在顺序栈栈满的情况下，元素不能再进入栈，否则会产生"上溢"问题。　（　　）

2. 与顺序栈相比，链栈的一个优点是插入和删除操作更加方便。　（　　）

3. 若以链表作为栈的存储结构，则入栈需要判断栈是否已满。　（　　）

4. 若以链表作为栈的存储结构，则出栈需要判断栈是否为空。　（　　）

5. 栈顶元素和栈底元素有可能是同一个元素。　（　　）

6. 对顺序栈进行进栈、出栈操作，不涉及元素的前、后移动问题。　（　　）

7. 空栈没有栈顶指针。　（　　）

8. 无论是顺序队列，还是链式队列，插入、删除运算的时间复杂度都是 $O(1)$。（　　）

9. 循环队列也存在空间溢出的问题。　（　　）

10. 栈和队列都是插入和删除操作受限的线性表。 （　　）

3.2.4　简答题

1. 试举例说明栈和队列在程序设计中的作用。

2. 假定有 4 个元素 A、B、C、D，依次让其入栈，在入栈过程中允许出栈。写出所有可能的出栈序列。

3. 什么是队列的假溢出？如何解决这个问题？

4. 在用下面算术表达式求值时，按照运算符优先级画出操作数栈和运算符栈的变化过程。

$$9-2\times4+(8+1)/3$$

3.2.5　算法设计题

1. 输入一个任意的非负十进制整数，输出与其等值的八进制数。

2. 借助栈实现单链表的逆置操作。

3. 若用含 n 个存储单元的连续空间构成一个循环队列，那么该如何用队列头指针和队列尾指针计算循环队列中元素的个数呢？

4. 我们将正读和反读都相同的字符序列称为"回文字符串"，如"abba"就是回文字符串。写一个算法，判别一个以@作为结束符的字符序列是否是"回文字符串"。

3.3　实　　验

3.3.1　栈和队列的应用（验证性实验）

一、实验目的

（1）掌握栈和队列的特性。

（2）掌握栈的顺序表示、链式表示及其实现。

（3）掌握队列的顺序表示、链式表示及其实现。

二、实验要求

（1）认真阅读和掌握本实验的程序。

（2）上机运行本程序，并进行分析。

三、实验内容

（1）构造空顺序栈。

代码如下：

```
# include <malloc.h>
# define STACK_INIT_SIZE 100
# define STACKINCREMENT 10
# define OK 1
# define ERROR 0
typedef int SElemType;


typedef struct
{   SElemType *base;
```

```
      SElemType *top;
      int stacksize;
}SqStack;

int InitStack(SqStack &S)
{  S.base=(SElemType *)malloc(STACK_INIT_SIZE*sizeof(SElemType));
   if(!S.base)
   {  printf("Allocate space failure !");
   return (ERROR);
}

   （请将函数补充完整）


   return (OK);
}

void main()
{  SqStack S;
   if(InitStack(S))
   printf("Success! The stack has been created !");
   printf("...OK!...");
   }
```

（2）取顺序栈的栈顶元素。

代码如下：

```
# include <malloc.h>
# define STACK_INIT_SIZE 100
# define STACKINCREMENT 10
# define OK 1
# define ERROR 0
typedef int SElemType;

typedef struct SqStack
{   SElemType *base;
    SElemType *top;
    int stacksize;
}SqStack;

int GetTop(SqStack S,SElemType &e)
{   if(S.top==S.base)
    {   printf("It's a empty SqStack !");
    return (ERROR);
}

   （请将函数补充完整）

   return (OK);
}

void main()
{   SElemType e;
    SqStack S;
    S.stacksize=STACK_INIT_SIZE;
    S.base=S.top=(SElemType *)malloc(STACK_INIT_SIZE*sizeof(SElemType));
    *S.top++=5;
    *S.top++=8;
    *S.top++=12;
    *S.top++=18;
```

```
    *S.top++=30;
    *S.top++=37;
    SElemType *p;
  printf("The old SqStack is (base to top) : ");
  for(p=S.base;p!=S.top;p++)
      printf(" %d ",*p);
  if(GetTop(S,e))
  printf("Success!  The new SqStack is : ");
  for(p=S.base; p!=S.top;p++) printf(" %d ",*p);
  printf("...OK!...");
  }
```

（3）将元素压入顺序栈。

代码如下：

```
# include <malloc.h>
# define STACK_INIT_SIZE 100
# define STACKINCREMENT 10
# define OK 1
# define ERROR 0
typedef int SElemType;

typedef struct
{   SElemType *base;
    SElemType *top;
    int stacksize;
}SqStack;
int Push(SqStack &S,SElemType e)
{   if(S.top-S.base>S.stacksize)
    {   S.base=(SElemType *)realloc(S.base,(S.stacksize+
                     STACKINCREMENT*sizeof(SElemType)));
        if(!S.base)
        {   printf("Overflow!");
            return (ERROR);
        }
        S.top=S.base+S.stacksize;
        S.stacksize+=STACKINCREMENT;
    }

    (请将函数补充完整)

    return (OK);
}
void main()
{   SElemType e,i;
    SqStack S; SElemType *p;
    S.stacksize=STACK_INIT_SIZE;
    S.base=S.top=(SElemType *)malloc(STACK_INIT_SIZE*sizeof(SElemType));
fr(i=1;i<=5;i++){
    scanf("%d",&e);
    push(s,e);
}
    printf("Success!  The new SqStack is : ");
    for(p=S.base; p!=S.top;p++) printf(" %d ",*p);
    printf("...OK!...");
  }
```

（4）将元素弹出顺序栈。

代码如下：

```
# include <malloc.h>
# define STACK_INIT_SIZE 100
# define STACKINCREMENT 10
# define OK 1
# define ERROR 0
typedef int SElemType;

typedef struct
{   SElemType *base;
    SElemType *top;
    int stacksize;
}SqStack;
int Pop(SqStack &S,SElemType &e)
{   if(S.top==S.base)
    {   printf("It's a empty SqStack!");
        return (ERROR);
    }

    (请将函数补充完整)

    return (OK);
}
void main()
{   SElemType e,i;
    SqStack S; SElemType *p;
    S.stacksize=STACK_INIT_SIZE;
    S.base=S.top=(SElemType *)malloc(STACK_INIT_SIZE*sizeof(SElemType));
fr(i=1;i<=5;i++){
    scanf("%d",&e);
    push(s,e);
}
    if(pop(S,e)) printf("Success! The pop elemente is : ");
    printf(" %d ",e);
    printf("The new SqStack is : ");
    for(p=S.base; p!=S.top;p++) printf(" %d ",*p);
    printf("...OK!...");

    }
```

（5）构造空循环队列。

代码如下：

```
# include <malloc.h>
# define MAXQSIZE 100
# define OK 1
# define ERROR 0
typedef int QElemType;
typedef struct SqQueue
{   QElemType *base;
    int front;
    int rear;
}SqQueue;

int InitQueue(SqQueue &Q)
{   Q.base=(QElemType *)malloc(MAXQSIZE*sizeof(QElemType));
    if(!Q.base)
    {   printf("Overflow ! ");
```

```
        return (ERROR);
    }
（请将函数补充完整）

    return (OK);
}

void main()
{ SqQueue Q;
    if(InitQueue(Q))
        printf("Success ! The SqQueue has been initilized !");
    printf("...OK!...");
}
```

（6）在循环队列的队尾插入新元素。

代码如下:

```
# include <malloc.h>
# define MAXQSIZE 100
# define OK 1
# define ERROR 0
# define LENGTH 10

typedef int QElemType;
typedef struct SqQueue
{   QElemType *base;
    int front;
    int rear;
}SqQueue;

int EnQueue(SqQueue &Q,QElemType e)
{   if((Q.rear+1)%MAXQSIZE==Q.front)
    {   printf("Errer ! The SqQeueu is full ! ");
        return (ERROR);
    }

    （请将函数补充完整）

    return (OK);
}

void main()
{   int i,e=1;
    SqQueue Q;
    Q.base=(QElemType *)malloc(MAXQSIZE*sizeof(QElemType));
    Q.front=Q.rear=0;
    while (e) {scanf("%d",&e);
        EnQueue(Q,e);}
}
```

（7）从循环队列的队列头删除元素。

代码如下:

```
# include <malloc.h>
# define MAXQSIZE 100
# define OK 1
# define ERROR 0
# define LENGTH 10

typedef int QElemType;
```

```
typedef struct SqQueue
{   QElemType *base;
    int front;
    int rear;
}SqQueue;

int EnQueue(SqQueue &Q,QElemType e)
{  if((Q.rear+1)%MAXQSIZE==Q.front)
    {    printf("Errer ! The SqQeueu is full ! ");
         return (ERROR);
    }

    （请将函数补充完整）

    return (OK);
}
int DeQueue(SqQueue &Q,QElemType &e)
{  if(Q.front==Q.rear)
    {    printf("Errer ! It's empty!");
         return (ERROR);
    }

    （请将函数补充完整）

    return (e);
}

void main()
{  int i,e=1;
   SqQueue Q;
   Q.base=(QElemType *)malloc(MAXQSIZE*sizeof(QElemType));
   Q.front=Q.rear=0;
   while (e) {scanf("%d",&e);
          EnQueue(Q,e);}
   while (Q.front!=Q.rear) { DeQueue (Q,e);
          printf("%d",e);}
}
```

四、实验报告规范和要求

实验报告规范和要求如下：

（1）实验题目。

（2）需求分析。

①程序要实现的功能。

②输入和输出的要求及测试数据。

（3）概要及详细设计。

①采用 C 语言定义相关的数据类型。

②各模块的伪代码。

③画出函数的调用关系图。

（4）调试过程分析。

分析调试过程中遇到的问题，并提出解决方法。

（5）测试数据及测试结果。

3.3.2 栈和队列（设计性实验）

一、实验目的

掌握栈和队列的实际应用。

二、设计内容

（1）编写程序，实现不同进制的转换。

代码如下：

```c
#include<stdio.h>
#include<malloc.h>

typedef struct{
    int *base,*top;
    int stacksize;
}sqstack;

int initstack(sqstack &s){
    s.base=(int*)malloc(100*sizeof(int));
    if(!s.base)return 0;
    s.top=s.base;
    s.stacksize=100;
    return 1;}

int push(sqstack &s,int e){
*s.top++=e;return 1;}

int pop(sqstack &s,int &n){int i,e;
if(s.top==s.base)return 0;
for(i=0;i<n;i++){
e=*--s.top;
printf("%d",e);}
putchar(10);
return 1;}

void main(){sqstack s;int i,n,e,j;
initstack(s);e=0;
printf("输入要转换的数:\n");
scanf("%d",&n);
printf("输入要转换成的进制(二进制,八进制)\n");
scanf("%d",&j);
while(n){push(s,n%j);
n=n/j;e++;}
printf("转换后的结果为:\n");
for(i=0;i<e;i++){
pop(s,e);}}
```

（2）编写一个简单的行编辑程序，其功能是接收用户从终端输入的程序或数据，并存入用户的数据区，在用户输入出错时可以及时更正。#为退格符，表示前一个字符无效；@为退行符，表示当前行的所有字符均无效。

例如：whli##ilr#e(s#*s) 应为 while(*s)。

代码如下：

```c
#include <stdlib.h>
#include <stdio.h>
#include <malloc.h>
#include <string.h>
#include <conio.h>
```

```
#define STACK_INIT_SIZE 100
#define STACKINCREMENT 10
struct SqStack
{
    char *base;
    char *top;
    int stacksize;
};
void InitStack(SqStack &S)
{
    S.base=(char*)malloc(STACK_INIT_SIZE *sizeof(char));
    if (!S.base)
        exit(1);
    S.top=S.base;
    S.stacksize=STACK_INIT_SIZE;
}
void push(SqStack &S,char e)
{
    if(S.top-S.base>=S.stacksize)
    {
        S.base=(char*)realloc(S.base,(S.stacksize+STACKINCREMENT)*sizeof(char));
        if (!S.base)
            exit(1);
        S.top=S.base+S.stacksize;
        S.stacksize+=STACKINCREMENT;
    }
    *S.top++=e;
}
char pop(SqStack &S,char &e)
{
    if (S.top==S.base)
            return false;
    e=*--S.top;
    return e;
}
void ClearStack(SqStack &S)
{ S.top=S.base;
}
void DestroyStack(SqStack &S)
{
    free(S.base);
    S.top=S.base;
}
bool StackEmpty(SqStack &S)
{
    if (S.top==S.base)
            return true;
    return false;
}
void main()
{ char ch,e;
  SqStack S,D;
  InitStack(S);
  InitStack(D);
  ch=getchar();
  while (ch!=EOF)
  {
      while(ch!=EOF&&ch!='\n')  {
          switch(ch)
          {
          case'#':pop(S,e);break;
```

```
         case'@':ClearStack(S);break;
         default:push(S,ch);break;
         }
      ch=getchar();
    }
   while (!StackEmpty(S))
   {
     e=pop(S,e);
     push (D,e);
       }
     while (!StackEmpty(D))
     {
       e=pop(D,e);
       printf("%c",e);
     }
     ClearStack(S);
     if(ch!=EOF)
        ch=getchar();
    }
   DestroyStack(S);
  }
```

（3）从中缀表达式到后缀表达式的转换。

例如，输入中缀表达式：4+2*3，得到后缀表达式：423*+。

算法思想：顺序扫描中缀表达式，当读到数字则直接将其送至输出队列中；当读到运算符时，先将栈中所有优先级高于或等于该运算符的运算符送至输出队列中，再让当前运算符入栈；当读入左括号时，即入栈；当读到右括号时，先将靠近栈顶的第一个左括号上面的全部运算符依次送至输出队列中，再删除栈中的左括号。

算法设计：为了简化算法，我们把括号看成运算符，并规定其优先级最低，另外将操作数规定为一位数，运算符也只包括+、−、*、/四种，在扫描中缀表达式之前，先在空栈中压入一个"#"，作为栈底元素，另外在表达式的末尾增加一个"#"。

代码如下：

```
void postexp(seqqueue &q){
seqstack os;
char c,t;
seqstack *s;
s=&os;initstack(s);
Push(s,'#');
do{
   c=getchar();
   switch(c){
     case ' ';break;
     case '0':
     case '1':
     case '2':
     case '3':
     case '4':
     case '5':
     case '6':
     case '7':
     case '8':
     case '9':enqueue(q,c);break;
     case '(':push(s,c);break;
     case ')':
         case'#':do{
                 t=pop(s);
```

```
                    if(t!='('&&t!='#')enqueue(q,t);
                }while(t!='('&&s->top!=-1);break;
        case '+':
        case '-':
        case '*':
        case '/': while(priority(c)<=priority(gettop(s))){
            t=pop(s);enqueue(q,t);
        }
        Push(s,c);break;
    }
}while(c!='#');
}
//运算符优先级
int priority(datatype op)
{switch(op){
case '(':
case '#':return(0);
case '-':
case '+':return(1)
case '*':
case '/':return(2);
}}
```

要执行上述代码，还必须给出相关的栈和队列的定义、基本操作的函数定义，具体实现待读者补充，本书已省略。这里给出了调用上述代码的主函数，具体内容如下：

```
#include<stdio.h>
#define stacksize 100
#define queuesize 100
Void main( ){
    seqqueue *q;
    seqqueue postq;    //定义队列，存放后缀表达式
    q=&postq;
    initqueue(q);      //初始化队列
    ctpostexp(q);      //调用转换函数将中缀表达式转换成后缀表达式
    while(!queueempty(q))   //输出后缀表达式
    printf("%2c",dequeue(q));
    }
```

执行上述程序，输入中缀表达式：9-(2+4*7)/5+3#，输出结果：9247*+5/-3+。

第四章

串

本章学习目标

1. 熟悉串的基本操作的定义，并能利用这些基本操作来实现串的其他操作。
2. 熟练掌握在串的定长顺序存储结构上实现串的各种操作的方法。
3. 掌握串的堆存储结构，以及在该结构上实现串的基本操作的方法。
4. 了解串操作的应用方法和特点。

4.1 学习指导

4.1.1 串的定义

1. 基本概念

串（String）：由 0 个或多个字符组成的有限序列，也称字符串。在代码中记为

$$s='a_1a_2a_3…a_n' \quad (n \geqslant 0)$$

式中，s 是串的名，$a_1a_2a_3…a_n$ 是串的值。

串长度：串中字符的数目。

空串：不含任何字符的串的长度等于 0。

空格串：仅由一个或多个空格组成的串。

子串：由串中任意个连续的字符组成的子序列。

主串：包含子串的串。如：A='STUDYING'，B='DYI'，A 为主串，B 为子串。

位置：字符在序列中的序号。子串在主串中的位置用子串的第一个字符在主串中的位置来表示。

串相等的条件：当两个串的长度相等且各个对应位置的字符都相等时，串才相等。

模式匹配：确定子串在主串中首次出现的位置的运算。

串的逻辑结构和线性表的极为相似，但串的基本操作和线性表有很大差别。在线性表的基本操作中，大多以单个元素作为操作对象；在串的基本操作中，通常以串的整体作为操作对象，例如，在主串中查找某个子串、取一个子串，或在主串的某个位置插入、删除一个子串等。

2. 串的抽象数据类型的定义

代码如下：

```
ADT String {
数据对象: D={ aᵢ |aᵢ∈CharacterSet, i=1,2,...,n, n≥0 }
数据关系: R₁={<aᵢ₋₁,aᵢ> | aᵢ₋₁, aᵢ∈D, i=2,...,n }
基本操作:
StrAssign (&T, chars)
初始条件: chars 是字符串常量
操作结果: 把 chars 的值赋给 T
StrCopy (&T, S)
初始条件: 串 S 存在
操作结果: 由串 S 复制得到串 T
DestroyString (&S)
初始条件: 串 S 存在
操作结果: 串 S 被销毁
StrEmpty (S)
初始条件: 串 S 存在
操作结果: 若 S 为空串, 则返回 TRUE, 否则返回 FALSE
StrCompare (S, T)
初始条件: 串 S 和 T 都存在
操作结果: 若 S>T, 则返回值>0; 若 S=T, 则返回值=0; 若 S<T, 则返回值=0
StrLength (S)
初始条件: 串 S 存在
操作结果: 返回 S 的元素个数, 将其称为串的长度
Concat (&T, S1, S2)
初始条件: 串 S1 和 S2 都存在
操作结果: 用 T 返回由 S1 和 S2 连接而成的新串
SubString (&Sub, S, pos, len)
初始条件: 串 S 存在, 1≤pos≤StrLength(S)且 0≤len≤StrLength(S)-pos+1
操作结果: 用 Sub 返回从串 S 的第 pos 个字符起算的长度为 len 的子串
Index (S, T, pos)
初始条件: 串 S 和 T 都存在, 串 T 是非空串, 1≤pos≤StrLength(S)
操作结果: 若串 S 中存在和串 T 的值相同的子串, 则返回子串在串 S 的第 pos 个字符后第一次出现的位置, 否则函数值为 0
Replace (&S, T, V)
初始条件: 串 S、T 和 V 都存在, 串 T 是非空串
操作结果: 用 V 替换 S 中出现的所有与 T 相等且不重叠的子串
StrInsert (&S, pos, T)
初始条件: 串 S 和 T 都存在, 1≤pos≤StrLength(S)+1
操作结果: 在串 S 的第 pos 个字符前插入串 T
StrDelete (&S, pos, len)
初始条件: 串 S 存在, 1≤pos≤StrLength(S)-len+1
操作结果: 从串 S 中删除从第 pos 个字符起算的长度为 len 的子串
ClearString (&S)
初始条件: 串 S 存在
操作结果: 将串 S 清为空串
} ADT String
```

在以上操作中，串赋值（StrAssign）、串比较（StrCompare）、求串长（StrLength）、串连接（Concat）、求子串（SubString）等共同构成串的最小操作子集。

4.1.2　串的表示和实现

1. 定长顺序存储表示

定长顺序存储表示：用一组地址连续的存储单元存储串的字符序列，类似于线性表的顺序存储结构，可以用如下定长数组来描述。

```
#define MAXSTRLEN 255  // 用户可定义 255 以内的最大串长
typedef  unsigned char SString[MAXSTRLEN + 1]; // 0 号存储单元存放串的长度
```

串的实际长度可在预定义长度范围内随意设定，超过预定义长度范围的串值则被舍去，即截断。

串的定长顺序存储表示的操作具体如下。

（1）串连接 Contcat(S1,S2,&T)。

代码如下：

```
Status Concat(SString S1, SString S2, SString &T) {
// 用 T 返回由 S1 和 S2 连接而成的新串。若未截断，则返回 TRUE，否则 FALSE
if (S1[0]+S2[0] <= MAXSTRLEN) { // 未截断
    T[1..S1[0]] = S1[1..S1[0]];
    T[S1[0]+1..S1[0]+S2[0]] = S2[1..S2[0]];
    T[0] = S1[0]+S2[0]; uncut = TRUE;
    }
else if (S1[0] < MAXSTRSIZE) { // 截断
    T[1..S1[0]] = S1[1..S1[0]];
    T[S1[0]+1..MAXSTRLEN] = S2[1..MAXSTRLEN−S1[0]];
    T[0] = MAXSTRLEN; uncut = FALSE;
    }
else { // 截断(仅取 S1)
    T[0..MAXSTRLEN] = S1[0..MAXSTRLEN];  // T[0] == S1[0] == MAXSTRLEN
    uncut = FALSE;
    }
return uncut;
} // Concat
```

（2）求子串 SubString(&Sub, S, pos, len)。

代码如下：

```
Status SubString(SString &Sub, SString S, int pos,int len) {
    // 用 Sub 返回从串 S 的第 pos 个字符起算的长度为 len 的子串
    // 其中 1≤pos ≤StrLength(S) 且 0≤len≤StrLength(S)-pos+1
    if (pos<1 ||pos>S[0] len<0 || len>S[0]-pos+1)
    return ERROR;
    Sub[1...len]=S[pos...pos+len-1];
    Sub[0]=len;
    return OK;
} // SubString
```

2. 堆分配存储表示

堆分配存储表示：用一组地址连续的存储单元存储串的字符序列，内存空间可在程序执行过程中动态分配而得。通常，C 语言提供的串就是以这种分配方式实现的。系统利用函数 malloc( )和 free( )进行串的内存空间的动态管理，为每一个新产生的串分配内存空间，将串共享的内存空间称为"堆"。C 语言中的串以一个空字符（\0）作为结束符，串长是一个隐含值。

串的堆分配存储表示的代码如下：

```
typedef struct {
        char *ch; // 若是非空串，则按串长分配内存空间，否则 ch 为 NULL
        int length; // 串长度
} HString;
```

串的堆分配存储表示的操作具体如下。

（1）给串赋值。

代码如下：

```
Status StrAssign(Hstring &T,char * chars){// 生成一个值等于串常量 chars 的串 T
    if(T.ch)  free(ch); //释放串 T 原有的内存空间
    for(i=0,c=chars; c; ++i,++c);  //求 chars 的长度 i
if(!I) {T.ch=NULL; T.length=0;}
```

```
    else{
            if(!(T.ch=(char * )malloc(i * sizeof(char))))
                exit(OVERFLOW);
            T.ch[0…i-1]=chars[0…i-1];
            T.length=I;
        }
    return OK;
}
```

（2）求串长度。

代码如下：

```
int StrLength(Hstring S){
    return S.length
}
```

（3）比较串。

代码如下：

```
int StrCompare(Hstring S,Hstring T){
    //若 S>T，则返回值>0；若 S=T，则返回值=0；若 S<T，则返回值=0
    for(i=0;i<S.length && i<T.length;++i)
        if (S.ch[i]!=T.ch[i]) return S.ch[i]-T.ch[i];
            return S.length - T.length
}
```

（4）清空串。

代码如下：

```
int ClearString(Hstring &S){                    //将串 S 清为空串
    if (S.ch){free(S.ch); S.ch=NULL;}
    S.length=0;
    return OK;
}
```

（5）串连接。

代码如下：

```
Status Concat(Hstring &T,HString S1,Hstring S2){//用 T 返回由 S1 和 S2 连接而成的新串
    if(T.ch)   free(T.ch); //释放原有的内存空间
    if(!(T.ch=(char * )malloc((S1.length+S2.length) * sizeof(char))))
            exit(OVERFLOW);
    T.ch[0…S1.length - 1]= S1.ch[0…S1.length - 1];
    T.length= S1.length+ S2.length;
    T.ch[S1.length …T.length- 1]= S2.ch[0…S2.length - 1];
        return OK;
}// Concat
```

（6）取子串。

代码如下：

```
Status SubString(HString &Sub, HString S, int pos,int len) {
    // 用 Sub 返回从串 S 的第 pos 个字符起算的长度为 len 的子串
    // 其中 1≤pos ≤StrLength(S) 且 0≤len≤StrLength(S)-pos+1
    if (pos<1 ||pos>S.length || len<0 || len>S.length-pos+1)
        return ERROR;
    if(Sub.ch)   free(Sub.ch);                   //释放原有的内存空间
    if (!len){Sub.ch=NULL; Sub.length=0;}  //空子串
    else {                          //完整子串
        Sub.ch=(char * )malloc(len * sizeof(char));
        Sub.ch[0…len-1]=S.ch[pos-1…pos+len-2];
        Sub.length=len;
            return OK;
} }// SubString
```

3. 链表存储表示

串值也可用链表来存储，和线性表的链式存储类似，不同的是结点中存放的不一定是一个字符，还可能是一个子串。当串长不是结点大小的整数倍时，最后一个结点用其他字符补上（如#）。

例如，在文本编辑器中，整个文本编辑区可以被看成一个串，每一行都是一个子串，且都构成了一个结点，即同一行的串使用定长结构（80 个字符），行和行之间使用指针连接。

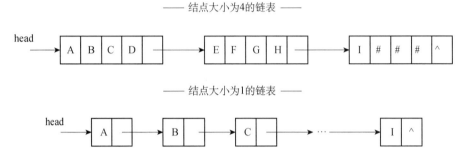

—— 结点大小为4的链表 ——

—— 结点大小为1的链表 ——

为了便于进行串的操作，当以链表存储串值时，除了头指针，还可以附设一个尾指针指示链表的最后一个结点，并给出当前串的长度。链表结构的定义如下：

```
#define CHUNKSIZE 80 // 由用户定义的块大小
typedef struct Chunk { // 结点结构
    char ch[CUNKSIZE];
    struct Chunk *next;
} Chunk;
typedef struct { // 串的链表结构
    Chunk *head, *tail; // 串的头、尾指针
    int curlen; // 串的当前长度
} LString;
```

4. 串的匹配操作

串的匹配操作也称串的模式匹配，用函数 index(S,T,pos)实现，T 被称为模式串。

算法思想：从主串 S 的第 pos 个字符开始和模式串的第一个字符比较，若相同，则继续比较后续字符，否则从主串 S 的下一个字符重新开始和模式串的字符比较。

当采用定长顺序存储表示时，实现此匹配操作的代码如下：

```
int Index(SString S, SString T, int pos) {
    // 返回模式串 T 出现在主串 S 的第 pos 个字符后的位置。若不存在，则函数值为 0
    // 其中，T 非空，1≤pos≤StrLength(S)。
    i = pos; j = 1;
    while (i <= S[0] && j <= T[0]) {
        if (S[i] == T[j]) { ++i; ++j; } // 继续比较后继结点
        else { i = i-j+2; j = 1; } // 指针后退，重新开始匹配
    }
    if (j > T[0]) return i-T[0];
    else return 0;
} // Index
```

5. 串操作应用——文本编辑器

文本编辑的实质是修改字符数据的形式或格式，包括串的查找、插入、删除等基本操作。

算法思路：利用换行符和换页符将文本划分成若干页，每页包含若干行数据。页数据是文本串的子串，行数据是页数据的子串。在编写程序时，先为文本串建立相应的页表和行表，

即建立各子串的存储映像，再在程序中设立页指针、行指针和字符指针，分别指向当前操作的页、行和字符。文本编辑的过程就是对页表、行表进行查找、插入或删除的过程。

4.2 习 题

4.2.1 单项选择题

1. 以下叙述中正确的是（　　）。
   A. 串是一种特殊的线性表
   B. 串的长度必须大于零
   C. 串中元素只能是字母
   D. 空串就是空白串

2. 空串与空格串是相同的，这种说法（　　）。
   A. 正确
   B. 不正确

3. 串是一种特殊的线性表，其特殊性体现在（　　）。
   A. 可以顺序存储
   B. 元素是一个字符
   C. 可以链式存储
   D. 元素可以是多个字符

4. 设有两个串 p 和 q，求 q 在 p 中首次出现的位置的运算被称作（　　）。
   A. 连接
   B. 模式匹配
   C. 求子串
   D. 求串长

5. 设串 s1='ABCDEFG'，s2='PQRST'，con (x,y)返回 x 和 y 的连接串，subs(s,i,j)返回由 j（从串 s 的序号 i 开始计算)个字符组成的子串,len(s)返回串 s 的长度,则 con(subs (s1,2,len (s2)), subs (s1,len (s2),2))得到的串是（　　）。
   A. 'BCDEF'
   B. 'BCDEFG'
   C. 'BCPQRST'
   D. 'BCDEFEF'

6. 设串的长度为 n，则它的子串个数为（　　）。
   A. n
   B. $n(n+1)$
   C. $n(n+1)/2$
   D. $n(n+1)/2+1$

4.2.2 填空题

1. 串的两种最基本的存储方式是_____。
2. 两个串相等的充分必要条件是_____。
3. 空串是_____，其长度等于_____。
4. 空格串是_____，其长度等于_____。
5. 设 s='I⌣AM⌣A⌣TEACHER'，其长度是_____。

4.2.3 判断题

1. 串是由有限个字符构成的连续序列，串长度为串中字符的个数，子串是由主串中的字符构成的有限序列。 （　　）
2. 子串定位函数的时间复杂度在最坏情况下为 $O(n×m)$，因此子串定位函数没有实际的使用价值。 （　　）

3. KMP 算法的最大特点是主串的指针不需要回溯。 （ ）

4. 设模式串的长度为 m，主串的长度为 n，当 $n \approx m$ 且只匹配一次时，朴素的匹配算法（即子串定位函数）所花的时间代价可能很小。 （ ）

5. 如果一个串中的所有字符均在另一个串中出现，则前者是后者的子串。 （ ）

4.2.4　算法设计题

1. 编写一个算法，从串 s 中删除所有和串 t 相同的子串。

2. 编写一个算法，使用 Replace(&S,T,V)实现串的基本操作。

3. 编写一个递归算法，实现字符串的逆序存储，要求不另设内存空间。

4.3　实　　验

4.3.1　串的基本运算（验证性实验）

一、实验目的

（1）掌握串的存储方式。

（2）掌握串的基本运算。

二、实验要求

（1）认真阅读和掌握本实验的程序。

（2）上机运行本程序，并进行分析。

三、实验内容

串的基本运算如下。

（1）连接定长顺序存储表示的串。

代码如下：

```
#include<stdio.h>
typedef unsigned char sstring[256];

int contact(sstring &t,sstring s1,sstring s2){
    int i;
    if(s1[0]+s2[0]<=255){


    （请将函数补充完整）


    }
    else if(s1[0]<255){


    （请将函数补充完整）


    }
    else{


    （请将函数补充完整）


    }
```

```
        return 1;
        }

void main(){
    sstring t,s1,s2;int i,n,m;char c,d;
    printf("请输入串 s1 的元素个数:\n");
    scanf("%d",&m);
    printf("请输入%d个字符:\n",m);
    s1[0]=m;
    getchar();
    for(i=1;i<=m;i++){
    scanf("%c",&c);
    s1[i]=c;}
    printf("串 s1 为:\n");
    printf("%d\n",m);
    for(i=1;i<=m;i++)
    printf("%c\n",s1[i]);
    printf("请输入串 s2 的元素个数:\n");
    scanf("%d",&n);
    printf("请输入%d个字符:\n",n);
    s2[0]=n;
    getchar();
    for(i=1;i<=n;i++){
    scanf("%c",&d);
    s2[i]=d;}
    printf("串 s2 为:\n");
    printf("%d\n",n);
    for(i=1;i<=n;i++)
    printf("%c\n",s2[i]);

    contact(t,s1,s2);
    printf("连接后的串为:\n");
    printf("%d\n",m+n);
    for(i=1;i<=m+n;i++){
    printf("%c\n",t[i]);}
}
```

（2）求子串。

代码如下：

```
#include<stdio.h>
typedef  sstring[256];

int substring(sstring &sub,sstring s,int pos,int len){int j;
if(pos<1||pos>s[0]||len<0||len>s[0]-pos+1)
return 0;

     (请将函数补充完整)

return 1;}

main(){
    sstring s,sub;int i,n,pos,len;char c;
    printf("输入串 s 的元素个数:\n");
    scanf("%d",&n);
    printf("输入%d个字符:\n",n);

    getchar();
    for(i=1;i<=n;i++)
      {scanf("%c",&c);
      s[i]=c;}
    s[0]=n;
```

```
        printf("串 s 为:\n");
        printf("%d\n",n);
        for(i=1;i<=n;i++)
            printf("%c\n",s[i]);
        printf("输入子串的长度:\n");
        scanf("%d",&len);
        printf("输入子串的起始位置:\n");
        scanf("%d",&pos);

        substring(sub,s,pos,len);
        printf("子串为:\n");
        printf("%d\n",len);
        for(i=1;i<=sub[0];i++)
            printf("%c\n",sub[i]);
        return 1;}
```

（3）串的堆分配储存表示。

代码如下：

```
#include<stdio.h>
#include<malloc.h>
typedef struct {
        char *ch;
        int length;}Hstring;

int strinsert(Hstring &s,int k,Hstring t){
        int i;
        if(k<1||k>s.length+1)return 0;
        if(t.length){
        if(!(s.ch=(char*)realloc(s.ch,(s.length+t.length)*sizeof(char))))
        return 0;

        （请将函数补充完整）
}
}

main(){int i,k,length1,length2;char c,d;
        Hstring s,t;
        printf("输入串 s 的元素个数:\n");
        scanf("%d",&length1);
        s.ch=(char*)malloc(length1*sizeof(char));
        if(!s.ch)return 0;
        s.length=length1*sizeof(char);
        printf("请输入%d 个字符:\n",s.length);
        getchar();
        for(i=0;i<s.length;i++){
            scanf("%c",&c);s.ch[i]=c;}
        printf("创建的串 s 为:\n");
        for(i=0;i<s.length;i++)
            printf("%c\n",s.ch[i]);

        printf("输入串 t 的元素个数:\n");
        scanf("%d",&length2);
        t.ch=(char*)malloc(length2*sizeof(char));
        if(!t.ch)return 0;
        t.length=length2*sizeof(char);
        printf("请输入%d 个字符:\n",t.length);
        getchar();
        for(i=0;i<t.length;i++){
            scanf("%c",&d);t.ch[i]=d;}
        printf("创建的串 t 为:\n");
```

```
        for(i=0;i<t.length;i++)
            printf("%c\n",t.ch[i]);

        printf("请输入在串 s 中插入元素的位置:\n");
        scanf("%d",&k);

        strinsert(s, k, t);
        printf("插入元素后的串为:\n");
        for(i=0;i<s.length;i++)
            printf("%c\n",s.ch[i]);
}
```

4.3.2 串的应用（设计性实验）

一、实验目的
熟悉串的实现方法和文本模式匹配方法。

二、设计内容
统计指定字符串在主串中出现的次数和位置的步骤如下。

（1）输入以回车符作为结束符的一串字符，并将其作为主串。

（2）求主串中指定的单个字符出现的次数和位置。

（3）求主串中指定子串出现的次数和位置。

（4）求主串中指定单词出现的次数和位置，注意单词与子串的区别。

测试数据的过程如下。

①主串："aabb aba abab ab abb"。

②指定的单个字符：'a'。

'a'出现的次数：8。

'a'出现的位置：0、1、5、7、9、11、14、17。

③指定子串：'ab'。

'ab'出现的次数：6。

'ab'出现的位置：1、5、9、11、14、17。

④指定单词：'ab'。

'ab'出现的次数：1。

'ab'出现的位置：14。

代码如下：

```
#include <stdio.h>
# include <string.h>
main()
 {
  char c,str1[80], str2[5][20],word[20];
  int num[5],i=0,j,k,m,n,position[5][10];
  printf("\ninput the string:\n");
  gets(str1);
  printf("input the number n:\n");
  scanf("%d",&n);
  c=getchar();
  for(m=0;m<n;m++)
  {
  printf("please input the %dth word:\n",m);
      gets(str2[m]);
```

```
    }
    for (m=0;m<n;m++)
    {
        num[m]=0;
        for (j=0;j<10;j++)    position[m][j]=0;
    }
    while(str1[i]!='\0')
     {j=0;
      while(str1[i]==' ')
       i++;
      while((str1[i]!=' ')&&(str1[i]!='\0'))
         word[j++]=str1[i++];
      word[j]='\0';
    for(m=0;m<n;m++)
    if (strcmp(str2[m],word)==0)
     {
        num[m]++;
        k=num[m]-1;
        position[m][k]=i-strlen(word);
     }
   }
    for(i=0;i<n;i++)
      if (num[i])
      {
        printf("\nthe number of %dth word is %d",i,num[i]);
        printf("\nthe position is:\n");
        for(k=0;k<num[i];k++)
            printf("%5d",position[i][k]);
      }
      else
      printf("\n the %dth word is not found!",i);
}
```

第五章
数组和广义表

本章学习目标

1. 了解数组的两种存储方法，并掌握数组的地址计算方法。

2. 掌握对特殊矩阵进行压缩存储的方法。

3. 了解稀疏矩阵的压缩存储方法的特点和适用范围，以及在以三元组表示稀疏矩阵时进行矩阵运算采用的处理方法。

4. 掌握广义表的结构特点及其存储方法，并熟练掌握任意一种结构，学会两种对非空广义表进行分解的方法，将一个非空广义表分解为表头和表尾两个部分，或者将其分解为若干子表。

5.1 学习指导

5.1.1 数组的定义

1. 基本概念

数组：按一定格式排列起来的、具有相同属性的一列项目，是相同类型的元素的集合，有一维数组（如 $A[5]$）、二维数组（如 $A[5][5]$）、三维数组（如 $A[5][5][5]$）、多维数组等。

二维数组：每一行都是一个线性表，每一个元素既在一个行表中，又在一个列表中。

数组的逻辑结构：一维数组是线性结构，多维数组是非线性结构，每一个元素都可以有多个直接前驱结点和直接后继结点，但数组元素的下标一般具有固定的下界和上界，因此它比其他复杂的非线性结构简单。

数组的存储结构：由于数组一般不进行插入或删除操作，因此如果数组一旦建立，则元素的个数和元素之间的关系就不再发生变动，故采用顺序存储结构。

由于计算机中的存储单元是一维结构，数组是多维结构，所以在用一维的连续存储单元存放数组时，按存放的不同次序可得到下列的不同存储方法。

（1）按行优先顺序存储（以二维数组为例）。

元素 a_{ij} 的存储地址为

$$\text{Loc}(a_{ij})= \text{Loc}(a_{00})+(i \times n +j)\text{L} \qquad (0 \leqslant i \leqslant m, 0 \leqslant j \leqslant n)$$

（2）按列优先顺序存储。

元素 a_{ij} 的存储地址为

$$\text{Loc}(a_{ij})= \text{Loc}(a_{00})+(j \times m +i)\text{L} \qquad (0 \leqslant i \leqslant m, 0 \leqslant j \leqslant n)$$

2. 数组的抽象数据类型的定义

代码如下：

```
ADT Array {
  数据对象: D={a_{j1j2…jn} | j_i =0,…,b_i-1, i=1,2,…,n,
  n(>0) 被称为数组的维数，b_i 是数组第 i 维的长度，j_i 是数组元素的第 i 维下标，a_{j1j2…jn}∈ElemSet }
  数据关系: R={R1, R2, …, Rn}
  Ri={<a_{j…,j,…j}, a_{j…,j+1,…,j}> | 0 ≤j_k ≤b_k -1, 1 ≤ k ≤ n 且k≠ i, 0 ≤ j_i ≤b_i -2, a_{j1…}
  _{ji…jn}, a_{j1…ji+1…jn}∈D, i=2,…,n }
  基本操作:
  InitArray(&A, n, bound1, …, boundn)
  操作结果: 若维数 n 和各维长度合法，则构造相应的数组 A，并返回 OK
  DestroyArray(&A)
  操作结果: 销毁数组 A
  Value(A, &e, index1, …, indexn)
  初始条件: A 是 n 维数组，e 为元素变量，后面紧跟 n 个下标值
  操作结果: 若各个下标皆不超界，则 e 赋值为指定数组 A 的元素值，并返回 OK
  Assign(&A, e, index1, …, indexn)
  初始条件: A 是 n 维数组，e 为元素变量，后面紧跟 n 个下标值
  操作结果: 若下标不超界，则将 e 的值赋给指定数组 A 的元素，并返回 OK
} ADT Array
```

5.1.2　数组顺序存储的表示和实现

标准头文件及结构体的定义代码如下：

```
#include <stdarg.h> // 标准头文件，提供宏 va_start、va_arg 和 va_end，用于存取变长参数表
#define MAX_ARRAY_DIM 8 // 数组维数的最大值为 8
typedef struct{
    ElemType *base;      //数组元素的基地址，由 InitArray 分配
    int    dim;          //数组维数
    int   *bounds;       //数组维界基地址，由 InitArray 分配
    int  * constants;    //数组映像函数的常量基地址，由 InitArray 分配
}Array;
```

（1）数组初始化。

代码如下：

```
Status InitArray(Array &A,int dim, …){
  //若维数 dim 和各维长度合法，则构造数组 A，并返回 OK
  if (dim<1 || dim>MAX_ARRAY_DIM) return ERROR;
  A.dim=dim;
  A.bounds=(int * )malloc(dim * sizeof(int));
  if(!A.bounds) exit (OVERFLOW);
    //若各维长度合法，则存入 A.bounds，并求出数组 A 的元素总数 elemtotal
  elemtotal=1;
  va_start(ap,dim); //ap 为 va_list 类型，是存放变长参数表信息的数组
  for (I=0; I<dim; ++I){
    A. bounds[I]=va_arg(ap,int);
    if(A.bounds[I]<0) return UNDERFLOW;
    elemtotal * = A.bounds[I];
  }
  va_end(ap);
  A.base=(ElemType *) malloc(elemtotal * sizeof(ElemType));
  if(!A.bounds) exit (OVERFLOW);
    //求数组映像函数的常数 c_i，并存入 A.constants[i-1],i=1,…,dim
  A.constants =(int * )malloc(dim * sizeof(int));
  if(!A.onstants) exit (OVERFLOW);
  A.constants[dim-1]=1;   //L=1,指针的增减以元素的大小为单位进行
  For (i=dim-2;i>=0;--i)
    A.constants[i]= A.bounds[i+1]+ A.constants[i+1]
  return OK;
}
```

（2）销毁数组。

代码如下：

```
Status DestroyArray(Array &A){
    if (!A.base) return ERROR;
    free(A.base); A.base=NULL;
    if (!A.bounds) return ERROR;
    free(A. bounds); A. bounds =NULL;
    if (!A.constants) return ERROR;
    free(A. constants); A. constants=NULL;
    return OK;
}
```

（3）求元素的地址。

代码如下：

```
tatus Locate(Array A,va_list ap, int &off){
    //若 ap 指示的各个下标合法，则求出该元素在数组 A 中的相对地址 off
    off=0;
    for(i=0;i<A.dim; ++i){
        ind=va_arg(ap,int);
        if (ind<0 || ind>=A.bounds[i] return OVERFLOW;
        off +=A.constants[i] * ind;
    }
    return OK;
}
```

（4）取元素的值。

代码如下：

```
Status Value(Array A,ElemType &e,…){
    //A 是 n 维数组，e 为元素变量，后面紧跟 n 个下标值
    //若各个下标皆不超界，则 e 赋值为指定数组 A 的元素值，并返回 OK
    va_start(ap,e);
    if ((result=Locate(A,ap,off))<=0 return result;
    e= *(A.base+off);
    return OK;
}
```

（5）给数组赋值。

代码如下：

```
Status Assign(Array &A,ElemType e,…){
    //A 是 n 维数组，e 为元素变量，后面紧跟 n 个下标值
    //若各个下标皆不超界，则将 e 的值赋给指定数组 A 的元素，并返回 OK
    va_start(ap,e);
    if ((result=Locate(A,ap,off))<=0 return result;
    *(A.base+off) = e;
    return OK;
}
```

5.1.3　稀疏矩阵的压缩存储

1. 基本概念

稀疏矩阵：是矩阵的一种特殊情况，矩阵中的非零元素的个数远小于零元素的个数。

设 m 行、n 列的矩阵含 t 个非零元素，则称 $\delta=\dfrac{t}{m \times n}$ 为稀疏因子，通常认为 $\delta \leqslant 0.05$ 的矩阵为稀疏矩阵。

以二维数组表示高阶稀疏矩阵时，会产生零元素占用内存空间大，且多次和零进行运算的问题。

特殊矩阵：值相同的元素或零元素在矩阵中的分布有一定规律，如下三角阵、稀疏矩阵。

压缩存储：给多个值相同的元素分配存储单元，不给零元素分配存储单元，目的是节省内存空间。

$n \times n$ 的矩阵一般需要 n^2 个存储单元，对称矩阵需要 $n(1+n)/2$ 个存储单元。

2．三元组顺序表——压缩存储稀疏矩阵方法之一（顺序存储结构）

三元组顺序表又称有序的双下标法，对矩阵中的每个非零元素都用三个域分别表示其所在位置的行号、列号和元素值。它的特点是非零元素在顺序表中按行序进行有序存储，因此便于按行序进行顺序处理的矩阵运算。当矩阵中的非零元素少于 1/3 即可节省内存空间。

（1）稀疏矩阵的三元组顺序表存储方法。

代码如下：

```
#define MAXSIZE 12500 // 假设非零元素的最大个数为12500
typedef struct {
    int i, j; // 非零元素的行下标和列下标
    ElemType e; //非零元素的值
} Triple; // 三元组类型
typedef struct { //共用体
    Triple data[MAXSIZE + 1]; // data[0]未被使用
    int mu, nu, tu; // 矩阵的行数、列数和非零元素的个数
}TSMatrix; // 稀疏矩阵类型
```

（2）求转置矩阵的操作。

①用常规的二维数组表示的算法。

代码如下：

```
for (col=1; col<=nu; ++col)
    for (row=1; row<=mu; ++row)
        T[col][row] = M[row][col];
```

其时间复杂度为 $O(mu \times nu)$

②用三元组顺序表表示的快速转置算法。

代码如下：

```
Status FastTransposeSMatrix(TSMatrix M, TSMatrix &T) {
// 采用三元组顺序表求稀疏矩阵 M 的转置矩阵 T
    T.mu = M.nu; T.nu = M.mu; T.tu = M.tu;
    if (T.tu) {
        for (col=1; col<=M.nu; ++col) num[col] = 0;
        for (t=1; t<=M.tu; ++t) ++num[M.data[t].j];// 求 M 中每一列所含非零元素的个数
        cpot[1] = 1;
        for (col=2; col<=M.nu; ++col) cpot[col] = cpot[col-1] + num[col-1];
            // 求 M 中每一列的第一个非零元素在 b.data 中的序号
        for (p=1; p<=M.tu; ++p) {// 转置矩阵的元素
            col = M.data[p].j; q = cpot[col];
            T.data[q].i =M.data[p].j; T.data[q].j =M.data[p].i;
            T.data[q].e =M.data[p].e; ++cpot[col];
        }// for
    }// if
    return OK;
} // FastTransposeSMatrix
```

其时间复杂度为 $O(mu \times nu)$。

5.1.4　广义表

1. 基本概念

广义表（General List）：是由 n（$n \geqslant 0$）个表元素组成的有限序列。广义表是通过递归定义的线性结构，是一个多层次的线性结构，是线性表的推广，记作 $LS = (a_0, a_1, a_2, ..., a_n)$。LS 是表名；$a_i$ 是可以是表（也称子表），可以是元素（也称原子）；n 为表的长度，$n = 0$ 时广义表为空表，$n > 0$ 时第一个表元素被称为广义表的表头（Head），其他表元素被称为广义表的表尾（Tail）。

例如，D = (E, F)、E = (a, (b, c))、F = (d, (e))、A=()。

广义表 $LS = (a_1, a_2, ..., a_n)$ 的结构特点如下：

（1）广义表中的元素有次序。

（2）广义表的长度被定义为最外层包含的元素个数。

（3）广义表的深度被定义为圆括号的重数。注意，"原子"的深度为 0，空表的深度为 1。

（4）广义表可以共享。

（5）广义表可以是一个递归表。递归表的深度是无穷值，长度是有限值。

（6）任何一个非空广义表均可分解为两部分，如 $LS = (a_1, a_2, ..., a_n)$ 可分解为表头 GetHead(LS) = a_1 和表尾 GetTail(LS) = $(a_2, ..., a_n)$。

再如，LS = (A, D) = (( ), (E, F)) = (( ), ((a, (b, c),F)可分解为如下的左、右两部分。

```
GetHead(LS) = A              GetTail(LS) = ( D )
GetHead( D ) = E             GetTail( D ) = ( F )
GetHead( E ) = a             GetTail( E ) = ( ( b, c) )
GetHead((( b, c))) = ( b, c) GetTail((( b, c))) = ( )
GetHead(( b, c)) = b         GetTail(( b, c)) = ( c )
GetHead(( c )) = c           GetTail(( c )) = ( )
```

2. 广义表的抽象数据类型的定义

代码如下：

```
ADT Glist {
数据对象: D={eᵢ | i=1,2,...,n; n≥0; eᵢ∈AtomSet 或 eᵢ∈GList,AtomSet 为某个数据对象 }
数据关系: LR={<eᵢ₋₁, eᵢ >| eᵢ₋₁ ,eᵢ ∈D, 2≤i≤n }
基本操作: 结构的创建和销毁
InitGList(&L);
DestroyGList(&L);
CreateGList(&L, S);
CopyGList(&T, L);
状态函数:
GListLength(L);
GListDepth(L);
GListEmpty(L);
GetHead(L);
GetTail(L);
插入和删除操作:
InsertFirst_GL(&L, e);
DeleteFirst_GL(&L, &e);
遍历:
Traverse_GL(L, Visit());
} ADT GList
```

3. 广义表的存储结构

由于广义表是通过递归定义的，其中的元素具有不同的结构，难以用顺序存储结构表示，故常采用链式存储结构将每个元素用一个结点表示。

（1）广义表的头尾链表存储结构。

一个表结点由三个域组成：标志域、指示表头的指针域和指示表尾的指针域。

一个原子结点只有两个域：标志域和值域。

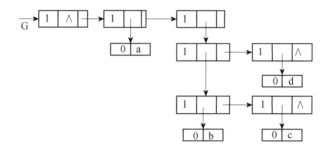

设广义表为 G=((),a,((b,c),d))，其首尾链表存储结构如下：

（2）广义表的扩展线性链表存储结构的组成如下：

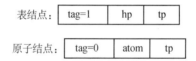

设广义表 G=((),a,((b,c),d))，其扩展线性链表存储结构如下：

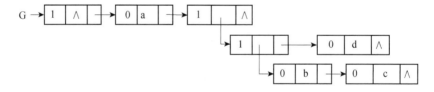

4. 广义表的运算

（1）求广义表的长度。

在广义表中，同一层的结点都是通过 next 域连接起来的，可以将其看成一个单链表，广义表的长度就是单链表的长度。用递归算法求解，若单链表非空，则长度等于其表头结点的后继单链表的长度加 1；若为空，则长度为 0。

（2）求广义表的深度。

广义表的深度等于其所有子表的最大深度加 1。若一个广义表为空或仅由单个元素组成，则深度为 1。可通过递归调用求广义表的深度。

5.2　习　题

5.2.1　单项选择题

1. 设有一个 10 阶的对称矩阵 A，采用压缩存储方式存储，以行序为主序存储，a_{11} 为第一个元素，其存储地址为 1，每个元素占一个存储单元，则 a_{85} 的地址为（　　）。

  A. 13   B. 33   C. 18   D. 40

2. 设有数组 $A[i,j]$，该数组的每个元素的长度为 3 字节，i 的值为 1～8，j 的值为 1～10，从首地址 BA 开始按顺序存储，当用以列序为主序存储时，$A[5,8]$ 的存储首地址为（　　）。

  A. BA+141   B. BA+180   C. BA+222   D. BA+225

3. 假设以行序为主序存储二维数组 A=array[1…100,1…100]，每个元素占 2 个存储单元，基地址为 10，则 LOC[5,5]=（　　）。

  A. 808   B. 818   C. 1010   D. 1020

4. 数组 $A[0…5,0…6]$ 的每个元素占 5 字节，将其按列序为主序存储在首地址为 1000 的存储单元中，则 $A[5,5]$ 的地址是（　　）。

  A. 1175   B. 1180   C. 1205   D. 1210

5. 二维数组 A 的每个元素都是由 6 个字符组成的串，其行下标 i=0、1、…、8，列下标 j=1、2、…、10。若 A 先按行序为主序存储，$A[8, 5]$ 的首地址与当 A 先按列序为主序存储时的元素（　　）的首地址相同（设每个字符占 1 字节）。

  A. $A[8,5]$ B. $A[3,10]$
  C. $A[5,8]$ D. $A[0,9]$

6. 设二维数组 $A[1…m,1…n]$（即 m 行、n 列）按行序为主序存储在一维数组 $B[1…m \times n]$ 中，则 $A[i,j]$ 在一维数组 B 中的下标为（　　）。

  A. $(i-1) \times n + j$ B. $(i-1) \times n + j - 1$
  C. $i \times (j-1)$ D. $j \times m + i - 1$

7. 有一个 100×90 的稀疏矩阵，非零元素有 10 个，设每个整数占 2 字节，则用三元组表示该矩阵时，所需的字节数是（　　）。

  A. 60   B. 66   C. 18000   D. 33

8. 数组 $A[0…4,-1…-3,5…7]$ 含有元素的个数为（　　）。

  A. 55   B. 45   C. 36   D. 16

9. 对稀疏矩阵进行压缩存储的目的是（　　）。

  A. 便于进行矩阵运算   B. 便于输入和输出
  C. 节省内存空间   D. 降低运算的时间复杂度

10. 已知广义表 L=((x,y,z),a,(u,t,w))，从广义表 L 中取出原子项 t 的运算是（　　）。

  A. head(tail(tail(L)))   B. tail(head(head(tail(L))))
  C. head(tail(head(tail(L))))   D. head(tail(head(tail(tail(L)))))

11. 已知广义表 LS＝((a,b,c),(d,e,f))，运用 head() 和 tail() 函数取出 LS 中的原子项 e 的运算是（　　）。

  A. head(tail(LS))   B. tail(head(LS))
  C. head(tail(head(tail(LS))))   D. head(tail(tail(head(LS))))

12. 广义表 A=(a,b,(c,d),(e,(f,g)))，则 head(tail(head(tail(tail(A)))))的值为（　　）。

A. (g)　　　B. (d)　　　C. c　　　D. d

13. 已知广义表 A=(a,b)，B=(A,A)，C=(a,(b,A),B)，则 tail(head(tail(C))) =（　　）的运算结果是（　　）。

A. (a)　　B. A　　C. a　　D. (b)

E. b　　F. (A)

14. 广义表运算式 tail((a,b),(c,d))的操作结果是（　　）。

A. (c,d)　　B. c,d　　C. ((c,d))　　D. d

15. 广义表 L=(a,(b,c))进行 tail(L)操作后的结果为（　　）。

A. c　　B. b,c　　C. (b,c)　　D. ((b,c))

16. 广义表（a,(b,c),d,e）的表头为（　　）。

A. a　　B. a,(b,c)　　C. (a,(b,c))　　D. (a)

17. 设广义表 L=((a,b,c))，则 L 的长度和深度分别为（　　）。

A. 1 和 1　　B. 1 和 3　　C. 1 和 2　　D. 2 和 3

18. 下面说法中不正确的是（　　）。

A. 广义表的表头总是一个广义表

B. 广义表的表尾总是一个广义表

C. 广义表难以用顺序存储结构

D. 广义表可以是一个多层次的结构

5.2.2 填空题

1. 数组的存储结构采用＿＿＿＿存储方式。

2. 设有二维数组 A[-20...30,-30...20]，每个元素占 4 个存储单元，首地址为 200，如果按行序为主序存储，则 A[25,18]的地址为＿＿＿＿＿＿＿＿；如果按列序为主序存储，则 A[-18,-25]的地址为＿＿＿＿＿＿＿＿。

3. 设数组 A[1...50,1...80]的基地址为 2000，每个元素占 2 个存储单元，若以行序为主序存储，则元素 A[45,68]的地址为＿＿＿＿＿＿＿＿；若以列序为主序存储，则元素 A[45,68]的地址为＿＿＿＿＿＿＿＿。

4. 将整型数组 A[1...8,1...8]按行序为主序存储在首地址为 1000 的连续的存储单元中，则 A[7,3]的地址是＿＿＿＿＿＿＿＿。

5. 设有数组 A[4][5][6]（下标从 0 开始，A 有 4×5×6 个元素），每个元素的长度是 2，则 A[2][3][4]的地址是＿＿＿＿＿＿＿＿（设 A[0][0][0]的地址是 1000，数据以行序为主序存储）。

6. 设有数组 A[0...9,0...19]，其每个元素占 2 字节，第一个元素的地址为 100，若按列序为主序存储，则 A[6,6]的地址为＿＿＿＿＿＿＿＿。

7. 已知数组 A[0...9,0...9]的每个元素占 5 个存储单元，将其按行序为主序存储在首地址为 1000 的连续的存储单元中，则元素 A[6,8]的地址为＿＿＿＿＿＿＿＿。

8. 已知数组 A[1...10,0...9]的每个元素占 4 个存储单元，在按行序为主序存储到首地址为 1000 的连续的存储单元时，A[5,9]的地址是＿＿＿＿＿＿＿＿。

9. 设有数组 $A[0...8,1...10]$，任意元素 $A[i,j]$ 均占 48 个二进制位，从首地址 2000 开始连续存放在主内存里，主内存字长为 16 位。

（1）存放该数组至少需要的存储单元数是_____。

（2）存放数组的第 8 列的所有元素至少需要的存储单元数是_____。

（3）按列序为主序存储时，$A[5,8]$ 的首地址是_____。

10. 设 n 行、n 列的下三角矩阵 A 已被压缩到一维数组 $B[1...n \times (n+1)/2]$ 中，若按行序为主序存储，则第 i 行、第 j 列的矩阵元素在 B 中的存储位置为_____。

11. 设有一个 10 阶对称矩阵 A 采用了压缩存储方式（以行序为主序存储，$a_{11}=1$），则 a_{85} 的地址为_____。

12. 稀疏矩阵指的是_____。

13. 对矩阵进行压缩是为了_____。

14. 假设一个 15 阶的上三角矩阵 A 按行序为主序压缩并存储在一维数组 B 中，则非零元素 $A[9,9]$ 在 B 中的存储位置为_____。注：矩阵元素下标从 1 起算。

15. 当广义表中的每个元素都是原子项时，广义表便成了_____。

16. 广义表的表尾是指除第一个元素外，_____。

17. 将广义表的_____定义为广义表中圆括号的重数。

18. 设广义表 L=((),()), 则 head(L)是_____, tail(L)是_____, L 的长度是_____, 深度是_____。

19. 已知广义表 A=(9,7,(8,10,(99)),12)，试用求表头和表尾的 head( )和 tail( )函数将原子项 99 从 A 中取出来：_____。

20. 广义表的深度是_____。

21. 广义表 L=(a,(a,b),d,e,((i,j),k))的长度是_____, 深度是_____。

22. 已知广义表 LS=(a,(b,c,d),e)，运用 head()和 tail()函数取出 LS 中原子项 b 的运算是_____。

23. 广义表 A=(((a,b),(c,d,e)))，取出 A 中的原子项 e 的操作是_____。

24. 设某广义表 H=(A,(a,b,c))，运用 head()和 tail()函数求出广义表 H 中原子项 b 的运算是_____。

25. 广义为 A=((( ),(a,(b),c)))，head(tail(head(tail(head(A)))))等于_____。

26. 广义表运算式 head(tail(((a,b,c),(x,y,z))))的结果是_____。

27. 已知广义表 A=(((a,b),(c),(d,e)))，head(tail(tail(head(A))))的结果是_____。

28. 利用广义表的 GetHead 和 GetTail 操作，从广义表 L=((apple,pear),(banana,orange))中分离出原子项 banana 的表达式是_____。

5.3　实　　验

数组的存储表示和实现方法（验证性实验）

一、实验目的

深入了解数组的存储表示和实现方法，熟悉广义表的存储结构的特性。

二、实验要求

（1）认真阅读和掌握本实验的程序。

（2）上机运行本程序，并进行分析。

三、实验内容

（1）稀疏矩阵以三元组形式输入，以常用的阵列形式输出。

（2）实现稀疏矩阵的转置（一般方法）。

（3）实现稀疏矩阵的转置（快速转置）。

下面进行稀疏矩阵的三元组转置（一般方法）。

代码如下：

```c
#include <stdio.h>
#define  MAXSIZE   50
#define  MAXRC     10
typedef struct{
    int i,j;
    int e;
}triple;
typedef struct{
    triple data[MAXSIZE+1];
    int mu,nu,tu;
}tsmatrix;
tsmatrix tcreate(int m,int n,int t)
{
    tsmatrix M;  int k;
    M.mu=m;M.nu=n;M.tu=t;
    printf("\nplease input %d data",M.tu);
    printf("\ni j e\n");
    for(k=1;k<=M.tu;++k)
      scanf("%d %d %d",&M.data[k].i,&M.data[k].j,&M.data[k].e);
      return(M);
}


void  tprint(tsmatrix  M)
{
    int k;
    for(k=1;k<=M.tu;++k)
    {
     printf("\n");
     printf("%d %d %d",M.data[k].i,M.data[k].j,M.data[k].e);
    }
    printf("\n");
}
tsmatrix  transpose( tsmatrix M){
    /*采用三元组进行存储和表示,求稀疏矩阵M的转置矩阵T*/
    tsmatrix T;
    int col,p,q;
    T.mu=M.nu;T.nu=M.mu;T.tu=M.tu;
    if(T.tu){

        （请将函数补充完整）
    }
    return(T);
}
main()
{ int m,n,t,m2,n2,t2;
  tsmatrix E,F;
  printf("\n please input m,n,t:");
```

```
    scanf("%d %d %d",&m,&n,&t);
    E=tcreate(m,n,t);
    tprint(E);
    F=transpose(E);
    tprint(F);
    getchar();
    getchar();}
```

下面进行稀疏矩阵的三元组转置（快速转置）。

代码如下：

```
#include <stdio.h>
 #define  MAXSIZE  50
 #define  MAXRC    10
 typedef struct{
      int i,j;
      int e;
 }triple;

 typedef struct{
    triple data[MAXSIZE+1];
    int rpos[MAXRC+1];
    int mu,nu,tu;
 }rlsmatrix;

rlsmatrix rlcreate(int m,int n,int t)
{
   rlsmatrix M;
   int num[MAXRC];
   int k,row;
   M.mu=m;M.nu=n;M.tu=t;
   printf("\n please input %d data",M.tu);
   printf("\ni j e\n");
   for(k=1;k<=M.tu;++k)
   scanf("%d %d %d",&M.data[k].i,&M.data[k].j,&M.data[k].e);
   for(row=1; row<=M.mu;++row)  num[row]=0;
   for(k=1;k<=M.tu;++k) ++num[M.data[k].i];
   M.rpos[1]=1;
   for(row=2; row<=M.mu;++row)
      M.rpos[row]=M.rpos[row-1]+num[row-1];
   return(M);
}

void rlprint(rlsmatrix M)
{
  int k;
  for(k=1;k<=M.tu;++k)
  { printf("\n");
    printf("%d %d %d",M.data[k].i,M.data[k].j,M.data[k].e);
  }
  printf("\n");
}

rlsmatrix fasttrans(rlsmatrix M)
{/*快速转置*/
   rlsmatrix T; int col,p,q,t;
   int num[MAXRC]; int cpot[MAXRC];
   T.mu=M.nu;T.nu=M.mu;T.tu=M.tu;
   if(T.tu){
```

（请将函数补充完整）

```
        }
      return(T);
  }
  main()
  { int m1,n1,t1;
    rlsmatrix M,N,Q;
    printf("\n please input m1,n1,t1:");
    scanf("%d %d %d",&m1,&n1,&t1);
    M=rlcreate(m1,n1,t1);
    rlprint(M);
    N=fasttrans(M);
    rlprint(N);
    getchar();
    getchar();}
```

第六章

树和二叉树

本章学习目标

1. 熟练掌握二叉树的结构特性，了解相应的证明方法。

2. 熟悉二叉树的各种存储结构的特点及适用范围。

3. 熟练掌握各种遍历策略的递归和非递归算法。

4. 熟练掌握二叉树的线索化过程，以及在中序线索树上找给定结点的前驱结点和后继结点的方法。

5. 熟悉树的各种存储结构及其特点，掌握树、森林与二叉树的转换方法。

6. 了解最优树的特性，掌握建立最优树的方法和哈夫曼编码。

6.1 学习指导

6.1.1 树的概念

1. 树的定义

树（Tree）是由 n（$n \geq 0$）个结点组成的有限集合，如图 1-6-1 所示。它是树型结构的简称，是一种重要的非线性数据结构，应用广泛，如磁盘上的文件目录结构、家族成员关系、单位的组织机构、书的内容结构、算术表达式等。任何一棵非空树都是一个二元组，都满足如下关系式：

$$Tree = (root, F)$$

其中，root 被称为根结点，F 被称为子树森林。

2. 树的表示方法

树的表示方法有树型表示法、二元组表示法、集合图表示法、凹入表表示法、广义表表示法。

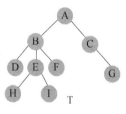

图 1-6-1 树

3. 基本术语

结点：由元素和若干指向子树的分支构成。

根结点：指一棵非空树中，无前驱结点的结点。

结点的度：指分支的个数。

结点层次：从根结点开始，根为第一层，根结点的孩子结点为第二层，依次类推。

分支结点：指度大于 0 的结点。

叶子结点：指度为 0 的结点，该结点没有后继结点。

树的度：指树中所有结点的度的最大值。

树的深度：树中叶子结点所在的最大层次。

森林：指 m（$m \geq 0$）棵互不相交的树的集合。

有向树：指有确定的根的树，树根和子树根之间存在有向关系（自上到下、自左到右）。

有序树：树中结点的各子树从左到右是有次序的，不能互换。

无序树：树中结点的各子树从左到右是没有次序的。

子女结点：结点的子树的根是该结点的"孩子"，即孩子结点。

双亲结点：指孩子结点的根结点。

兄弟结点：指具有相同双亲结点的结点。

堂兄弟结点：指双亲结点在同一层的结点。

祖先结点：指从根结点到该结点所经历分支上的所有结点。

子孙结点：指以某结点为根结点的子树中的任意结点。

线性结构与树型结构的比较如表 1-6-1 所示。

表 1-6-1　线性结构与树型结构的比较

线性结构（一对一的关系）	树型结构（一对多的关系）
☆　根结点（无前驱结点）	☆　第一个元素（无前驱结点）
☆　多个叶子结点（无后继结点）	☆　最后一个元素（无后继结点）
☆　树中的其他结点（一个前驱结点、多个后继结点）	☆　其他元素（一个前驱结点、一个后继结点）

6.1.2　二叉树

1. 二叉树的定义

二叉树是一种特殊的树（可为空树），它的每个结点最多有两棵子树，且这两棵子树有左、右之分。

二叉树的五种基本形态如图 1-6-2 所示。

2. 二叉树的性质

性质 1：在二叉树的第 i 层上至多有 2^{i-1} 个结点（$i \geq 1$）。

图 1-6-2　二叉树的五种基本形态

性质 2：深度为 k 的二叉树上至多含 2^k-1 个结点（$k \geq 1$）。

性质 3：对任何一棵二叉树而言，若它含有 n_0 个叶子结点、n_2 个度为 2 的结点，则必定满足关系式 $n_0 = n_2+1$。

性质 4：具有 n 个结点的完全二叉树的深度为 $[\log_2 n]+1$（不大于 $\log_2 n$ 的最大整数）。

性质 5：若要对含 n 个结点的二叉树从上到下、从左至右按 $1 \sim n$ 的顺序进行编号，则对二叉树中的任意一个编号为 i 的结点进行如下操作：

（1）若 $i=1$，则该结点是二叉树的根结点，无双亲结点，否则编号为 $i/2$ 的结点为其双亲结点。

（2）若 2i>n，则该结点无左孩子结点，否则编号为 2i 的结点为其左孩子结点。

（3）若 2i+1>n，则该结点无右孩子结点，否则编号为 2i+1 的结点为其右孩子结点。

有两类特殊的二叉树。

满二叉树：指深度为 k 且含有 2^k-1 个结点的二叉树。

完全二叉树：二叉树中所含的 n 个结点和满二叉树中编号为 1～n 的结点一一对应。

3．二叉树的抽象数据类型的定义

代码如下：

```
ADT BinaryTree{
数据对象 D：D 是具有相同特性的元素的集合
数据关系 R：若 D=Φ，则 R=φ，称二叉树为空二叉树，否则有 root、左子树 D、右子树 Dr
基本操作：
查找类操作一览表
Root(T);
返回 T 的根结点
Value(T, e);
返回结点 e 的值
Parent(T, e);
若 e 是 T 的非根结点，则返回其双亲结点，否则返回内容为空
LeftChild(T, e);
返回 e 的左孩子结点，若则返回内容为空
RightChild(T, e);
返回 e 的右孩子结点，若则返回内容为空
LeftSibling(T, e);
返回 e 的左兄弟结点，若 e 为 T 的左孩子结点或无左兄弟结点，则返回内容为空
RightSibling(T, e);
返回 e 的右兄弟结点，若 e 为 T 的右孩子结点或无右兄弟结点，则返回内容为空
BiTreeEmpty(T);
若 T 为空二叉树，则返回 TRUE，否则返回 FALSE
BiTreeDepth(T);
返回 T 的深度
PreOrderTraverse(T, Visit());
按先序遍历 T，对每个结点调用一次 Visit()
InOrderTraverse(T, Visit());
按中序遍历 T，对每个结点调用一次 Visit()
PostOrderTraverse(T, Visit());
按后序遍历 T，对每个结点调用一次 Visit()
LevelOrderTraverse(T, Visit());
按层次遍历 T，对每个结点调用一次 Visit()
插入类操作一览表
InitBiTree(&T);
构造空二叉树 T，把二叉树的根指针置为空
Assign(T, &e, value);
为结点 e 赋值为 value
CreateBiTree(&T, definition);
按 definition 的定义构造二叉树
InsertChild(T, p, LR, c);
根据 LR 为 0 或 1，插入的 c 为 T 中 p 所指结点的左或右子树，p 所指结点的原有左子树或右子树为 c 的右子树
删除类操作一览表
ClearBiTree(&T);
将二叉树 T 清为空树
DestroyBiTree(&T);
销毁二叉树 T
DeleteChild(T, p, LR);
根据 LR 为 0 或 1，删除 T 中 p 所指结点的左或右子树
}ADT BinaryTree
```

4．二叉树的存储结构

（1）二叉树的顺序存储结构。

存储方式：用一组地址连续的存储单元按自上至下、自左至右的顺序依次存储完全二叉树上

的结点元素，即将完全二叉树上编号为 i 的结点元素存储在一维数组中的下标为 $i-1$ 的分量中。

表示方式如下：

```
#define MAX_TREE_SIZE 100 // 二叉树的最大结点数
typedef TElemType SqBiTree[MAX_TREE_SIZE]; // 用0号存储单元存储根结点
SqBiTree bt;
```

显然，这种顺序存储结构仅适用于完全二叉树。因为在最坏的情况下，一个深度为 k 且只有 k 个结点的单支树（树中不存在度为 2 的结点）需要长度为 2^k-1 的一维数组。

（2）二叉树的链式存储结构。

①二叉链表。

存储方式：表示二叉树的链表中的每个结点，包含三个域，即左指针域、数据域、右指针域。

表示方式如下：

```
typedef struct BiTNode {
    TElemType data; // 数据域
    struct BiTNode *lchild, *rchild; // 左、右指针域
} BiTNode, *BiTree;
```

②三叉链表。

存储方式：表示二叉树的链表中的每个结点包，含四个域，即左指针域、数据域、双亲指针域、右指针域。

表示方式如下：

```
typedef struct TriTNode {
    TElemType data;
    struct TriTNode *lchild, *rchild; // 左、右指针域
    struct TriTNode *parent; // 双亲指针域
} TriTNode, *TriTree;
```

③双亲链表。

存储方式：表示二叉树的链表中的每个结点，包含三个域，即数据域、双亲指针域、左右标志域。

表示方式如下：

```
typedef struct BPTNode {
    TElemType data; // 数据域
    int *parent; // 双亲指针域
    char LRTag; // 左右标志域
} BPTNode
typedef struct {
    BPTNode nodes[MAX_TREE_SIZE];
    int num_node; // 结点数目
} BPTree
```

④线索链表。

6.1.3 遍历二叉树和线索二叉树

1. 遍历二叉树

（1）遍历的概念。

树的遍历就是按某种次序访问树中的结点，要求每个结点被访问一次且仅被访问一次。

对二叉树而言，有三条遍历路径。

①先上后下的遍历。

②先左（子树）后右（子树）的遍历。

③先右（子树）后左（子树）的遍历。

（2）先左后右的遍历算法。

先（根）序遍历算法有如下三种：

①访问根结点。

②先序遍历左子树。

③先序遍历右子树。

中（根）序遍历算法有如下三种：

①中序遍历左子树。

②访问根结点。

③中序遍历右子树。

后（根）序遍历算法有如下三种：

①后序遍历左子树。

②后序遍历右子树。

③访问根结点。

（3）先序遍历算法的递归描述，代码如下：

```
void Preorder (BiTree T, void( *visit)(TElemType& e))
{ // 先序遍历
    if (T) {
        visit(T->data); // 访问结点
        Preorder(T->lchild, visit); // 遍历左子树
        Preorder(T->rchild, visit); // 遍历右子树
    }
}
```

（4）中序遍历算法的非递归描述，代码如下：

```
BiTNode *GoFarLeft(BiTree T, Stack *S){
    if (!T ) return NULL;
    while (T->lchild )
    {
        Push(S, T);
        T = T->lchild;
    }
    return T;
}
// 中序遍历算法的非递归描述
void Inorder_I(BiTree T, void (*visit)(TelemType& e))
{
    Stack *S;
    t = GoFarLeft(T, S); // 找到左下角的结点
    while(t){
        visit(t->data);
        if (t->rchild)
            t = GoFarLeft(t->rchild, S);
        else if ( !StackEmpty(S )) // 当栈不空时，退栈
            t = Pop(S);
        else // 若栈为空则表明遍历结束
            t = NULL;
    }
}
```

2. 遍历算法的应用举例

（1）统计二叉树中叶子结点的个数（先序遍历）。

代码如下：

```
void CountLeaf (BiTree T, int& count)
{
```

```
    if ( T )
    {
        if ((!T->lchild)&& (!T->rchild))
            count++;
        CountLeaf( T->lchild, count); // 统计左子树中叶子结点的个数
        CountLeaf( T->rchild, count); // 统计右子树中叶子结点的个数
    }
}
```

（2）求二叉树的深度（后序遍历）。

代码如下：

```
int Depth (BiTree T )
{
    if ( !T )
        depthval = 0;
    else
        {
            depthLeft = Depth( T->lchild );
            depthRight= Depth( T->rchild );
            depthval = 1 +(depthLeft> depthRight?depthLeft:depthRight);
        }
    return depthval;
}
```

（3）复制二叉树（后序遍历）。

代码如下：

```
// 生成一个二叉树的结点
BiTNode *GetTreeNode(TElemType item, BiTNode *lptr , BiTNode *rptr ){
        if (!(T = (BiTNode*)malloc(sizeof(BiTNode))))
        exit(1);
        T-> data = item;
        T-> lchild = T-> rchild =NULL;
        return T;
}
    BiTNode *CopyTree(BiTNode *T)
    {
        if (!T )
        return NULL;
        if (T->lchild )
            newlptr = CopyTree(T->lchild);
        else newlptr = NULL;
        if (T->rchild )
            newrptr = CopyTree(T->rchild);
        else newrptr = NULL;
            newnode = GetTreeNode(T->data, newlptr, newrptr);
        return newnode;
}
```

（4）建立二叉树的存储结构。

按给定的先序序列建立二叉链表，代码如下：

```
Status CreateBiTree(BiTree &T) {
// 按先序遍历输入二叉树中结点的值（一个字符或空格字符都能表示空树），构造用二叉链表表示的二叉树 T
    scanf(&ch);
    if (ch==' ') T = NULL;
    else {
      if (!(T = (BiTNode *)malloc(sizeof(BiTNode))))
      exit(OVERFLOW);
      T->data = ch; // 生成根结点
      CreateBiTree(T->lchild); // 构造左子树
      CreateBiTree(T->rchild); // 构造右子树
    }
    return OK;
} // CreateBiTree
```

3. 线索二叉树

（1）线索二叉树的概念。

遍历二叉树的功能是求结点的一个线性序列。指向该线性序列中的前驱结点和后继结点的指针，被称作线索。包含线索的存储结构，被称作线索链表，与其对应的二叉树，被称作线索二叉树。线索二叉树如图 1-6-3 所示。

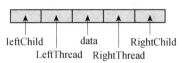

LeftThread=0，　LeftChild 为左子树
LeftThread=1，　LeftChild 为前驱结点
RightThread=0，RightChild 为右子树
RightThread=1，RightChild 为后继结点

图 1-6-3　线索二叉树

（2）线索二叉树的存储表示。

代码如下：

```
typedef enum { Link, Thread } PointerThr;
    // Link==0:指针，Thread==1:线索
typedef struct BiThrNode{
    TElemType data;
    struct BiThrNode *lchild, *rchild; // 左、右指针
    PointerThr LTag, RTag; // 左、右标志
} BiThrNode, *BiThrTree;
```

（3）线索链表的遍历算法。

代码如下：

```
Status InOrderTraverse_Thr(BiThrTree T, Status (*Visit)(TElemType e)) {
// T 指向头结点，头结点的 lchild 指向根结点
// 中序遍历线索链表时，对每个元素调用函数 Visit()
p = T->lchild; // p 指向根结点
while (p != T) { // 出现空树或遍历结束时，p==T
    while (p->LTag==Link) p = p->lchild;
    if (!Visit(p->data)) return ERROR; // 访问左子树为空的结点
    while (p->RTag==Thread && p->rchild!=T) {
        p = p->rchild; Visit(p->data); // 访问后继结点
    }
    p = p->rchild; // p 进入右子树的根结点
}
return OK;
} // InOrderTraverse_Thr
```

（4）建立线索链表。

在中序遍历过程中修改结点的左、右指针域，以保存当前访问的结点的前驱结点和后继结点线索。遍历过程中，设置指针 pre，并始终保持指针 pre 指向当前访问的、指针 p 所指结点的前驱结点线索。

代码如下：

```
Status InOrderThreading(BiThrTree &Thrt, BiThrTree T) {
// 中序遍历二叉树 T，将其中序线索化，Thrt 指向头结点
    if (!(Thrt = (BiThrTree)malloc(sizeof(BiThrNode)))) exit (OVERFLOW);
    Thrt->LTag = Link; Thrt->RTag =Thread; // 建头结点
    Thrt->rchild = Thrt; // 右指针回指
    if (!T) Thrt->lchild = Thrt; // 若二叉树为空，则左指针回指
    else {
```

```
        Thrt->lchild = T; pre = Thrt;
        InThreading(T); // 通过中序遍历进行中序线索化
        pre->rchild = Thrt; pre->RTag = Thread; // 将最后一个结点线索化
        Thrt->rchild = pre;
    }
    return OK;
} // InOrderThreading

void InThreading(BiThrTree p) {
  if (p) {
        InThreading(p->lchild); // 左子树线索化
        if (!p->lchild) { p->LTag = Thread; p->lchild = pre; } // 建立前驱结点线索
        if (!pre->rchild) { pre->RTag = Thread; pre->rchild = p; } // 建立后继结点线索
        pre = p; // 保持 pre 指向 p 的前驱结点线索
        InThreading(p->rchild); // 右子树线索化
    }
} // InThreading
```

6.1.4 树和森林

1. 树的三种表示法

（1）双亲表示法如表 1-6-2 所示。

表 1-6-2 双亲表示法

结点结构	树结构

typedef struct PTNode {
 Elem data;
 int parent; // 双亲位置域
 } PTNode;
	typedef struct {
	 PTNode nodes[MAX_TREE_SIZE];
	 int r, n; // 根结点的位置和结点个数
	 } PTree;

（2）孩子链表表示法如表 1-6-3 所示。

表 1-6-3 孩子链表表示法

孩子结点结构	双亲结点结构	树结构

typedef struct CTNode {
 int child;
 struct CTNode *next;
 } *ChildPtr;
	typedef struct {
	 Elem data;
	 ChildPtr firstchild; // 孩子链表的头指针
	 } CTBox;
		typedef struct {
		 CTBox nodes[MAX_TREE_SIZE];
		 int n, r; // 结点数和根结点的位置
		 } CTree;

（3）树的二叉链表（孩子—兄弟）存储表示法。

代码如下：

```
typedef struct CSNode{
Elem data;
struct CSNode *firstchild, *nextsibling;
} CSNode, *CSTree;
```

2. 森林和二叉树的对应关系

由森林转换成二叉树的转换规则。

（1）将每棵树分别转换成二叉树。

（2）将每棵树的根结点用线连接。

（3）先以第一棵树的根结点为二叉树的根结点，再以根结点为轴心顺时针旋转，构成二叉树结构。

由二叉树转换成森林的转换规则如下：

（1）抹线：将二叉树中的根结点与其右孩子结点连接，及将沿右分支搜索到的所有右孩子结点间的连接线全部抹掉，使之变成孤立的二叉树。

（2）还原：将孤立的二叉树还原成树。

由此，树的各种操作均可对应二叉树的操作，换言之，和树对应的二叉树，其左、右子树可概括为"左是孩子，右是兄弟"。

3. 树和森林的遍历

将树的遍历归纳如下：

（1）先根遍历：若树不为空，则先访问根结点，然后依次先根遍历各棵子树。

（2）后根遍历：若树不为空，则先依次后根遍历各棵子树，然后访问根结点。

（3）按层次遍历：若树不为空，则自上至下、自左至右访问树中的每个结点。

将森林的遍历归纳如下：

（1）先序遍历：对森林中的每一棵树进行先根遍历。

①若森林不为空，则访问森林中第一棵树的根结点。

②先序遍历森林中第一棵树的子树森林。

③先序遍历由第一棵树以外的其余树构成的森林。

（2）中序遍历：对森林中的每一棵树进行中根遍历。

①若森林不为空，则中序遍历森林中第一棵树的子树森林。

②访问森林中第一棵树的根结点。

③中序遍历由第一棵树以外的其余树构成的森林。

树的遍历和二叉树的遍历的对应关系如下：树的先根遍历对应二叉树的先序遍历，树的后根遍历对应二叉树的中序遍历。

6.1.5　哈夫曼树

1. 哈夫曼树的相关定义

结点的路径长度：从根结点到该结点的路径上的分支的数目。

树的路径长度：树中每个结点的路径长度之和。

树的带权路径长度：树中所有叶子结点的带权路径长度之和。

哈夫曼树：是带权路径长度最短的树，权值最大的结点离根结点最近。

2. 构造哈夫曼树

哈夫曼最早研究出了一种符合一般规律的算法，这里以二叉树为例进行介绍。

（1）根据给定的 n 个权值 $\{w_1, w_2, ..., w_n\}$，构造含 n 棵二叉树的集合 $F = \{T_1, T_2, ..., T_n\}$，其中每棵二叉树均只含一个权值为 w_i 的根结点，其左、右子树皆为空树。

（2）在 F 中选取根结点的权值最小的两棵二叉树，分别作为左、右子树，构造一棵新的二叉树，并将这棵新的二叉树的根结点的权值置为其左、右子树根结点的权值之和。

（3）从 F 中删除这两棵二叉树，同时加入刚生成的新二叉树。

（4）重复（2）和（3），直至 F 中只含一棵二叉树。

一棵有 n 个叶子结点的哈夫曼树共有 $2n-1$ 个结点。

3．前缀编码

前缀编码指的是任何一个字符的编码都不是同一个字符集中的另一个字符的编码的前缀。哈夫曼编码是一种最优前缀编码。

6.2 习　　题

6.2.1　单项选择题

1．由于二叉树中每个结点的度最大为 2，所以二叉树是一种特殊的树，这种说法（　　　）。

　　A．正确　　　　　　　　　　　　　　B．错误

2．假定在一棵二叉树中，双分支结点数为 15 个，单分支结点数为 30 个，则叶子结点数为（　　　）个。

　　A．15　　　　　　　B．16　　　　　　　C．17　　　　　　　D．47

3．根据二叉树的定义可知，具有 3 个结点的不同形状的二叉树有（　　　）种。

　　A．3　　　　　　　B．4　　　　　　　C．5　　　　　　　D．6

4．根据二叉树的定义可知，具有 3 个不同数据结点的不同二叉树有（　　　）种。

　　A．5　　　　　　　B．6　　　　　　　C．30　　　　　　　D．32

5．深度为 5 的二叉树至多有（　　　）个结点。

　　A．16　　　　　　　B．32　　　　　　　C．31　　　　　　　D．10

6．设高度为 h 的二叉树上只有度为 0 和度为 2 的结点，则此二叉树包含的结点数至少为（　　　）个。

　　A．$2h$　　　　　　　B．$2h-1$　　　　　　　C．$2h+1$　　　　　　　D．$h+1$

7．一棵满二叉树有 m 个树叶，n 个结点，深度为 h，则（　　　）。

　　A．$n=h+m$　　　　　　　　　　　　B．$h+m=2n$

　　C．$m=h-1$　　　　　　　　　　　　D．$n=2^{h}-1$

8．任何一棵二叉树的叶子结点在先序、中序和后序遍历序列中的相对次序（　　　）。

　　A．不发生改变　　　　　　　　　　　B．发生改变

　　C．不能确定　　　　　　　　　　　　D．以上都不对

9．如果某二叉树的先序遍历结果为 stuwv，中序遍历结果为 uwtvs，那么该二叉树的后序遍历结果为（　　　）。

　　A．uwvts　　　　　　　　　　　　　B．vwuts

　　C．wuvts　　　　　　　　　　　　　D．wutsv

10．在二叉树的先序遍历序列中，任意一个结点均处在其孩子结点的前面，这种说法（　　　）。

　　A．正确　　　　　　　　　　　　　　B．错误

11. 某二叉树先序遍历的结点访问序列是 abdgcefh，中序遍历的结点访问序列是 dgbaechf，则其后序遍历的结点访问序列是（　　　）。

  A. bdgcefha   B. gdbecfha

  C. bdgaechf   D. gdbehfca

12. 在一棵非空二叉树的中序遍历序列中，根结点的右边（　　　）。

  A. 只有右子树的所有结点   B. 只有右子树的部分结点

  C. 只有左子树的部分结点   D. 只有左子树的所有结点

13. 如图 1-6-4 所示二叉树的中序遍历序列是（　　　）。

  A. abcdgef   B. dfebagc

  C. dbaefcg   D. defbagc

14. 一棵二叉树如图 1-6-5 所示，其中序遍历的序列为（　　　）。

  A. abdgcefh   B. dgbaechf

  C. gdbehfca   D. abcdefgh

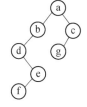   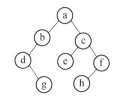

图 1-6-4　二叉树 1   图 1-6-5　二叉树 2

15. 设 a、b 都是一棵二叉树上的结点，在中序遍历时，a 在 b 前的条件是（　　　）。

  A．a 在 b 的右边   B．a 在 b 的左边

  C．a 是 b 的祖先结点   D．a 是 b 的子孙结点

16. 已知某二叉树的后序遍历序列是 dabec，中序遍历序列是 debac，则它的先序遍历序列是（　　　）。

  A. acbed   B. decab   C. deabc   D. cedba

17. 要实现任意二叉树的后序遍历的非递归算法（不使用栈结构），最佳方案是二叉树采用（　　　）。

  A. 二叉链表   B. 广义表存储结构

  C. 三叉链表   D. 顺序存储结构

18. 如图 1-6-6 所示的 4 棵二叉树，（　　　）不是完全二叉树。

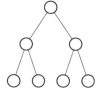   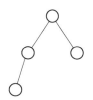

  A.   B.   C.   D.

图 1-6-6　4 棵二叉树 1

19. 如图 1-6-7 所示的 4 棵二叉树，（　　）是平衡二叉树。

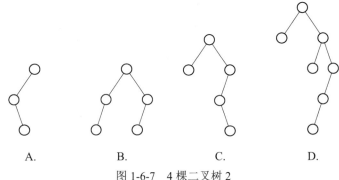

A.　　　　B.　　　　C.　　　　D.

图 1-6-7　4 棵二叉树 2

20. 在线索二叉树中，t 所指结点没有左子树的充分必要条件是（　　）。

    A. t->left=NULL　　　　　　　　　　B. t->ltag=1

    C. t->ltag=1 且 t->left=NULL　　　　D. 以上都不对

21. 二叉树按某种顺序线索化后，任意结点均有指向其前驱结点和后继结点的线索，这种说法（　　）。

    A. 正确　　　　　　　　　　　　　B. 错误

22. 二叉树是二叉排序树的充分必要条件是任意结点的值均大于左孩子结点的值、小于右孩子结点的值，这种说法（　　）。

    A. 正确　　　　　　　　　　　　　B. 错误

23. 具有 5 层结点的二叉平衡树至少有（　　）个结点。

    A. 10　　　　　　B. 12　　　　　　C. 15　　　　　　D. 17

24. 树的基本遍历策略可分为先根遍历和后根遍历；二叉树的基本遍历策略可分为先序遍历、中序遍历和后序遍历。这里把由树转化得到的二叉树叫作这棵树对应的二叉树。下列结论中（　　）是正确的。

    A. 树的先根遍历序列与其对应的二叉树的先序遍历序列相同

    B. 树的后根遍历序列与其对应的二叉树的后序遍历序列相同

    C. 树的先根遍历序列与其对应的二叉树的中序遍历序列相同

    D. 以上都不对

25. 树最适合用来表示（　　）。

    A. 有序元素

    B. 无序元素

    C. 具有分支层次关系的元素

    D. 无联系的元素

6.2.2　填空题

1. 有一棵树如图 1-6-8 所示，回答下面的问题。

（1）这棵树的根结点是＿＿＿＿＿＿＿＿＿＿。

（2）这棵树的叶子结点是＿＿＿＿＿＿＿＿。

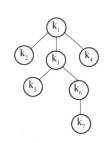

图 1-6-8　树

（3）结点 k_3 的度是_____。

（4）这棵树的度是_____。

（5）这棵树的深度是_____。

（6）结点 k_3 的孩子结点是_____。

（7）结点 k_3 的父结点是_____。

2. 树和二叉树的三个主要差别是_____、_____、_____。

3. 从概念上讲，树与二叉树是两种不同的数据结构，将树转化为二叉树的基本目的是_____。

4. 一棵二叉树的结点采用顺序存储结构存储于数组 T 中，如图 1-6-9 所示，则该二叉树的链式表示形式为_____。

1	2	3	4	5	6	7	8	9	10	11	12	13	14	15	16	17	18	19	20	21
e	a	f		d		g				c	j			l	h					b

图 1-6-9 一棵二叉树的顺序存储数组 T

5. 深度为 k 的完全二叉树至少有_____个结点，至多有_____个结点，若按从上到下、从左到右的次序给结点编号（从 1 开始），则编号最小的叶子结点是_____。

6. 在一棵二叉树中，度为 0 的结点的个数为 n_0，度为 2 的结点的个数为 n_2，则 $n_0=$_____。

7. 一棵二叉树的第 i（$i \geqslant 1$）层最多有_____个结点；一棵有 n（$n>0$）个结点的满二叉树共有_____个叶子结点和_____个非终端结点。

8. 结点最少的树为_____，结点最少的二叉树为_____。

9. 中序遍历二叉树的结果为 abc，问有_____种不同形态的二叉树可以得到这个结果，这些二叉树分别是_____。

10. 根据如图 1-6-10 所示的二叉树，回答以下问题。

（1）其中序遍历序列为_____。

（2）其先序遍历序列为_____。

（3）其后序遍历序列为_____。

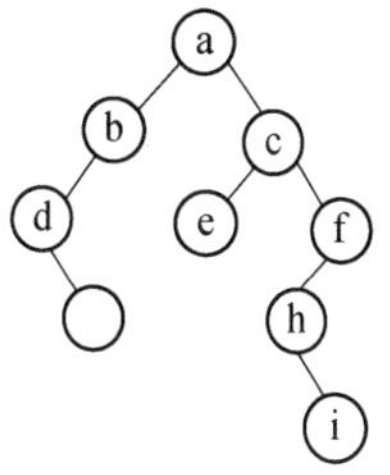

11. 如果某二叉树有 20 个叶子结点，有 30 个结点仅有 1 个孩子结点，则该二叉树的结点总数为_____。

图 1-6-10 二叉树

12. 具有 256 个结点的完全二叉树的深度为_____。

13. 已知一棵深度为 3 的树有 2 个度为 1 的结点、3 个度为 2 的结点、4 个度为 3 的结点，则该树有_____个叶子结点。

14. 已知二叉树有 50 个叶子结点，则该二叉树的结点总数至少是_____。

15. 一个有 2001 个结点的完全二叉树的高度为_____。

16. 设 F 是由 T1、T2、T3 三棵树组成的森林，与 F 对应的二叉树为 B，已知 T1、T2、T3 的结点数分别为 n_1、n_2 和 n_3，则二叉树 B 的左子树有_____个结点，右子树有_____个结点。

6.2.3　简答题

1. 根据二叉树的定义可知，具有 3 个结点的二叉树有 5 种不同的形态，请将它们分别画出来。

2. 假设一棵二叉树的先序序列为"EBADCFHGIKJ"，中序序列为"ABCDEFGHIJK"，请画出该二叉树。

3. 已知一棵树如图 1-6-11 所示，将其转化为一棵二叉树。

4. 以数据集{4,5,6,7,10,12,18}为结点权值，画出构造哈夫曼树的每个步骤的图示，计算其带权路径长度。

5. 给定集合(3,5,6,9,12)，构造相应的哈夫曼树和哈夫曼编码。

6. 设一棵二叉树的先序序列为"ABDFCEGH"，中序序列为"BFDAGEHC"，请回答下列问题。

（1）画出这棵二叉树。

（2）画出这棵二叉树的后序线索树。

（3）将这棵二叉树转换成对应的树（或森林）。

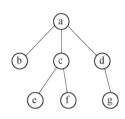

图 1-6-11　树

6.3　实　　验

6.3.1　二叉树的建立及遍历（验证性实验）

一、实验目的

（1）熟练掌握二叉树在二叉链表存储结构中的常用遍历方法，如先序遍历、中序遍历和后序遍历、非递归遍历。

（2）用树解决实际问题，如哈夫曼编码等。

二、实验要求

（1）认真阅读和掌握本实验的程序。

（2）上机运行本程序，并进行分析。

三、实验内容

（1）二叉树的建立和遍历。

为了实现二叉树的有关操作，首先要在计算机中建立所需的二叉树。建立二叉树有不同的方法，一种方法是利用二叉树的第 5 个性质来建立二叉树，输入数据时需要同时给出结点的序号（按满二叉树编号）和数据。

另一种方法是采用递归算法，与先序遍历有点相似，但是另有特点，当某结点的某孩子结点为空时以数据 0 作为输入数据。结合图 1-6-12 所示的二叉树得到数据的输入顺序如下：

1、2、4、0、0、0、3、5、0、7、0、0、6、8、0、0、9、0、0。

若当前数据不为 0，则申请一个结点，用于存入当前数据。通过递归调用建立函数和当前结点的左、右子树。

下列代码中，用于统计二叉树结点个数的函数，是对二叉树遍

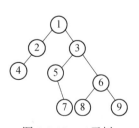

图 1-6-12　二叉树

历算法的应用，请认真理解并练习。

代码如下：

```c
# include <stdio.h>
# include <stdlib.h>
 typedef int Etype;
 typedef struct BiTNode
    { Etype data;
      struct BiTNode *lch,*rch;
    }BiTNode;

BiTNode *creat_bt1();
BiTNode *creat_bt2()
void inorder(BiTNode *p);
void preorder(BiTNode *p);
void postorder(BiTNode *p);

main()
 { char ch; int k;
  do { printf("\n\n\n");
     printf("\n\n     1. "建立二叉树的方法 1 ");
     printf("\n\n     2. "建立二叉树的方法 2");
     printf("\n\n     3. "先序遍历二叉树");
     printf("\n\n     4. "中序遍历二叉树");
     printf("\n\n     5. "后序遍历二叉树");
     printf("\n\n     6. 结束程序运行");
     printf("\n====================================");
     printf("\n     请输入您的选择 (1,2,3,4,5,6)");  scanf("%d",&k);
     switch(k)
    { case 1:t=creat_bt1( );break;
      case 2:t=creat_bt2( );break;
      case 3: { preorder(t);
              printf("\n\n     按回车键，继续。"); ch=getch();
            } break;
      case 4: { inorder(t);
              printf("\n\n     按回车键，继续。"); ch=getch();
            } break;
      case 5: { postorder(t);
              printf("\n\n     按回车键，继续。"); ch=getch();
            } break;

      case 6: exit(0);
     }
    printf("\n ----------------");
   }while(k>=1 && k<=6);
    printf("\n          再见！");
    printf("\n     按回车键，返回。"); ch=getch();
}

BiTNode *creat_bt1()
 { BiTNode *t,*p,*v[20]; int i; Etype e;
   printf("\n i,data=?"); scanf("%d%d",&i,&e);
   while(i!=0 && e!=0)
     { p=(BiTNode *)malloc(sizeof(BiTNode));
       p->data=e; p->lch=NULL; p->rch=NULL;
       v[i]=p;
       if (i==1) t=p;
       else{ j=i/2;
             if(i%2==0) v[j]->lch=p;
             else    v[j]->rch=p;
         }
```

```
            printf("\n i,data=?"); scanf("%d,%d",&i,&e);
      }
    return(t);
}
BiTNode *creat_bt2()
 { BiTNode *t;
    printf("\n data="); scanf("%d",&e);
    if(e==0) t=NULL;
    else { t=(BiTNode *)malloc(sizeof(BiTNode));
          t->data=e;
          t->lch=creat_bt2();
          t->rch=creat_bt2();
          }
    return(t);
 }

void inorder(BiTNode *p)
 { if (p) {
```

（请将函数补充完整）

```
          }
 }
```

```
void preorder(BiTNode *p)
 { if (p) {
```

（请将函数补充完整）

```
              }
 }
```

```
void postorder(BiTNode *p)
 { if (p) {
```

（请将函数补充完整）

```
              }
 }
```

（2）二叉树的中序非递归遍历。

实现二叉树的中序非递归遍历的算法需要借助栈，代码如下：

```
#include<stdio.h>
#include<malloc.h>

typedef struct BitNode{
  char data;
  struct BitNode *lchild,*rchild;
}BitreeNode,*Bitree;

typedef struct {
Bitree *base,*top;
int stacksize;}sqstack;

char initstack(sqstack &s){
  s.base=(Bitree*)malloc(100*sizeof(Bitree));
  if(!s.base)return 0;
  s.top=s.base;
  s.stacksize=100;
```

```
                return 1;}

char stackempty(sqstack s){
if(s.base==s.top)return 1;
else return 0;}

char push(sqstack &s,Bitree p){
  if(s.top-s.base>=s.stacksize){
     s.base=(Bitree*)realloc(s.base,(s.stacksize+10)*sizeof(Bitree));
  if(!s.base)return 0;
  s.top=s.base+s.stacksize;
  s.stacksize+=10;}
  _____（填空）_____=p;
return 1;}

char pop(sqstack &s,Bitree &p){
     if(s.top==s.base)return 0;
     p=_____（填空）_____;
     return 1;}

char creatBitree(Bitree &t){
     char ch;
     scanf("%c",&ch);
     getchar();
     if(ch==' ')t=NULL;
     else{

（请将函数补充完整）


     }
return 1;
}

char inorderTra(Bitree t){Bitree p;sqstack s;
    initstack(s);
    p=t;
    while(p||!stackempty(s)){
       if(p){
       （请将函数补充完整）
       }
       else{
       （请将函数补充完整）
       }
    }
    putchar(10);
return 1;
}

main(){
    Bitree t;
    printf("请输入二叉树的根:");
    creatBitree(t);
    printf("中序非递归遍历为:\n");
    inorderTra(t);}
```

四、实验报告规范和要求

实验报告规范和要求如下：

（1）实验题目。

（2）需求分析。

①程序要实现的功能。

②输入和输出的要求及测试数据。

（3）概要及详细设计。

①采用 C 语言定义相关数据类型。

②编写各模块的伪代码。

③画出函数的调用关系图。

（4）调试、分析。

分析调试过程中遇到的问题，并提出解决方法。

（5）测试数据及测试结果。

6.3.2 哈夫曼树（设计性实验）

一、实验目的

了解哈夫曼树的特性，以及它在实际问题中的应用。

二、设计内容

哈夫曼树及哈夫曼编码的实现。

代码如下：

```
# include <stdio.h>
# include <malloc.h>
# include <iostream.h>
# include <string.h>

# define MAX_LENGTH 100
typedef char **HuffmanCode;

typedef struct
{  unsigned int weight;
   unsigned int parent,lchild,rchild;
}HTNode,*HuffmanTree;

void Select(HuffmanTree HT,int i,int &s1,int &s2)
{  int j,k=1;
   while(HT[k].parent!=0)
      k++;
   s1=k;
   for(j=1;j<=i;++j)
     if(HT[j].parent==0&&HT[j].weight<HT[s1].weight)
      s1=j;
   k=1;
   while((HT[k].parent!=0||k==s1))
      k++;
   s2=k;
   for(j=1;j<=i;++j)
     if(HT[j].parent==0&&HT[j].weight<HT[s2].weight&&j!=s1)
      s2=j;
}
```

```
void HuffmanCoding(HuffmanTree &HT,HuffmanCode &HC,int *w,int n)
{ int m,i,s1,s2,start,c,f;
  HuffmanTree p;
  if(n<=1)
  return;
  m=2*n-1;
  HT=(HuffmanTree)malloc((m+1)*sizeof(HTNode));
  for(p=HT+1,i=1;i<=n;++i,++p,++w)
    { p->weight=*w;
      p->parent=0;
      p->lchild=0;
      p->rchild=0;
    }
  for(;i<=m;++i,++p)            //initial HT[n+1...2*n1]
    { p->weight=0;
      p->parent=0;
      p->lchild=0;
      p->rchild=0;
    }

  for(i=n+1;i<=m;++i)
  { Select(HT,i-1,s1,s2);       //s1 is the least, s2 is the second least
    HT[s1].parent=i;
    HT[s2].parent=i;
    HT[i].lchild=s1;
    HT[i].rchild=s2;
    HT[i].weight=HT[s1].weight+HT[s2].weight;
   }
  HC=(HuffmanCode)malloc((n+1)*sizeof(char *));
  char *cd;
  cd=(char *)malloc(n*sizeof(char));
  cd[n-1]='\0';

  for(i=1;i<=n;++i)
  { start=n-1;
    for(c=i,f=HT[i].parent;f!=0;c=f,f=HT[f].parent)
    if(HT[f].lchild==c)
        cd[--start]='0';
    else
        cd[--start]='1';
    HC[i]=(char*)malloc((n-start)*sizeof(char));
    strcpy(HC[i],&cd[start]);
    printf("\nHT[%d] node's Huffman code is: %s",i,HC[i]);
  }
  free(cd);
} //HuffmanCoding() end

void main()                    //main() function
{ HuffmanTree HT;
  HuffmanCode HC;
  int n,i;
  int *w,W[MAX_LENGTH];;

  scanf("%d",&n);
  for(i=0;i<n;++i)
  { printf("Please input the weight of the lement ");
    scanf("%d",&W[i]);
  }
  w=W;
  HuffmanCoding(HT,HC,w,n);
  Printf( "...OK!...");
  getch();
}
```

第七章

图

本章学习目标

1. 熟悉图的各种存储结构及其构造算法，了解实际问题的求解效率与存储结构、算法的密切联系。

2. 熟练掌握图的两种搜索路径的遍历算法：深度优先搜索和广度优先搜索。

3. 应用图的遍历算法解决各种简单路径问题。

7.1 学习指导

7.1.1 图的基本概念

1. 图的定义

图是由顶点集合（Vertex Set，简写为 V）及顶点间的关系（也称边集合，即 Edge Set，简写为 E）组成的一种复杂的非线性数据结构，可以表示为

```
Graph=( V, E )
```

其中，$V=\{x\,|\,x \in$ 某个数据对象$\}$，是顶点的有穷非空集合。$E=\{(x,y)\,|\,x,y \in V\}$ 或 $E=\{<x,y>|\,x,y \in V$ && Path $(x,y)\}$，是顶点间关系的有穷集合。Path(x,y)表示从 x 到 y 的一条单向通路（是有方向的）。

2. 图的基本术语

有向图：其顶点对(x,y)是有序的，$(x,y) \neq (y,x)$，即在 E 中为有向边。

无向图：其顶点对(x,y)是无序的，$(x,y)=(y,x)$，即在 E 中为无向边。

完全图：若无向图中的每两个顶点之间都存在一条边，即有 $n(n-1)/2$ 条边（n 为顶点数），则称完全无向图；若有向图中的每两个顶点之间都存在方向相反的两条边，即有 $n(n-1)$ 条边，则称完全有向图。

稀疏图：含有 e 条边或弧的图，$e << n(n-1)$。

稠密图：含有很多条边或弧的、接近完全图的图。

弧头：有向图中弧$<v_i,v_j>$（即边）的端点 v_j。

弧尾：有向图中弧$<v_i,v_j>$的初始点 v_i。

权：与图的边或弧相关的数，这些数可以表示从一个顶点到另一个顶点的距离。

网：带权的图。

度：在无向图中，度是顶点的边的数目；在有向图中，顶点的度=入度+出度。

入度：有向图中顶点入边的数目。

出度：有向图中顶点出边的数目。

路径：从顶点 v 到顶点 v' 的一个顶点系列。

回路：前、后两个端点相同的一条路径。

邻接点：无向图中的一条边(v_i,v_j)的两个端点 v_i、v_j。

路径长度：路径上的边的数目。

简单路径：除前、后端点相同外，其他顶点均不相同的一条路径。

简单回路：前、后端点相同的简单路径。

连通图：任意两个顶点都连通的无向图。如果一张无向图有 n 个顶点和小于 $n-1$ 条边，则它是非连通图。

连通分量：即无向图的极大连通子图。任何连通图的连通分量都只有一个，即其本身；非连通图有多个连通分量。

强连通图：任意两个顶点都连通的有向图。

强连通分量：即有向图的极大强连通子图。任何强连通图的强连通分量都只有一个，即其本身；非强连通图有多个强连通分量。

生成树：在一张连通图 G 中，如果取它的全部顶点和一部分边构成一张子图 G'，$V(G')=V(G)$、$E(G')\in E(G)$，若边集合 $E(G')$中的边将子图中的所有顶点连通，但又不形成回路，则称子图 G' 是连通图 G 的一棵生成树。一棵有 n 个顶点的生成树有且仅有 $n-1$ 条边，但有 $n-1$ 条边的连通图不一定是生成树。如果它有多于 $n-1$ 条的边，则一定形成环。

最小生成树：具有最小权值的生成树。

有向树：恰有一个顶点的入度为 0，其余顶点的入度均为 1 的有向图。

3. 图的抽象数据类型的定义

代码如下：

```
ADT Graph {
数据对象 V：V 是具有相同特性的元素的集合，也称顶点集合
数据关系 R：
R＝{VR}，VR＝{<v,w>| v,w∈V 且 P(v,w)，<v,w>表示从顶点 v 到顶点 w 的弧}
基本操作 P：
结构的建立和销毁：
CreateGraph(&G);
操作结果：构造图 G
DestroyGraph(&G);
操作结果：图 G 被销毁
对顶点的访问操作：
LocateVex(G, u);
操作结果：若图 G 中存在顶点 u，则返回该顶点在图 G 中的位置，否则返回其他信息
GetVex(G, v);
操作结果：返回 v 的值
PutVex(&G, v, value);
操作结果：给 v 赋值 value
对邻接点的操作：
FirstAdjVex(G, v);
操作结果：返回 v 的第一个邻接点。若该顶点在图 G 中没有邻接点，则返回内容为空
NextAdjVex(G, v, w);
操作结果：返回 v（相对于 w）的下一个邻接点。若 w 是 v 的最后一个邻接点，则返回内容为空
插入或删除顶点：
InsertVex(&G, v);
操作结果：在图 G 中增添新顶点 v
DeleteVex(&G, v);
```

操作结果：删除图 G 中的顶点 v 及与其相关的弧
插入和删除弧：
InsertArc(&G, v, w);
操作结果：在图 G 中增添弧<v,w>，若图 G 是无向的，则还要增添对称弧<w,v>
DeleteArc(&G, v, w);
操作结果：从图 G 中删除弧<v,w>，若图 G 是无向的，则还要删除对称弧<w,v>
遍历：
DFSTraverse(G, v, Visit());
操作结果：从顶点 v 开始深度优先遍历图 G，并对每个顶点调用函数 Visit() 一次，且仅调用一次
BFSTraverse(G, v, Visit());
操作结果：从顶点 v 开始广度优先遍历图 G，并对每个顶点调用函数 Visit() 一次，且仅调用一次

7.1.2 图的存储结构

1. 图的邻接矩阵（Adjacency Matrix）存储表示法

$A = (V, E)$是一个有 n 个顶点的图（见图 1-7-1），图的邻接矩阵是一个二维数组，用来存放顶点、边或弧的信息，定义为如下形式：

$$A[i][j] = \begin{cases} 1, & <v_i,v_j> \in E \ \text{或} \ (v_i,v_j) \in E \\ 0, & \text{其他} \end{cases}$$

矩阵形式为

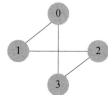

图 1-7-1 一个有 n 个顶点的图

$$A = \begin{bmatrix} 0 & 1 & 0 & 1 \\ 1 & 0 & 1 & 0 \\ 0 & 1 & 0 & 1 \\ 1 & 0 & 1 & 0 \end{bmatrix}$$

（1）无向图的邻接矩阵是对称的；有向图的邻接矩阵可能不是对称的。

（2）在有向图中，统计第 i 行中 1 的个数，可得顶点 v_i 的出度；统计第 j 行中 1 的个数，可得顶点 v_j 的入度。在无向图中，统计第 i 行（列）中 1 的个数，可得顶点 v_i 的度。

图的邻接矩阵存储表示法如下：

```
#define INFINITY INT_MAX // 最大值为∞
#define MAX_VERTEX_NUM 20 // 最大顶点数量
typedef enum {DG, DN, AG, AN} GraphKind;  //{有向图,有向网,无向图,无向网}
typedef struct ArcCell {
    VRType adj; // VRType 是顶点关系类型，无权图用 1 或 0 表示是否相邻，对带权图而言则为权值类型
    InfoType *info; // 指向弧的相关信息的指针
    } ArcCell, AdjMatrix[MAX_VERTEX_NUM][MAX_VERTEX_NUM];
typedef struct {
    VertexType vexs[MAX_VERTEX_NUM]; // 顶点向量
    AdjMatrix arcs; // 邻接矩阵
    int vexnum, arcnum; // 图的当前顶点数量和弧(边)数量
    GraphKind kind; // 图的种类标志
} MGraph;
```

构造一个具有 n 个顶点和 e 条边的无向网的时间复杂度为 $O(n^2+e \times n)$，其中 $O(n^2)$用于对邻接矩阵进行初始化。

2. 图的邻接表（Adjacency List）存储表示法

邻接表是图的一种链式存储结构，它为图中的每个顶点都建立了一个单链表，第 i 个单链表中的结点表示依附于顶点 v_i 的边（对有向图而言是以顶点 v_i 为端点的弧），每个结点由三个域组成：邻接点域（adjvex），指示与顶点 v_i 邻接的点在图中的位置；链域（nextarc），指示下一条边或弧的结点；数据域（info），存储和边或弧相关的信息（如权值）。每个链表附设一

个头结点，包含数据域（data）和链域（firstarc），该链域指向链表的第一个结点。头结点通常以顺序结构进行存储，以便随机访问。示意图如图1-7-2所示。

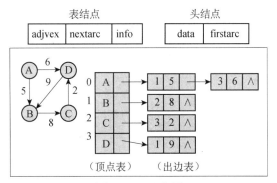

图1-7-2 示意图

在无向图的邻接表中，顶点 v_i 的度等于第 i 个链表中的结点的数量；在有向图的邻接表中，顶点 v_i 的出度等于第 i 个链表中的结点的数量，求入度必须遍历整个邻接表，为便于求 v_i 的入度，需建立有向图的逆邻接表（以顶点 v_i 为头结点的弧所建立的邻接表）。

图的邻接表存储表示法如下：

```
#define MAX_VERTEX_NUM 20
typedef struct ArcNode {
    int adjvex; // 该弧指向的顶点的位置
    struct ArcNode *nextarc; // 指向下一条弧的指针
    InfoType *info; // 指向弧的相关信息的指针
} ArcNode;
typedef struct VNode {
    VertexType data; // 顶点信息
    ArcNode *firstarc; // 指向第一条依附该顶点的弧
} VNode, AdjList[MAX_VERTEX_NUM];
typedef struct {
    AdjList vertices;
    int vexnum, arcnum; // 图的当前顶点数量和弧数量
    int kind; // 图的种类标志
} ALGraph;
```

7.1.3 图的遍历

1. 基本概念

图的遍历：是从图中的某个顶点出发，遍历图中的其余顶点，并且使图中的每个顶点仅被访问一次的过程。

遍历图的过程实质上是通过边或弧来查找每个顶点的邻接点的过程，其耗费的时间取决于所采用的存储结构。当以邻接矩阵作为图的存储结构时，查找每个顶点的邻接点的时间复杂度为 $O(n^2)$，n 为图中的顶点数；当以邻接表作为图的存储结构时，查找每个顶点的邻接点的时间复杂度为 $O(e)$，e 为无向图中的边数量或有向图中的弧数量。遍历图的路径有如下两种。

遍历图的路径 { **深度优先搜索**：类似于树的先序遍历。
广度优先搜索：类似于树的按层次遍历。

使用广度优先搜索遍历图的时间复杂度和使用深度优先搜索遍历图相同，两者的不同之处在于顺序不同。

2. 深度优先搜索

从图中的某个顶点 v_0 出发，先访问此顶点，然后依次从 v_0 的各个未被访问的邻接点出发，通过深度优先搜索遍历图，直至图中所有和 v_0 路径相通的顶点都被访问。若此时图中尚有顶点未被访问，则另选图中的一个未被访问的顶点作为起点，重复上述过程，直至图中所有顶点都被访问。

当以邻接表作为存储结构时，使用深度优先搜索遍历图的时间复杂度为 $O(n+e)$。

```
//--- 下列算法作用于全局变量 ---
Boolean visited[MAX]; // 访问标志数组
Status (* VisitFunc)(int v); // 函数变量
void DFSTraverse(Graph G, Status (*Visit)(int v)){ // 对图 G 进行深度优先搜索
    VisitFunc = Visit;
    for (v=0; v<G.vexnum; ++v)
        visited[v] = FALSE; // 对访问标志数组进行初始化
    for (v=0; v<G.vexnum; ++v)
    if (!visited[v]) DFS(G, v); // 对尚未访问的顶点调用 DFS()函数
}
void DFS(Graph G, int v) { // 从第 v 个顶点出发，通过深度优先搜索遍历图 G
visited[v] = TRUE; VisitFunc(v); // 访问第 v 个顶点
for ( w=FirstAdjVex(G, v); w!=0; w=NextAdjVex(G, v, w) )
if (!visited[w]) DFS(G, w); // 对尚未访问的 v 的邻接点 w 递归调用 DFS()函数
}
```

3. 广度优先搜索

从图中的某个顶点 v_0 出发，并在访问此顶点后依次访问 v_0 的所有未被访问的邻接点，之后按这些顶点被访问的先后次序依次访问它们的邻接点，直至图中所有和 v_0 路径相通的顶点都被访问。若此时图中尚有顶点未被访问，则另选图中的一个未被访问的顶点作为起始点，重复上述过程，直至图中所有顶点都被访问。

```
void BFSTraverse(Graph G, Status (*Visit)(int v)) {
// 按广度优先搜索非递归遍历图 G，使用了辅助队列 Q 和访问标志数组 visited
for (v=0; v<G.vexnum; ++v) visited[v] = FALSE;
InitQueue(Q); // 置空辅助队列 Q
for ( v=0; v<G.vexnum; ++v )
        if ( !visited[v]){ // v 尚未被访问
            EnQueue(Q, v); // v 入队列
            while (!QueueEmpty(Q)) {
                DeQueue(Q, u); // 队列头元素出队列，并置为 u
                visited[u] = TRUE; Visit(u); // 访问 u
                for ( w=FirstAdjVex(G, u); w!=0; w=NextAdjVex(G, u, w) )
                if ( !visited[w]) EnQueue(Q, w); // 尚未访问的 u 的邻接点 w 入队列
            };
        }
} // BFSTraverse
```

7.1.4 图的连通性

1. 无向图的连通分量

连通图：在无向图中，若从顶点 v_i 到顶点 v_j 之间有路径，则称这两个顶点是连通的。若任意两个顶点都是连通的，则称该无向图为连通图（基于前文的图的基本术语的详细补充）。

连通分量：将无向图的极大连通子图称为无向图的连通分量。显然任何连通图的连通分

量都只有一个，即其自身。而非连通图有多个连通分量，非连通图中的每一个连通部分都叫连通分量（基于前文的图的基本术语的详细补充）。

2. 有向图的强连通分量

强连通图：对于有向图，若从顶点 v_i 到顶点 v_j、从顶点 v_j 到 v_i 都有路径，则称这两个顶点是强连通的。例如，有向图中的两个顶点 v_1、v_2，从 v_1 到 v_2、从 v_2 到 v_1 都有路径，则该有向图叫强连通图（基于前文的图的基本术语的详细补充）。

强连通分量：将有向图的极大强连通子图称为强连通分量。显然强连通图只有一个强连通分量，即其自身。非强连通图有多个强连通分量（基于前文的图的基本术语的详细补充）。

3. 构造最小生成树的算法

（1）普里姆（Prim）算法。

使用普里姆算法构造最小生成树的过程如下：在所有满足"一个顶点已经落在生成树上，而另一个顶点尚未落在生成树上"这个要求的边中取一条权值最小的边，加在生成树上，直至生成树中含有 $n-1$ 条边。

普里姆算法的时间复杂度为 $O(n^2)$，与边数无关，适用于构造边稠密的网的最小生成树。

（2）克鲁斯卡尔（Kruskal）算法。

使用克鲁斯卡尔算法构造最小生成树的过程如下：先构造一个含 n 个顶点、边集合为空的子图，把子图中的各个顶点看成各棵树上的根结点，之后从网的边集合中选取一条权值最小的边，若该边的两个顶点分属于不同的树，则将其加入子图中，即把两棵树合成一棵树。反之，若该边的两个顶点已落在同一棵树上，则不可取，而应该取下一条权值最小的边再试之。依次类推，直至森林中只有一棵树，即子图中含有 $n-1$ 条边。

克鲁斯卡尔算法的时间复杂度为 $O(e\log_2 e)$，与边数有关，适用于构造边稀疏的网的最小生成树。

7.1.5　有向无环图及其应用

1. 基本概念

有向无环图（Directed Acyclic Graph，DAG）：将一个无环的有向图称为有向无环图。有向无环图是描述一项工程进行过程的有效工具，主要进行拓扑排序和关键路径的相关操作。

拓扑排序：是由某个集合的偏序得到该集合的全序的操作。拓扑排序实际上是对用邻接表表示的图进行遍历的过程，时间复杂度为 $O(n+e)$。

AOV 网（Activity On Vertex Network）：是用顶点表示活动的网，用弧表示活动间的优先关系的有向图。

AOE 网（Activity On Edge Network）：是一个带权的有向无环图，弧表示活动，权表示活动持续的时间，可以用来估算工程的完成时间。

关键路径：AOE 网中带权路径最长的路径。

2. 拓扑排序

（1）AOV 网的拓扑排序。

在 AOV 网中，若不存在回路，则所有活动可排列成一个线性序列，使得每个活动的所有前驱结点活动都排在该活动的前面，该线性序列叫拓扑序列，用 AOV 网构造拓扑序列的过程叫作拓扑排序。由 AOV 网构造的拓扑序列不是唯一的。

（2）拓扑排序的算法。

选一个入度为 0 的顶点输出，并将其所有后继结点的入度减 1，重复上述操作，直至输出所有顶点或找不到入度为 0 的顶点。为便于查找入度为 0 的顶点，可在算法中利用顶点的入度域建立一个存放入度为 0 的顶点的栈。

3. 关键路径

关键路径在工程上有着广泛应用，可以用来估算工程的完成时间，据此采取措施以缩短工期。

求关键路径的算法如下：
（1）按顺序搜索图的顶点，让入度为 0 的顶点入栈。
（2）从源点出发，按拓扑有序次序求各个顶点事件的最早发生时间。
（3）若算法中输出的顶点个数 m 小于图的顶点个数 n，则说明有向网中有环，算法终止。
（4）否则从终点出发，按逆拓扑有序次序求各个顶点事件的最迟发生时间。
（5）求每条弧的活动的最早发生时间和最迟发生时间，同时输出关键活动，即最早发生时间等于最迟发生时间的活动。

7.1.6 最短路径

两个顶点之间的最短路径需满足如下两个条件之一：边数最少或带权路径之和最小。

1. 从某个源点到其余顶点的最短路径

迪杰斯特拉提出了一种按路径长度递增的次序求从某个源点到其余顶点的最短路径的算法，被称为迪杰斯特拉算法。

假设图中的源点与其余顶点之间存在最短路径，则在这条路径上必定只含一条权值最小的弧，由此，只需要在所有从源点出发的弧中查找权值最小者。长度次短的路径可能是从源点直接到该顶点的路径，也可能是从源点到某个顶点再到该顶点的路径，其余依次类推。

假设 Dist[K] 表示当前所求得的从源点到顶点 K 的最短路径，则 Dist[K] 等于从源点到顶点 K 的弧的权值，或者等于从源点到其他顶点的路径长度加上其他顶点到顶点 K 的弧的权值。

2. 每对顶点之间的最短路径

从 v_i 到 v_j 的最短路径是以下各种可能的路径中的长度最小者：
若 $<v_i,v_j>$ 存在，则存在路径 $\{v_i,v_j\}$，路径中不含其他顶点。
若 $<v_i,v_1>$、$<v_1,v_j>$ 存在，则存在路径 $\{v_i,v_1,v_j\}$，路径中顶点的序号不大于 1。
若 $\{v_i,...,v_2\}$、$\{v_2,...,v_j\}$ 存在，则存在一条路径 $\{v_i,...,v_2,...v_j\}$。路径中顶点的序号不大于 2。

7.2 习　　题

7.2.1 单项选择题

1. 图中有关路径的定义是（　　　）。
　　A. 由顶点和邻接点构成的边形成的序列　　　B. 由不同顶点形成的序列
　　C. 由不同边形成的序列　　　　　　　　　　D. 上述定义都不对

2. 设无向图的顶点个数为 n，则该图最多有（　　）条边。

　　A. $n-1$　　　　　　　　B. $n(n-1)/2$

　　C. $n(n+1)/2$　　　　　D. 0　　　　　　　　E. $2n$

3. 一张含 n 个顶点的连通图，至少有（　　）条边。

　　A. $n-1$　　　　　　B. n　　　　　　　C. $n+1$　　　　　　D. $n\log n$

4. 要连通具有 n 个顶点的有向图，至少需要（　　）条边。

　　A. $n-1$　　　　　　B. n　　　　　　　C. $n+1$　　　　　　D. $2n$

5. 含 n 个结点的完全有向图的边的数目是（　　）。

　　A. n^2　　　　　　B. $n(n+1)$　　　　C. $n/2$　　　　　　D. $n(n-1)$

6. 一张有 n 个结点的图，最少有（　　）个连通分量，最多有（　　）个连通分量。

　　A. 0　　　　　　　　B. 1　　　　　　　　C. $n-1$　　　　　　D. n

7. 在一张无向图中，所有顶点的度数之和等于所有边数的（　　）倍；在一张有向图中，所有顶点的入度之和等于所有顶点的出度之和的（　　）倍。

　　A. 1/2　　　　　　　B. 2　　　　　　　　C. 1　　　　　　　　D. 4

8. 用有向无环图描述表达式(A+B)*((A+B)/A)，至少需要（　　）个顶点。

　　A. 5　　　　　　　　B. 6　　　　　　　　C. 8　　　　　　　　D. 9

9. 若用深度优先搜索遍历一个有向无环图，并在退栈时打印相应的顶点，则输出的顶点序列是（　　）。

　　A. 逆拓扑有序序列　　　　　　　　B. 拓扑有序序列

　　C. 无序的

10. 下列结构中最适合表示稀疏无向图的是（　　）。

　　A. 邻接矩阵　　　　　　　　　　　B. 逆邻接表

　　C. 邻接多重表　　　　　　　　　　D. 十字链表

11. 下列哪一种图的邻接矩阵是对称矩阵？（　　）

　　A. 有向图　　　　B. 无向图　　　　C. AOV 网　　　　D. AOE 网

12. 从邻接矩阵 $A=\begin{bmatrix} 0 & 1 & 0 \\ 1 & 0 & 1 \\ 0 & 1 & 0 \end{bmatrix}$ 可以看出，该图共有（　①　）个顶点。如果是有向图，则该图共有（　②　）条弧；如果是无向图，则该图共有（　③　）条边。

　　①A. 9　　　B. 3　　　C. 6　　　D. 1　　　E. 以上答案均不正确

　　②A. 5　　　B. 4　　　C. 3　　　D. 2　　　E. 以上答案均不正确

　　③A. 5　　　B. 4　　　C. 3　　　D. 2　　　E. 以上答案均不正确

13. 当一张有 n 个顶点的图用邻接矩阵 $A=[a_{ij}]$（$0 \leqslant i < n$，$0 \leqslant j < n$）表示时，a_{ij} 表示图中顶点 v_i 与 v_j 间的邻接关系，若两个顶点间存在边，则 $a_{ij}=1$，否则 $a_{ij}=0$，由此可知顶点 v_i 的度是（　　）。

　　A. $\displaystyle\sum_{i=1,j=1}^{n} a_{ij}$　　　　　　　　B. $\displaystyle\sum_{i=1,j=1}^{n} a_{ij}$

　　C. $\displaystyle\sum_{i=1,j=1}^{n} a_{ji}$　　　　　　　　D. $\displaystyle\sum_{i=1,j=1}^{n} a_{ij} + \sum_{i=1,j=1}^{n} a_{ji}$

14. 用邻接矩阵 A 表示图，要判定任意两个顶点 v_i 和 v_j 之间是否用长度为 m 的路径相连，则只要检查（　　）的第 i 行、第 j 列的元素是否为零。

A. mA　　　　　　　　　　　　　　　B. A

C. A^m　　　　　　　　　　　　　　　D. A^{m-1}

15. 下列说法中不正确的是（　　）。

A. 图的遍历是从给定的源点出发，每一个顶点仅被访问一次

B. 遍历的基本算法有两种：深度优先搜索和广度优先搜索

C. 图的深度优先搜索不适用于有向图

D. 图的深度优先搜索是一个递归过程

16. 有无向图 $G=(V,E)$，其中 $V=\{a,b,c,d,e,f\}$，$E=\{(a,b),(a,e),(a,c),(b,e),(c,f),(f,d),(e,d)\}$，对该图进行深度优先搜索遍历，得到的序列是（　　）。

A. a b e c d f　　　　　　　　　　　　B. a c f e b d

C. a e b c f d　　　　　　　　　　　　D. a e d f c b

17. 设有一张如图 1-7-3 所示的图，在下面的 5 个序列中，符合深度优先搜索遍历的序列有多少个？（　　）

　　a e b d f c　　　　a c f d e b

　　a e d f c b　　　　a e f d c b

　　a e f d b c

A. 5 个　　　　　　　　　　　　　　　B. 4 个

C. 3 个　　　　　　　　　　　　　　　D. 2 个

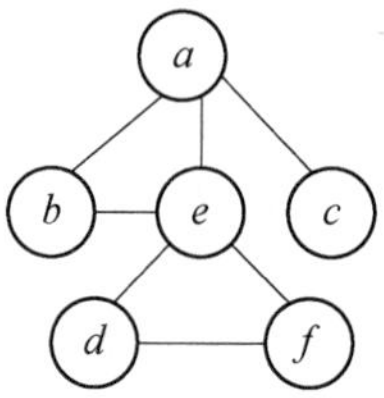

图 1-7-3　图

18. 设有一张如图 1-7-4 所示的由 7 个顶点组成的无向图。从顶点 1 出发，进行深度优先搜索遍历得到的序列是（ ① ），而进行广度优先搜索遍历得到的序列是（ ② ）。

① A. 1354267　　B. 1347652　　C. 1534276

　　D. 1247653　　E. 以上答案均不正确

② A. 1534267　　B. 1726453　　C. 1354276

　　D. 1247653　　E. 以上答案均不正确

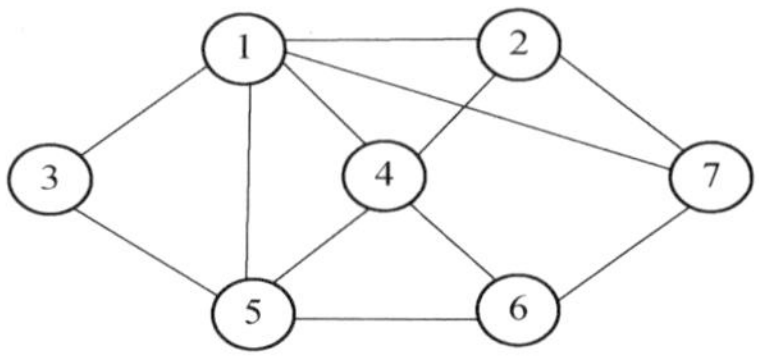

图 1-7-4　由 7 个顶点组成的无向图

19. 下列哪种方法可以判断一张有向图是否有环（回路）？（　　）

A. 深度优先搜索　　　　　　　　　　B. 最小生成树

C. 求最短路径　　　　　　　　　　　D. 求关键路径

20. 在图采用邻接表存储时，求最小生成树的 Prim 算法的时间复杂度为（　　）。

A. $O(n)$　　　　　　　　　　　　　　B. $O(n+e)$

C. $O(2n)$　　　　　　　　　　　　　D. $O(3n)$

21. 下面是求连通网的最小生成树的 Prim 算法：集合 V、E 分别存放顶点和边，初始状态为（ ① ），将以下步骤重复 $n-1$ 次，（ ② ）；（ ③ ）；（ ④ ）。

① A. V、E 为空

　　B. V 为所有顶点，E 为空

　　C. V 为连通网中的任意一个顶点，E 为空

　　D. V 为空，E 为连通网中的所有边

② A. i 属于 V、j 不属于 V，且 (i, j) 的权最小

　　B. i 属于 V、j 不属于 V，且 (i, j) 的权最大

　　C. i 不属于 V、j 不属于 V，且 (i, j) 的权最小

　　D. i 不属于 V、j 不属于 V，且 (i, j) 的权最大

③ A. 将顶点 i 加入 V 中，(i, j) 加入 E 中

　　B. 将顶点 j 加入 V 中，(i, j) 加入 E 中

　　C. 将顶点 j 加入 V 中，(i, j) 从 E 中删除

　　D. 将顶点 i、j 加入 V 中，(i, j) 加入 E 中

④ A. E 中的边可构成最小生成树

　　B. 由不在 E 中的边构成最小生成树

　　C. 若 E 中有 $n-1$ 条边则为生成树，否则无解

　　D. 若 E 中无回路则为生成树，否则无解

22.（1）在求从指定源点到其余顶点的迪杰斯特拉最短路径时，弧的权值不能为负数的原因是在实际应用中无意义。

（2）利用迪杰斯特拉算法求每对不同顶点之间的最短路径的时间复杂度是 $O(n^3)$（图用邻接矩阵表示）。

（3）利用 Floyd 算法求每对不同顶点之间的最短路径时，允许弧的权值为负数，但不允许有权值和为负数的回路。

上面说法中不正确的是（　　）。

　　　　A.（1）（2）（3）　　B.（1）　　　　C.（1）（3）　　　　D.（2）（3）

23. 当各条边的权值（　　）时，可用广度优先搜索来解决单源最短路径问题。

　　A. 均相等　　　　　B. 均互不相等　　　　C. 不一定相等

24. 求解最短路径的 Floyd 算法的时间复杂度为（　　）。

　　A. $O(n)$　　　　　B. $O(n+c)$　　　　C. $O(n \times n)$　　　　D. $O(n \times n \times n)$

25. 已知有向图 $G=(V, E)$，其中 $V=\{v_1, v_2, v_3, v_4, v_5, v_6, v_7\}$，$E=\{<v_1, v_2>, <v_1, v_3>, <v_1, v_4>, <v_2, v_5>, <v_3, v_5>, <v_3, v_6>, <v_4, v_6>, <v_5, v_7>, <v_6, v_7>\}$，$G$ 的拓扑序列是（　　）。

　　A. $v_1, v_3, v_4, v_6, v_2, v_5, v_7$　　　　　　B. $v_1, v_3, v_2, v_6, v_4, v_5, v_7$

　　C. $v_1, v_3, v_4, v_5, v_2, v_6, v_7$　　　　　　D. $v_1, v_2, v_5, v_3, v_4, v_6, v_7$

26. 在有向图 G 的拓扑序列中，若顶点 v_i 在顶点 v_j 之前，则下列情形中不可能出现的是（　　）。

　　A. G 中有弧 $<v_i, v_j>$　　　　　　　　B. G 中有一条从 v_i 到 v_j 的路径

　　C. G 中没有弧 $<v_i, v_j>$　　　　　　　D. G 中有一条从 v_j 到 v_i 的路径

27. 在用邻接表表示图时，拓扑排序算法的时间复杂度为（　　）。

　　A. $O(n)$　　　　　B. $O(n+e)$　　　　C. $O(n \times n)$　　　　D. $O(n \times n \times n)$

28. 关键路径是事件结点网络中（　　）。

　　A. 从源点到终点的最长路径　　　　　　　B. 从源点到终点的最短路径

　　C. 最长回路　　　　　　　　　　　　　　D. 最短回路

29. 下列关于求关键路径的说法中不正确的是（　　）。

　　A. 求关键路径以拓扑排序为基础

　　B. 一个事件的最早开始时间与以该事件为结尾的弧的活动的最早开始时间相同

    C. 一个事件的最迟开始时间为以该事件为结尾的弧的活动的最迟开始时间与该活动的持续时间的差值

    D. 关键活动一定位于关键路径上

30. 下列关于 AOE 网的叙述中,不正确的是( )。

    A. 若关键活动不按期完成,就会影响整个工程的完成时间

    B. 若任何一个关键活动提前完成,那么整个工程将会提前完成

    C. 若所有的关键活动都提前完成,那么整个工程将会提前完成

    D. 若某些关键活动提前完成,那么整个工程将会提前完成

7.2.2 填空题

1. 图有_____、_____等存储结构,遍历图有_____、_____等方法。

2. 有向图 G 用邻接矩阵存储,其第 i 行的所有元素之和等于顶点 v_i 的_____。

3. 如果含 n 个顶点的图是一个环,则它有_____棵生成树(以任意一个顶点为起点,得到 $n-1$ 条边)。

4. 由 n 个顶点、e 条边构成的图,若采用邻接矩阵存储,则空间复杂度为_____。

5. 由 n 个顶点、e 条边构成的图,若采用邻接表存储,则空间复杂度为_____。

6. 设有稀疏图 G,则采用_____存储较省空间。

7. 设有稠密图 G,则采用_____存储较省空间。

8. 图的逆邻接表存储结构只适用于_____图。

9. 已知一张图用邻接矩阵表示,则删除所有从第 i 个顶点出发的路径的方法是_____。

10. 图的深度优先搜索遍历序列_____唯一的。

11. 由 n 个顶点、e 条边构成的图采用邻接矩阵存储,则深度优先搜索的时间复杂度为_____;若采用邻接表存储,则该算法的时间复杂度为_____。

12. 由 n 个顶点、e 条边构成的图采用邻接矩阵存储,则广度优先搜索的时间复杂度为_____;若采用邻接表存储,则该算法的时间复杂度为_____。

13. 图的广度优先搜索生成树的树高比深度优先搜索生成树的树高_____。

14. 用普里姆算法求具有 n 个顶点、e 条边的图的最小生成树的时间复杂度为_____,而克鲁斯卡尔算法的时间复杂度为_____。

15. 求稀疏图 G 的最小生成树,最好用_____算法来求解。

16. 求稠密图 G 的最小生成树,最好用_____算法来求解。

17. 用迪杰斯特拉算法求某一个顶点到其余顶点的最短路径是按_____的次序来得到最短路径的。

18. 拓扑排序是通过重复选择_____个前驱结点来完成的。

19. 遍历图的过程实质上是_____。广度优先搜索的时间复杂度为_____,深度优先搜索的时间复杂度为_____,两者的不同之处在于_____,反映在数据结构上的差别是_____。

20. 根据图的存储结构进行某种次序的遍历,得到的顶点序列是_____的。

7.2.3 判断题

1. 邻接矩阵只存储了边的信息，没有存储顶点的信息。 （   ）
2. 有回路的图不能进行拓扑排序。 （   ）
3. AOE 网是一个带权的有向无环图。 （   ）
4. 迪杰斯特拉算法一种是按路径长度递增的顺序求最短路径的算法。 （   ）
5. 在 AOE 网中，关键路径是长度最短的路径。 （   ）
6. 在含 n 个结点的无向图中，若边数大于 $n-1$，则该无向图是连通图。 （   ）
7. 当无向图 G 的顶点度数的最小值大于或等于 2 时，无向图 G 至少有一条回路。 （   ）
8. 深度优先搜索和广度优先搜索的时间复杂度均为 $O(n+e)$。 （   ）
9. 普里姆算法适合求解边稠密的网的最小生成树。 （   ）
10. 无向图的邻接矩阵一定是对称矩阵，有向图的邻接矩阵一定是非对称矩阵。
（   ）

7.2.4 简答题

1. 设有向图为 $G=(V,E)$。其中，$V=\{v_1, v_2, v_3, v_4, v_5\}$，$E=\{<v_2, v_1>, <v_3, v_2>, <v_4, v_3>, <v_4, v_2>, <v_1, v_4>, <v_4, v_5>, <v_5, v_1>\}$，请画出该有向图并判断它是否为强连通图。

2. 画出如图 1-7-5 所示的有向图的邻接矩阵、邻接表、逆邻接表、十字链表。写出用邻接表表示的、从 A 出发的深度优先搜索序列和广度优先搜索序列。

3. 有如图 1-7-6 所示的无向图（带权），设起点为 A，画出它的邻接矩阵，并用普里姆算法求最小生成树。

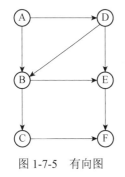

图 1-7-5 有向图

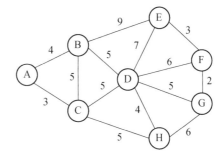

图 1-7-6 无向图

4. 已知一个图的顶点集合 V 和边集合 E 分别如下：
$V=\{0,1,2,3,4,5,6,7\}$，$E=\{(0,2),(1,3),(1,4),(2,4),(2,5),(3,6),(3,7),(4,7),(4,8),(5,7),(6,7),(7,8)\}$。
若采用邻接表存储，并且每个邻接表中的边结点都是按照终点序号从小到大的次序连接的，则按主教材中介绍的拓扑排序算法写出拓扑序列（提示：先画出对应的图形，然后进行运算）。

5. 已知如图 1-7-7 所示的 AOE 网，求解从源点 v_1 到终点 v_6 的关键事件和关键顶点，并画出关键路径。

6. 已知如图 1-7-8 所示的有向图（带权），求单源最短路径（从源点 0 开始），要求写出求解过程。

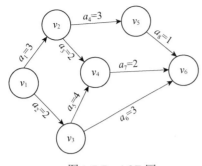

图 1-7-7　AOE 网

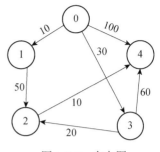

图 1-7-8　有向图

7. 证明：若无向图 G 的顶点度数的最小值大于或等于 2，则无向图 G 有一条回路。

7.2.5　算法设计题

1. 设计一个算法，删除无向图的邻接矩阵中的给定顶点。

分析：从邻接矩阵中删除某顶点 v_i 的主要操作如下：

（1）图的边数减去与顶点 v_i 关联的边的数目。

（2）从邻接矩阵中删除第 i 行与 i 列，即把第 $i+1$ 行至第 n 行依次前移，第 $i+1$ 列至第 n 列依次前移。

（3）无向图中顶点的个数减 1。

2. 已知某有向图用邻接表表示，请设计一个算法，求出给定的两个顶点间的简单路径。

分析：因为在遍历的过程中，每个顶点仅被访问一次，所以从顶点 v_i 到顶点 v_j 遍历的路径就是一条简单路径。我们只需在遍历算法中稍作修改，就可实现该算法。为了记录路径中被访问过的顶点，还需设一个数组存储已经遍历的顶点。

求入度的思想如下：计算邻接表中顶点 v_i 的结点数量。

3. 设计一个算法，将无向图的邻接矩阵转为对应的邻接表。

4. 试编写一个利用深度优先搜索来遍历有向图，并实现求关键路径的算法。

5. 编写一个算法，由依次输入的顶点数量、弧数量、各个顶点的信息和每条弧的信息建立有向图的邻接表。

6. 编写一个算法，求出用邻接矩阵表示图的所有顶点的最大出度。

7.3　实　　验

7.3.1　无向图的遍历（验证性实验）

一、实验目的

（1）掌握无向图的遍历过程。

（2）理解无向图的存储结构与基本操作。

（3）熟悉无向图的深度优先搜索和广度优先搜索的实现方法。

二、实验要求

（1）认真阅读和掌握本实验的程序。

（2）上机运行本程序，并进行分析。

（3）上机完成后，撰写实验报告，并对实验结果进行分析。

三、实验内容

（1）采用无向图的邻接表存储结构并保存无向图。

（2）使用深度优先搜索和广度优先搜索进行遍历，分别输出遍历的结果。

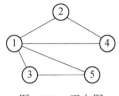

要求：请编写 C 程序，利用邻接表存储表示法进行具体实现。根据从键盘输入的数据建立如图 1-7-9 所示的无向图，并输出该无向图，根据给定的起始顶点对该无向图进行深度优先搜索和广度优先搜索。

图 1-7-9　无向图

分析：深度优先搜索采用递归算法进行设计；广度优先搜索的设计思路可参考下文。

①选定一个起始顶点 v，从 v 出发，依次访问与 v 邻接的所有顶点 w_1、w_2、…、w_t。

②按 w_1、w_2、…、w_t 的顺序，依次访问所有顶点未被访问的邻接点。

③按刚才的访问顺序，依次访问它们的所有未被访问的邻接点，直到无向图中所有顶点都被访问为止。

由此可见，若 w_1 在 w_2 之前被访问，则与 w_1 邻接的顶点也将在与 w_2 邻接的顶点之前被访问，即先访问的顶点的邻接点也先被访问，故有先进先出的特点。在此算法中，应将访问过的顶点依次存入队列中。在编写程序时，入队列与出队列应分别编成单独的函数。

主要程序清单如下。

1. 主要数据结构定义

代码如下：

```
#define nmax 100 /*假设无向图的顶点的最大个数为100*/
typedef struct node *pointer; //定义一个表结点类型的指针
typedef char datatype;
typedef struct node{        /*表结点类型*/
    int  vertex; //依附于表头顶点的边的另一个顶点的位置
    struct node *next;//指向下一条边的信息
    }Arcnode;//邻接表结点结构
typedef  struct {/*表头结点类型，即顶点表结点类型*/
    datatype  data[3]; //顶点标识,可以存放一个字符串
    pointer first; /*边表头指针,指向第一条依附该顶点的边的指针*/
    }headtype;//邻接表表头结构
typedef struct{     /*表头结点向量,即顶点表*/
    headtype adlist[nmax];
    int n,e; //n 表示顶点数,e 表示边数
}lkgraph;//无向图结构
typedef struct //定义顺序队列,被广度优先搜索使用
{
    int v[nmax];
    int front;
    int rear;
}Queue;
```

2. 建立无向图的邻接表

代码如下：

```
#include<stdio.h>
#include<malloc.h>
#define  nmax  100
typedef struct node *pointer;
```

```
typedef char datatype;
typedef struct node{
    int   vertex;
    struct node *next;
    }Arcnode;
typedef struct {
    datatype  data[3];
    pointer first;
    }headtype;
typedef struct{
    headtype adlist[nmax];
    int n,e;
}lkgraph;
typedef struct
{
    int v[nmax];
    int front;
    int rear;
}Queue;
extern void create(lkgraph *G)
{
    Arcnode *p,*q;
    char temp;
    int i,j,k;
    printf("\n 请输入无向图的顶点数量和边数量:");
    scanf("%d,%d",&G->n,&G->e);
    for(i=1;i<=G->n;i++)
    {

    (请将函数补充完整)

    }
    for(k=1;k<=G->e;k++)  //输入边的信息
    {

        (请将函数补充完整)

    }
}
```

3. 输出邻接表

代码如下:

```
#define nmax  100
typedef struct node *pointer;
typedef char datatype;
typedef struct node{
    int   vertex;
    struct node *next;
    }Arcnode;
typedef struct {
    datatype data[3];
    pointer first;
    }headtype;
typedef struct{
    headtype adlist[nmax];
    int n,e;
}lkgraph;
typedef struct
{
    int v[nmax];
```

```
    int front;
    int rear;
}Queue;
#include<stdio.h>
extern void output(lkgraph *G)
{
    int i;
    Arcnode *p;
    for(i=1;i<=G->n;i++)
    {

        （请将函数补充完整）

    }
}
```

4. 通过深度优先搜索进行遍历

代码如下：

```
#include<stdio.h>
#define nmax 100
typedef struct node *pointer;
typedef char datatype;
typedef struct node{
    int   vertex;
    struct node *next;
    }Arcnode;
typedef struct {
    datatype  data[3];
    pointer first;
    }headtype;
typedef struct{
    headtype adlist[nmax];
    int n,e;
}lkgraph;
typedef struct
{
    int v[nmax];
    int front;
    int rear;
}Queue;
extern void dfs(lkgraph *G,int v,int visited[])
{
    Arcnode *p;
    printf("%s->",G->adlist[v].data);
    visited[v]=1;
    p=G->adlist[v].first;
    while(p)
    {

        （请将函数补充完整）

    }
}
```

5. 通过广度优先搜索进行遍历

代码如下：

```
#include<stdio.h>
#include<malloc.h>
#define  nmax  100
typedef struct node *pointer;
```

```
typedef char datatype;
typedef struct node{
    int   vertex;
    struct node *next;
    }Arcnode;
typedef struct {
    datatype  data[3];
    pointer first;
    }headtype;
typedef struct{
    headtype adlist[nmax];
    int n,e;
}lkgraph;
typedef struct
{
    int v[nmax];
    int front;
    int rear;
}Queue;
extern void initQueue(Queue *q);  //队列初始化函数
extern void enQueue(Queue *q,int e);  //入队列
extern int deQueue(Queue *q);  //出队列
extern int queisEmpty(Queue *q);  //判断队列是否为空
extern void bfs(lkgraph *G,int v,int visited[])
{
    Arcnode *p;
    int x;
    Queue *q=(Queue *)malloc(sizeof(Queue));
    initQueue(q);//初始化队列
    printf("\n%s->",G->adlist[v].data);
    visited[v]=1;
    enQueue(q,v);//让访问过的结点入队列
    while(!queisEmpty(q))
    {
        x=deQueue(q);//让队列头结点出队列
        p=G->adlist[x].first;//得到邻接表的头结点指针
        while(p)
        {

            （请将函数补充完整）

        }
    }
}
```

在本函数中，队列初始化、入队列、出队列，以及判断队列是否为空等操作，请参考第三章的知识点。

6. 主函数

代码如下：

```
#include<malloc.h>
#include<stdio.h>
#define  nmax  100
typedef struct node *pointer;
typedef char datatype;
typedef struct node{
    int   vertex;
    struct node *next;
    }Arcnode;
```

```
typedef  struct {
    datatype  data[3];
    pointer first;
    }headtype;
typedef struct{
    headtype adlist[nmax];
    int n,e;
}lkgraph;
typedef struct
{
    int v[nmax];
    int front;
    int rear;
}Queue;
extern void create(lkgraph *G); //建立无向图邻接表
extern void output(lkgraph *G); //输出邻接表
extern void dfs(lkgraph *G,int v,int visited[]); //深度优先搜索
extern void bfs(lkgraph *G,int v,int visited[]); //广度优先搜索
void main()
{
    int v1,i;
    int visited[nmax]; // 用visited[]数组标记结点是否被访问
    lkgraph G;//定义无向图结构变量
    for(i=0;i<nmax;i++) visited[i]=0; //给顶点访问标志数组赋初值
    create(&G);//建立无向图邻接表
    output(&G);//输出无向图邻接表

    /*深度优先搜索*/
    printf("\n 请输入深度优先搜索的出发点:");
    scanf("%d",&v1);
    printf("\n 深度优先搜索的结果为: ");
    dfs(&G,v1,visited);//调用深度优先搜索函数

    /*广度优先搜索*/
    for(i=0;i<nmax;i++) visited[i]=0; //将顶点访问标志数组重新赋值为 0
    printf("\n 请输入广度优先搜索的出发点:");
    scanf("%d",&v1);
    printf("\n 广度优先搜索的结果为：");
    bfs(&G,v1,visited);//调用广度优先搜索函数
}
```

四、实验报告规范和要求

实验报告规范和要求如下：

（1）实验题目。

（2）需求分析。

①程序要实现的功能。

②输入和输出的要求及测试数据

（3）概要及详细设计。

①采用 C 语言定义相关的数据类型。

②编写各模块的伪代码。

③画出函数的调用关系图。

（4）调试、分析。

分析在调试过程中遇到的问题并提出解决方法。

（5）测试数据及测试结果。

7.3.2 最小生成树问题（设计性实验）

一、实验目的

（1）掌握连通图的存储表示方法。

（2）理解最小生成树的常用算法（Prim 算法及 Kruskal 算法）。

（3）用 Prim 算法求无向图的最小生成树。

二、设计内容

假设要在 n 个城市之间建立通信联络网，则连通 n 个城市只需要修建 $n-1$ 条线路，如何在最节省经费的前提下建立这个通信联络网呢？

该问题等价于构造通信联络网的一棵最小生成树，即在 e 条带权的边中选取 $n-1$ 条边（不构成回路），使权值之和最小。

算法分析：Prim 算法的主要思想是按照顶点逐个连通的步骤，把顶点加入已连通的顶点集合 U 中，使 U 成为最小生成树。

具体描述如下：

假设 $N=(V,E)$ 是连通网，T_e 是最小生成树中边的集合。

（1）初始 $U=\{u_0\}$（$u_0 \in V$），$T_e = \phi$。

（2）在所有满足 $u \in U$、$v \in V-U$ 的边中选一条代价最小的边（u_0, u_0）并入集合 T_e 中，同时将 v_0 并入 U 中。

（3）重复（2），直到 $U=V$ 为止。

此时，T_e 中必含有 $n-1$ 条边，则 $T=(V,T_e)$ 为最小生成树。

如图 1-7-10 给出了用 Prim 算法求解最小生成树的步骤。

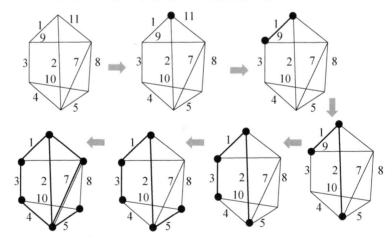

图 1-7-10　用 Prim 算法求解最小生成树的步骤

实现这个算法需要设置一个辅助数组 closedge[ ]，以记录从 U 到 $V-U$ 中的具有最小代价的边。每个顶点（$v \in V-U$）在辅助数组中都存在一个分量 closedge[v]，它包括两个域：adjvex 和 lowcost，其中 lowcost 存储边的权值。

定义数据结构的代码如下：

```
#define MAXSIZE 100 /*顶点数量*/
typedef int datatype; //顶点信息的数据类型
typedef struct
```

```
{
    datatype vexs[MAXSIZE];              /*顶点信息表*/
    int edges[MAXSIZE][ MAXSIZE];        /*邻接矩阵*/
    int n,e ;                            /*顶点数量和边数量*/
}Graph;
struct {
        datatype  adjvex;
        int      lowcost;
} closedge[MAXSIZE]; //定义一个记录从顶点集合U到V-U中的代价最小的边的辅助数组
// Prim 算法
void Prim(Graph G, datatype u) {
  // 用 Prime 算法从第 u 个顶点出发，构造图 G 的最小生成树 T，输出 T 的各条边

  int i,j,k;
    k = LocateVex ( G, u ); //确定节点u在节点向量中的位置
    for ( j=0; j<G.vexnum; ++j ) {     // 辅助数组初始化
    if (j!=k)
      { closedge[j].adjvex=u; closedge[j].lowcost=G.edges[k][j]; }
  }
  closedge[k].lowcost = 0;        // 初始化时，U={u}
  for (i=1; i<G.n; ++i) {         // 选择其余 G.n-1 个顶点
    k = minimum(closedge);        // 求出 T 的下一个结点：第 k 个顶点
      // 此时 closedge[k].lowcost =
      // MIN{ closedge[vi].lowcost | closedge[vi].lowcost>0, vi∈V-U }
    printf("%d-%d->%d,",closedge[k].adjvex,closedge[k].lowcost,G.vexs[k]);
      //输出生成的边

    closedge[k].lowcost = 0;      // 将第 k 个顶点并入顶点集合 U 中
    for (j=0; j<G.n; ++j)
      if (G.edges[k][j] < closedge[j].lowcost)
{
        // 在将新顶点并入顶点集合 U 后，重新选择权值最小的边
        // closedge[j] = { G.vexs[k], G.arcs[k][j].adj };
      closedge[j].adjvex=G.vexs[k];
      closedge[j].lowcost=G.edges[k][j];
    }
  }
}
```

在本程序中，请读者自己编写能构造带权无向图的函数、确定结点位置的函数 LocateVex (G, u)（代码中的 G 表示无向图，u 表示结点），以及主函数。有兴趣的读者也可编程实现求最小生成树的另一种算法——Kruskal 算法，分析它和 Prime 算法在不同情况下的优、缺点。

第八章

查　找

本章学习目标

1. 熟练掌握顺序表和有序表的查找方法。
2. 熟练掌握二叉排序树的构造和查找方法。
4. 掌握二叉平衡树维护平衡的方法。
5. 理解 B-树、B+树的特点及它们的建树过程。
6. 熟练掌握哈希表的构造方法，深刻理解哈希表与其他结构的表的实质性差别。
7. 掌握用于描述查找过程的判定树的构造方法，以及按定义计算各种查找方法在等概率情况下查找成功时的平均查找长度。

8.1　学习指导

8.1.1　查找的基本概念

1. 基本术语

（1）查找表（Search Table）：由同一个类型的元素构成的集合，是一种非常灵活的数据结构。

（2）静态查找表：向查找表查询某个特定元素或某个特定元素的各种属性的操作，如查询成绩表中是否有某学生或某学生的某门课程成绩。

（3）动态查找表：对查找表进行插入或删除某个元素的操作。

（4）查找（Search）：也称检索，即根据某个给定的值，在查找表中确定一个关键字等于给定值的记录或元素。

查找的结果通常有以下两种可能：

①查找成功：成功找到满足条件的数据对象，这时可以报告该数据对象在结构中的位置，还可以给出该对象的具体信息。

②查找不成功（或搜索失败）：查找结果会报告一些信息，如失败标志、位置等。

（5）关键字（Key）：元素中某个数据项的值。当元素只有一个数据项时，其关键字就是该元素的值。

（6）主关键字（Primary Key）：可以唯一标识一条记录的关键字。

（7）平均查找长度（Average Search Length，ASL）：为确定元素在表中的位置所进行的和关键字比较的次数的期望值，是衡量一个查找算法好坏的依据，可表示为

$$ASL=\sum_{i=1}^{n}P_iC_i$$

式中，n 为查找表的长度，即所含元素的个数；P_i 为查找第 i 个元素的概率，一般认为查找每个元素的概率相同；C_i 是在查找第 i 个元素时与给定值进行比较的次数。

衡量用于查找的算法的标准有如下两个：

①平均查找长度。

②算法所需要的存储量和算法的复杂性等。

2. 常用查找方法

常用查找方法如表 1-8-1 所示。

表 1-8-1　常用查找方法

名称	查找方法	区别
顺序（线性）查找法	从第一个元素开始，将给定值与表中元素的关键字逐个进行比较，直到找到要找的元素为止，否则表中没有要找的元素，查找不成功	• 有序表、无序表均适用（表结构）； • 向量和线性链表均适用（存储结构）； • 平均查找长度最大，查找成功时有 ASL=(n+1)/2 • 适合短表，方法简单； • 不适合长表，检索速度太慢； • 时间复杂度为 $O(n)$
二分（对半）查找法	首先选择表的一个中间元素，然后比较关键字的值，若要找的元素的关键字的值大，则取表的后半部分的中间元素进行比较；否则取前半部分的中间元素进行比较，如此反复，直到找到为止	• 适用于有序表； • 适用于采用顺序存储结构的表，要求表中元素基本不变，若插入或删除元素，则会影响检索效率； • 平均查找长度最小，有 $$ASL=\frac{n+1}{n}\log_2(n+1)-1$$ • 时间复杂度为 $O(\log_2 n)$
分块（索引顺序）查找法	要求将 n 个元素均匀地分成块，每个块有 s 个元素，块按大小排序，块内元素不排序。建立一个块的最大（或最小）关键字表。查找时，先用二分查找法由最大关键字查找出目标所在的块，再用顺序查找法在块中进行查找	• 要求表中元素是逐段有序的； • 对顺序表和线性链表均适用（存储结构）； • 用二分查找法查找所在块时，平均查找长度为 $$ASL=\log_2\left(\frac{n}{s}+1\right)+\frac{s}{2}$$ • 若用顺序查找法查找所在块时，平均查找长度为 $$ASL=\frac{1}{2}\left(\frac{n}{s}+s\right)+1$$
散列查找法	在元素的存储位置和它的关键字之间建立一个确定的对应关系，由关键字进行某种运算后，直接确定元素的地址。用散列函数（或称哈希函数）来表示关键字与元素地址的关系	散列存储容易引起冲突，降低冲突风险的途径如下： • 减小装载因子 α 的值； • 选择合适的散列函数； • 选择合适的解决冲突的方法

8.1.2　静态查找表

1. 静态查找表的抽象数据类型的定义

代码如下：

```
ADT StaticSearchTable {
数据对象 D：D 是具有相同特性的元素的集合。每个元素含有类型相同的关键字，可唯一标识元素
数据关系 R：元素同属于一个集合
```

```
基本操作 P:
Create(&ST, n);
操作结果: 构造一个含 n 个元素的静态查找表 ST
Destroy(&ST);
初始条件: 存在静态查找表 ST
操作结果: 销毁静态查找表 ST
Search(ST, key);
初始条件: 存在静态查找表 ST, key 是和静态查找表中元素的关键字类型相同的给定值
操作结果: 若静态查找表 ST 中存在关键字等于 key 的元素, 则函数值为该元素的值或元素在该表中的位置, 否则为空
Traverse(ST, Visit());
初始条件: 存在静态查找表 ST, Visit() 是对元素进行操作的应用函数
操作结果: 按某种次序对静态查找表 ST 中的每个元素调用一次函数 Visit(), 且仅一次, 一旦调用函数 Visit()
失败, 则操作失败
} ADT StaticSearchTable
```

2. 静态查找表的顺序存储结构的定义

代码如下:

```
typedef struct {
    ElemType *elem; // 元素的内存空间的基地址, 在建表时按元素的实际长度分配, 使 0 号存储单元为空
    int length; // 表的长度
} SSTable;
```

3. 静态查找表的查找算法

在静态查找表中, 利用数组元素的下标作为元素的存放地址, 根据给定值在数组中进行查找, 直至找到给定值在数组中的位置或确定在数组中找不到给定值。

（1）顺序查找法。

顺序查找法可以用顺序表或线性链表表示静态查找表, 代码如下:

```
int Search_Seq(SSTable ST, KeyType key) {
// 在顺序表 ST 中查找关键字等于 key 的元素。若找到, 则函数值为该元素在顺序表中的位置, 否则为 0 (顺序查找法)
    ST.elem[0].key = key; // 设置哨岗, 目的是省略对下标越界的情况的检查, 提高算法运行速度
    for (i=ST.length; ST.elem[i].key!=key; --i); // 从后往前查找
    return i; // 找不到时, i 为 0
} // Search_Seq
```

该算法简单, 但平均查找长度较长, 特别不适合表长较长的静态查找表。

（2）二分查找法。

二分查找法可以用有序表表示静态查找表, 代码如下:

```
int Search_Bin ( SSTable ST, KeyType key ) {
    // 在有序表 ST 中查找关键字等于 key 的元素。若找到, 则函数值为该元素在有序表中的位置, 否则为 0 (二分查找法)
    low = 1; high = ST.length; // 设置区间初值
    while (low <= high) {
        mid = (low + high) / 2;
        if (EQ (key , ST.elem[mid].key) )
            return mid; // 找到待查找的元素
        else if ( LT (key , ST.elem[mid].key) )
            high = mid - 1;     // 继续在前半区间进行查找
        else low = mid + 1;     // 继续在后半区间进行查找
    }
    return 0; // 不存在待查找的元素
} // Search_Bin
```

（3）分块查找法。

分块查找法也称索引顺序查找法, 即先由索引确定元素所在的块, 然后在块中进行顺序查找。

分块查找法的平均查找长度等于在索引表中查找元素所在块的平均查找长度 L_b 与在块表

中查找元素的平均查找长度 L_w 之和，即 $ASL=L_b+L_w$。

代码如下：

```
int Blocksch(mainlist A,indexlist B,int m, KeyType K){
    //利用主表 A 和大小为 m 的索引表 B 分块查找关键字为 K 的元素
    int i,j;
    for (i=0;i<m;i++) //在索引表中查找关键字 K 对应的索引项（顺序查找）
      if(K<=B[i].index)
        break;
    if(i==m)  //若 i=m，则查找失败，返回-1
        return -1;
    j=B[i].start;  //在已经找到的第 i 个子表中查找关键字为 K 的元素（顺序查找）
    while(j<B[i].start+B[i].length)
      if (K==A[j].key)
        break;
      else
        j++;
    if(j<B[i].start + B[i].length) // 若查找成功，则返回元素的下标位置，否则返回-1
        return j;
    else
        return -1;
} //Blocksch
```

8.1.3 动态查找表

动态查找表的特点：表结构是在查找过程中动态生成的，即对于给定值 key，动态查找表中存在关键字等于 key 的元素，若查找成功则返回，否则插入关键字等于 key 的元素。

1. 动态查找表的抽象数据类型的定义

代码如下：

```
ADT DynamicSearchTable {
数据对象 D：D 是具有相同特性的元素的集合。每个元素都含有类型相同的关键字，可唯一标识元素
数据关系 R：元素同属于一个集合
基本操作 P：
InitDSTable(&DT);
操作结果：构造一个空的动态查找表 DT
DestroyDSTable(&DT);
初始条件：存在动态查找表 DT
操作结果：销毁动态查找表 DT
SearchDSTable(DT, key);
初始条件：存在动态查找表 DT，key 是和关键字类型相同的给定值
操作结果：若动态查找表 DT 中存在关键字等于 key 的元素，则函数值为该元素的值或其在动态查找表中的位置，否则为空
InsertDSTable(&DT, e);
初始条件：存在动态查找表 DT，e 为待插入的元素
操作结果：若 DT 中不存在关键字等于 key 的元素，则将 e 插入 DT 中
DeleteDSTable(&T, key);
初始条件：存在动态查找表 DT，key 是和关键字类型相同的给定值
操作结果：若动态查找表 DT 中存在关键字等于 key 的元素，则将其删除
TraverseDSTable(DT, Visit());
初始条件：存在动态查找表 DT，Visit()是对结点进行操作的应用函数
操作结果：按某种次序对动态查找表 DT 中的每个结点调用一次函数 Visit()，且仅一次。一旦调用函数 Visit()失败，
则操作失败
} ADT DynamicSearchTable
```

2. 二叉排序树

（1）二叉排序树的定义。

二叉排序树可以是一棵空树，也可以是具有如下特性的二叉树。

① 若它的左子树不为空，则左子树上所有结点的值均小于根结点的值。

② 若它的右子树不为空，则右子树上所有结点的值均大于根结点的值。

③ 它的左、右子树也都是二叉排序树。

通常将二叉链表作为二叉排序树的存储结构。

（2）二叉排序树的查找算法。

若二叉排序树为空，则查找不成功，否则有如下三种情况。

① 若给定值等于根结点的关键字，则查找成功。

② 若给定值小于根结点的关键字，则继续在左子树上进行查找。

③ 若给定值大于根结点的关键字，则继续在右子树上进行查找。

算法如下：

```
Status SearchBST (BiTree T, KeyType key, BiTree f, BiTree &p ) {
    // 在根指针 T 所指的二叉排序树中递归查找关键字等于 key 的元素，若查找成功，则指针 p 指向该元素的结点，并返
    回 TRUE；否则指针 p 指向在查找路径上访问的最后一个结点并返回 FALSE，指针 f 指向根指针 T 的双亲结点，其初始调用值为 NULL
    if (!T) { p = f; return FALSE; }    // 查找不成功
    else if ( EQ(key, T->data.key) )
        { p = T; return TRUE; }         // 查找成功
    else if ( LT(key, T->data.key) )
        SearchBST (T->lchild, key, T, p );      // 在左子树中继续查找
        else SearchBST (T->rchild, key, T, p );  // 在右子树中继续查找
} // SearchBST
```

（3）二叉排序树的插入算法。

对于动态查找表，在查找不成功的情况下，还需插入关键字等于给定值的元素。根据查找过程容易得出插入算法：若二叉排序树为空，则新插入的结点为根结点；否则新插入的结点为一个新的叶子结点，其插入位置可在查找过程中得到。

算法如下：

```
Status Insert BST(BiTree &T, ElemType e ) {
    // 若二叉排序树中不存在关键字等于 key 的元素，则插入 e 并返回 TRUE，否则返回 FALSE
    if (!SearchBST ( T, e.key, NULL, p )) { // 查找不成功
        s = (BiTree) malloc (sizeof (BiTNode));
        s->data = e; s->lchild = s->rchild = NULL;
        if ( !p ) T = s; // 插入的 s 为新的根结点
        else if ( LT(e.key, p->data.key) ) p->.lchild = s // 插入的 s 为左孩子结点
        else p->.rchild = s; // 插入的 s 为右孩子结点
        return TRUE;
    }
    else return FALSE；// 二叉排序树中已有关键字相同的结点，不再插入
} // Insert BST
```

（4）二叉排序树的删除算法。

和插入相反，删除要在查找成功之后进行，并且要求在删除二叉排序树上的某个结点之后仍然保持二叉排序树的特性。分如下三种情况：

① 被删除的结点是叶子结点。

② 被删除的结点只有左子树或者只有右子树。

③ 被删除的结点既有左子树，也有右子树。

算法如下：

```
Status DeleteBST (BiTree &T, KeyType key ) {
    // 若二叉排序树中存在关键字等于 key 的元素，则删除该元素的结点 p，并返回 TRUE，否则返回 FALSE
    if (!p) return FALSE;// 不存在关键字等于 key 的元素
    else {
        if ( EQ (key, T->data.key) ) Delete (T); // 找到关键字等于 key 的元素
        else if ( LT (key, T->data.key) )
```

```
                 DeleteBST ( T->lchild, key );
            else DeleteBST ( T->rchild, key );
        return TRUE;
        }
    } // DeleteBST
```

删除过程如下：

```
        void Delete ( BiTree &p ){   // 从二叉排序树中删除结点 p, 并重接它的左或右子树
    if (!p->rchild) { // 若右子树为空，则只需要重接它的左子树
        q = p; p = p->lchild; free(q);
    }
    else if (!p->lchild) { // 只需要重接它的右子树
        q = p; p = p->rchild; free(q);
    }
    else { // 左、右子树均不为空
        q = p; s = p->lchild;
    while (!s->rchild) { q = s; s = s->rchild; }
        p->data = s->data; // s 指向被删结点的前驱结点
    if (q != p ) q->rchild = s->lchild;
    else q->lchild = s->lchild; // 重接 q 的左子树
        free(s);
    }
} // Delete
```

（5）查找性能的分析。

每一棵特定的二叉排序树均可按照平均查找长度的定义来求 ASL，显然，由值相同的 n 个关键字构造所得的、不同形态的各棵二叉排序树的 ASL 不同，甚至差别很大，例如：

由关键字序列 1、2、3、4、5 构造而得的二叉排序树，满足 ASL =(1+2+3+4+5)/ 5 = 3。

由关键字序列 3、1、2、5、4 构造而得的二叉排序树，满足 ASL =(1+2+3+2+3)/ 5 = 2.2。

3. 平衡二叉树

平衡二叉树是另一种形式的二叉树，其特点为左、右子树深度之差的绝对值不大于 1，将具有这种特点的二叉树称为平衡二叉树。

在平衡二叉树上进行插入或删除操作时，首先应在平衡二叉树中进行查找：若存在和给定值相同的关键字，则返回指针 p 指向的结点，否则返回 "p=NULL"。只有当平衡二叉树中不存在和给定值相同的关键字时才进行插入，反之，当平衡二叉树中存在和给定值相同的关键字时才进行删除。

插入后，先检查二叉树是否失去平衡，若失去平衡，则对最小的不平衡子树进行相应的平衡旋转处理。删除后，同样需要检查二叉树是否失去平衡，并进行相应处理，此时不仅需要检查离被删除结点最近的父结点，还需要顺着查找路径逐渐向上检查不平衡的情况。

平衡二叉树的查找性能分析：在平衡二叉树上进行查找的过程和在二叉排序树上的相同，因此，在查找过程中和给定值进行比较的关键字的个数不超过平衡二叉树的深度。

假设深度为 h 的平衡二叉树所含结点数量的最小值为 N_h，则显然 $N_h = N_{h-1} + N_{h-2} + 1$，由此可以推导出 $h \approx \log_2(n)$，因此，在平衡二叉树上进行查找的时间复杂度为 $O(\log_2(n))$。

4. B−树

（1）B−树的定义。

B−树是一种平衡的多路查找树，在 m 阶的 B−树上，每个非终端结点可能含有以下几种数据：

① n 个关键字 K_i（$1 \leq i \leq n$, $n<m$）。

② n 个指向记录的指针 D_i（$1 \leq i \leq n$）。

③ $n+1$ 个指向子树的指针 A_i（$0 \leq i \leq n$）。

非叶子结点中的多个关键字均进行自小至大的有序排列，即 $K_1 < K_2 < \ldots < K_n$，且 A_{i-1} 所指子树上的所有关键字均小于 K_i，A_i 所指子树上的所有关键字均大于 K_i。

树中的所有叶子结点均不带信息，且在树中的同一层上；根结点可能是叶子结点，也可能至少有两棵子树；其余非叶子结点至少有 $\lceil m/2 \rceil$ 棵子树，至多有 m 棵子树。

B-树结构的 C 语言描述如下：

```
#define m 3 // B-树的阶，暂设为 3
typedef struct BTNode {
int keynum; // 结点中关键字的个数，即结点的大小
struct BTNode *parent; // 指向双亲结点的指针
    KeyType key[m+1]; // 关键字（不使用 0 号存储单元）
struct BTNode *ptr[m+1]; // 子树指针向量
    Record *recptr[m+1]; // 记录指针向量
} BTNode, *Btree; // B-树结点和 B-树的类型
```

（2）查找过程。

从根结点出发，先沿指针查找结点，再在结点内进行顺序（或二分）查找，这两个过程交叉进行。若查找成功，则返回指向被查关键字所在结点的指针和关键字在结点中的位置；若查找不成功，则返回插入位置。假设返回的是如下所述结构的记录：

```
typedef struct {
    BTNode *pt; // 指向找到的结点
    int i; // 1..m，在结点中的关键字的序号
    int tag; // 1:查找成功，0:查找失败
} Result; // 查找结果类型
```

用下列算法简要描述 B-树的查找过程。

```
Result SearchBTree(BTree T, KeyType K) { // 在 m 阶 B-树 T 上查找关键字 K
    p=T; q=NULL; found=FALSE; i=0; // 初始化，p 指向待查结点，q 指向 p 的双亲结点
    while (p &&!found) {
        n=p->keynum; i=Search(p, K); // 在 p->key[1..keynum]中查找 i
        //p->key[i]<=K<p->key[i+1]
        if (i>0 && p->key[i]==K) found=TRUE; //找到待查关键字
        else { q=p; p=p->ptr[i]; }
    }
    if (found) return (p,i,1); // 查找成功
    else return (q,i,0);// 查找不成功，返回 K 的插入位置信息
} // SearchBTree
```

（3）插入过程。

在查找不成功之后进行插入。关键字的插入位置必定是最下层的非叶子结点，有下列几种情况。

② 插入后，若该结点的关键字个数满足 $n<m$，则不修改指针。

② 插入后，若该结点的关键字个数满足 $n=m$，则需进行"结点分裂"，令 $s = \lceil m/2 \rceil$，在原结点中保留 $(A_0, K_1, \ldots, K_{s-1}, A_{s-1})$，建新结点 $(A_s, K_{s+1}, \ldots, K_n, A_n)$，将 (K_s, P) 插入双亲结点。

③ 若双亲结点为空，则新建根结点。

代码如下：

```
Status InsertBTree(BTree &T, KeyType K,BTree q, int i ) {
    // 在 m 阶 B-树 T 上的结点 q 的 key[i]与 key[i+1]之间插入关键字 K
    // 若结点过大，则沿双亲链进行必要的结点分裂，使 T 仍是 m 阶 B-树
    x = K; ap = NULL; finished = FALSE;
    while (q &&!finished) {
        Insert(q, i, x, ap); // 将 x 和 ap 分别插入 q->key[i+1]和 q->ptr[i+1]中
        if (q->keynum < m) finished=TRUE; // 插入完成
```

```
        else {  // 分裂结点 q
          s=⌈m/2⌉ ; split(q, aq); x=q->key[s];
          // 将 q->key[s+1..m], q->ptr[s..m] 和 q->recptr[s+1..m]移入新结点 ap
          q=q->parent;
          if (q) then i = Search(q, x); // 在双亲结点 q 中查找 x 的插入位置
      } // else
    } // while
  if (!finished) NewRoot(T, q, x, ap);
      // 生成含信息(T,x,ap)的新的根结点 T,原来的 T 和 ap 为子树指针
  } // InsertBTree
```

（4）删除过程。

和插入相反，在删除前首先必须找到待删除的关键字所在的结点，并且在删除之后，结点中关键字的个数不能小于 $\lceil m/2 \rceil - 1$ 个，否则要从其左（或右）兄弟结点"借调"关键字。若其左（或右）兄弟结点无关键字可借（结点中只有最少量的关键字），则必须合并结点。

（5）查找性能的分析。

B-树的查找时间主要花费在搜索结点（访问外存）上，这主要取决于 B-树的深度。

问：含 N 个关键字的 m 阶 B-树的深度 H 为多少？

先推导每一层所含的最少结点数量，具体如下：

第 1 层：1 个。

第 2 层：2 个。

第 3 层：$2 \times \lceil m/2 \rceil$ 个。

第 4 层：$2 \times (\lceil m/2 \rceil)^2$ 个。

第 $H+1$ 层：$2 \times (\lceil m/2 \rceil)^{H-1}$ 个。

假设 m 阶 B-树的深度为 $H+1$，由于第 $H+1$ 层为叶子结点，该树含有 N 个关键字，则叶子结点个数必为 $N+1$ 个，由此可得

$$N+1 \geqslant 2(\lceil m/2 \rceil)^{H-1}$$

则有

$$H \leqslant \log_{\lceil m/2 \rceil}(\frac{N+1}{2}) + 1$$

所以，在含 N 个关键字的 B-树上进行一次查找，需访问的结点个数不超过 $\log_{\lceil m/2 \rceil}(\frac{N+1}{2}) + 1$ 个。

5. B+树

B+树是 B-树的一种变型。

（1）B+树的结构特点。

①每个叶子结点都含有 n 个关键字和 n 个指向记录的指针，并且所有叶子结点彼此相连，构成一个有序链表，其头指针指向含最小关键字的结点。

②每个非叶子结点中的关键字 K_i 是其相应指针 A_i 所指子树中关键字的最大值。

③所有叶子结点都处在同一层上,每个叶子结点中的关键字的个数均介于 $\lceil m/2 \rceil$ 和 m 之间。

（2）查找过程。

B+树的查找过程和 B-树的查找过程稍有不同，具体如下：

①在 B+树上，既可以进行缩小范围的查找，也可以进行顺序查找。

②在进行缩小范围的查找时，不管成功与否，都必须找到叶子结点才能结束。

③在结点内查找时，若给定值小于或等于 K_i，则应继续在 A_i 所指子树中进行查找。

（3）插入和删除类似于 B-树。

8.1.4 哈希表

1. 哈希表的概念

对于动态查找表而言，其表长不确定，且在设计动态查找表时，只知道关键字所属范围，而不知道确切的关键字。因此，一般需建立一个函数关系，将 H(key)作为关键字为 key 的记录在动态查找表中的位置，称 H(key)函数为哈希函数。注意：这个哈希函数并不一定是数学函数。

例如，有如下 9 个关键字。

{ Zhao,	Qian,	Sun,	Li,	Wu,	Chen,	Han,	Ye,	Dei }
13	8	9	6	11	1	4	12	2

设 $H(\text{key}) = \lfloor (ord('第一个字母') - ord('A') + 1) / 2 \rfloor$，$ord()$ 为求 ASCII 内码的函数。

从这个例子可以得到如下结论：

（1）哈希函数是一个压缩映像，即将关键字集合映射到某个地址集合上，它的设置很灵活，这个地址集合的大小不超出允许范围即可。

（2）由于哈希函数是一个压缩映像，因此在一般情况下很容易产生"冲突"现象，即 key1 ≠ key2，而 H(key1) = H(key2)，并且改进哈希函数只能减少冲突，而不能避免冲突。因此，在设计哈希函数时，一方面要设计一个"好"的哈希函数，另一方面要选择一种处理冲突的方法。所谓"好"的哈希函数，指的是对于集合中的任意一个关键字，经哈希函数映射到地址集合中的任意一个地址的概率是相同的，这类哈希函数被称为均匀的哈希函数。

根据设定的哈希函数 H(key)和选中的处理冲突的方法，将一组关键字映射到一个有限的、地址连续的地址集合（区间）上，并以关键字在地址集合中的"像"作为相应的记录在表中的存储位置，这种表被称为哈希表。哈希表是基于哈希函数建立的一种查找表。

2. 哈希函数的构造方法

数字关键字可用下列哈希函数的构造方法，若是非数字关键字，则先对其进行数字化处理。

（1）直接定址法。

哈希函数是关键字的线性函数的表达式如下：

$$H(\text{key}) = \text{key}$$

或者

$$H(\text{key}) = a \times \text{key} + b$$

直接定址法适用于地址集合的大小等于关键字集合的大小的情况。

（2）数字分析法。

假设关键字集合中的每个关键字都由 n 位数字组成（k_1、k_2、…、k_n），分析关键字集合中的全部关键字，并从中提取分布均匀的若干数字或将它们的组合作为地址。

数字分析法适用于预先估计全部关键字的每一位数字出现的频度的情况。

（3）平方取中法。

若关键字的每一位都有某些数字复现频度很高的现象，则先求关键字的平方值，通过平方扩大差别，同时平方值的中间几位受到整个关键字中的每一位数字的影响。

（4）折叠法。

若关键字的位数特别多，则可先将其分割成几个部分，然后取它们的叠加和作为哈希地址，主要有移位叠加和间界叠加两种处理方法。

（5）除留余数法。

$$H(\text{key}) = \text{key MOD } p, \quad p \leqslant m \ (m \text{ 为表长})$$

关键问题是如何选取 p。p 应为不大于 m 的质数，或为小于 20 的质因子。

例如，在 key 等于 12、39、18、24、33、21 时，若 $p=9$，则所有含质因子 3 的关键字均映射到地址 0、3、6 上，增加了冲突的可能性。

（6）随机数法。

随机数法表现为如下形式：

$$H(\text{key}) = Random(\text{key})$$

采用何种哈希函数的构造方法取决于关键字集合（包括关键字的范围和形态），总的原则是使产生冲突的可能性尽可能降到最小。

3. 处理冲突的办法

处理冲突的办法是为产生冲突的地址寻找下一个哈希地址。

（1）开放定址法。

为产生冲突的地址求一个地址序列，具体如下：

$$D_0, D_1, D_2, \ldots, D_s, \quad 1 \leqslant s \leqslant m-1$$

其中

$$D_0 = H(\text{key})$$
$$D_i = (H(\text{key}) + d_i) \text{ MOD } m, \quad i=1, 2, \ldots, s$$

增量 d_i 有三种取法。

① 线性探测再散列法。

$d_i = c \times i$，最简单的情况是 $c=1$。

② 平方探测再散列法。

$d_i = 1^2, -1^2, 2^2, -2^2 \ldots$

③ 随机探测再散列法。

d_i 是一组伪随机数列。

注意：增量 d_i 应具有完备性，即产生的 D_i 均不相同，且所产生的 s 个 D_i 能覆盖哈希表中的所有地址。

要求：

- 使用平方探测再散列法时，表长 m 为 $4j+3$ 的质数。
- 使用随机探测再散列法时，m 和 d_i 没有公因子。

（2）链地址法。

将所有哈希地址相同的记录都链接在同一个链表中。

使用线性探测再散列法容易产生二次聚集，而使用链地址法肯定不会产生二次聚集。一次聚集的产生与否主要取决于哈希函数，在哈希函数均匀的前提下，可以认为没有产生一次聚集。

4. 哈希表的查找

查找的过程和构造表的过程一致。假设采用开放定址法处理冲突，则查找过程如下。

对给定值计算哈希地址。若代码中存在 r[i] = NULL，则查找不成功；若 r[i].key = K，则查找成功，否则求下一个地址 Hi，直至 r[Hi] = NULL（查找不成功），或 r[Hi].key = K（查找成功）。代码如下：

```
//--- 开放定址哈希表的存储结构 ---
int hashsize[] = { 997, ... }; // 哈希表容量递增，一个合适的素数序列
typedef struct {
    ElemType *elem; // 元素的存储基地址，动态分配数组
    int count; // 当前元素的个数
    int sizeindex; // hashsize[sizeindex]为当前容量
} HashTable;
#define SUCCESS 1
#define UNSUCCESS 0
#define DUPLICATE -1
Status SearchHash (HashTable H, KeyType K, int &p, int &c) {
    // 在开放定址哈希表 H 中查找关键字为 K 的元素，若查找成功，则以 p 指示待查元素在该表中的位置，并返回
SUCCESS；否则以 p 指示插入位置，并返回 UNSUCCESS。c 用以计算冲突次数，其初值置零，供建表、插入元素时参考
    p = Hash(K); // 求得哈希地址
    while ( H.elem[p].key != NULLKEY && !EQ(K, H.elem[p].key))
        // 该位置填有记录并且关键字不相等
    collision(p, ++c); // 求得下一个探查地址 p
    if (EQ(K, H.elem[p].key)) return SUCCESS; // 查找成功，p 返回待查元素的位置
    else return UNSUCCESS;// 查找不成功，p 返回的是插入元素的位置
} // SearchHash
```

通过调用查找算法实现开放定址哈希表的插入操作，代码如下：

```
Status InsertHash (HashTable &H, Elemtype e) {
    // 查找不成功时将元素 e 插入开放定址哈希表 H 中，并返回 OK。若冲突次数过多，则重建哈希表
    c = 0;
    if ( HashSearch ( H, e.key, p, c) == SUCCESS )
        return DUPLICATE;  //该表中已有与 e 有相同关键字的元素
    else if ( c < hashsize[H.sizeindex]/2 ) {// 冲突次数 c 未达到上限（阈值 c 可调）
        H.elem[p] = e; ++H.count; return OK; // 插入 e
    }
    else RecreateHashTable(H); // 重建哈希表
} // InsertHash
```

可见，无论查找成功与否，ASL 始终不为零。

决定哈希表查找的 ASL 的因素如下：

① 选用的哈希函数。

② 选用的处理冲突的方法。

③ 哈希表的饱和程度，装载因子（$\alpha = n/m$）的值的大小。

一般认为选用的哈希函数是均匀的，则在讨论 ASL 时，可以不考虑它的影响。

哈希表的 ASL 是处理冲突方法和计算装载因子的函数,可以证明查找成功时有下列结果。

线性探测再散列法：

$$S_{nl} \approx \frac{1}{2}(1 + \frac{1}{1-\alpha})$$

随机探测再散列法：

$$S_{nr} \approx -\frac{1}{\alpha}\ln(1-\alpha)$$

链地址法：

$$S_{nc} \approx 1 + \frac{\alpha}{2}$$

5. 哈希表的删除操作

从哈希表中删除记录要做特殊处理，相应地，还要修改查找算法。静态查找表有时可能找到不发生冲突的哈希函数，即此时的哈希表的 ASL 等于 0，此类哈希函数为理想的哈希函数。

8.2 习　　题

8.2.1　单项选择题

1. 二分查找法（　　）存储结构。

    A. 只适用于顺序　　　　　　　　　　　　B. 只适用于链式

    C. 既适用于顺序也适用于链式　　　　　D. 既不适用于顺序也不适用于链式

2. 已知一个有序表为(12,18,24,35,47,50,62,83,90,115,134)，当用二分查找法查找值为 90 的元素时,可在(　　)次比较后查找成功;当用二分查找法查找值为 47 的元素时,可在(　　)次比较后查找成功。

    A. 1　　　　　　　　B. 2　　　　　　　　C. 3　　　　　　　　D. 4

3. 散列函数有一个共同性质，即函数值应当以（　　）取其值域的每个值。

    A. 最大概率　　　　B. 最小概率　　　　C. 平均概率　　　　D. 同等概率

4. 设散列地址为 0～m-1，k 为关键字，用 k 除以 p，将所得的余数作为 k 的散列地址，即 $H(k)=k \% p$。为了减少发生冲突的频率，p 一般为（　　）。

    A. 小于 m 的最大奇数　　　　　　　　　B. 小于 m 的最大偶数

    C. m　　　　　　　　　　　　　　　　　D. 小于 m 的最大素数

5. 对于长度为 n 的顺序存储有序表，若采用二分查找法，则针对所有元素的最长查找长度为（　　）。

    A. $\lceil \log_2(n+1) \rceil$　　　B. $\lceil \log_2 n \rceil$　　　C. $\lceil n/2 \rceil$　　　D. $\lceil (n+1)/2 \rceil$

6. 对于长度为 n 的顺序存储有序表，若采用二分查找法，则针对所有元素的最长查找长度为（　　）的值加 1。

    A. $\lfloor \log_2(n+1) \rfloor$　　　B. $\lfloor \log_2 n \rfloor$　　　C. $\lfloor n/2 \rfloor$　　　D. $\lfloor (n+1)/2 \rfloor$

7. 对于长度为 9 的顺序存储有序表，若采用二分查找法，则在等概率情况下的平均查找长度为（　　）的 $\frac{1}{9}$。

    A. 20　　　　　　　B. 18　　　　　　　C. 25　　　　　　　D. 22

8. 对于长度为 18 的顺序存储有序表，若采用二分查找法，则查找第 15 个元素的查找长度为（　　）。

    A. 3　　　　　　　　B. 4　　　　　　　　C. 5　　　　　　　　D. 6

9. 对于顺序存储有序表(5,12,20,26,37,42,46,50,64)，若采用二分查找法，则查找元素 26 的查找长度为（　　）。

    A. 2　　　　　　　　B. 3　　　　　　　　C. 4　　　　　　　　D. 5

10. 若对具有 n 个元素的有序表采用二分查找法，则时间复杂度为（　　）。

    A. $O(n)$　　　　　　B. $O(n^2)$　　　　　　C. $O(1)$　　　　　　D. $O(\log_2 n)$

11. 在一棵深度为 h 的具有 n 个元素的二叉排序树中，查找所有元素的最长查找长度为（　　）。

    A. n　　　　　　　B. $\log_2 n$　　　　　　C. $(h+1)/2$　　　　　　D. h

12. 在一棵平衡二叉树中，每个结点的平衡因子的取值范围是（　　）。

    A. $-1 \sim 1$　　　　B. $-2 \sim 2$　　　　　C. $1 \sim 2$　　　　　D. $0 \sim 1$

13. 若根据查找表(23,44,36,48,52,73,64,58)建立开散列表，采用 $H(k)=k\%13$ 计算散列地址，则元素 64 的散列地址为（　　）。

    A. 4　　　　　　　　B. 8　　　　　　　　C. 12　　　　　　　　D. 13

14. 根据查找表建立长度为 m 的闭散列表，采用线性探测法处理冲突。假定对一个元素进行第一次计算，散列地址为 d，则下一次在代码中计算的散列地址可表示为（　　）。

    A. d　　　　　　　　B. d+1　　　　　　　C. (d+1)/m　　　　　D. (d+1)%m

15. 在采用线性探测法处理冲突的闭散列表上，假定装载因子 α 的值为 0.5，则查找任意一个元素的平均查找长度为（　　）。

    A. 1　　　　　　　　B. 1.5　　　　　　　C. 2　　　　　　　　D. 2.5

16. 散列查找法的平均查找长度主要与（　　）有关。

    A. 散列表长度　　　　　　　　　　　　B. 散列元素的个数

    C. 装载因子　　　　　　　　　　　　　D. 处理冲突的方法

17. 顺序查找法适用于存储结构为（　　）的线性表。

    A. 散列存储　　　　　　　　　　　　　B. 顺序存储或链式存储

    C. 压缩存储　　　　　　　　　　　　　D. 索引存储

18. 在采用顺序查找法查找长度为 n 的线性表时，每个元素的平均查找长度为（　　）。

    A. n　　　　　　　B. $n/2$　　　　　　C. $(n+1)/2$　　　　　D. $(n-1)/2$

19. 对于静态表的顺序查找法，若在表头设置哨岗，则正确的查找方式或说法为（　　）。

    A. 从第 0 个元素往后查找

    B. 从第 1 个元素往后查找

    C. 从第 n 个元素往前查找

    D. 与查找顺序无关

20. 在查找表的查找过程中，若要查找的元素不存在，则把该元素插入集合中，这种方式主要适用于（　　）。

    A. 静态查找表　　　　　　　　　　　　B. 动态查找表

    C. 静态查找表与动态查找表　　　　　　D. 两种表都不适合

21. 用二分（对半）查找法查找表元素的速度比用顺序查找法（   ）。

    A. 快   B. 慢

    C. 相等   D. 不能确定

22. 既希望较快地查找，又希望便于线性表动态变化的查找方法是（   ）。

    A. 顺序查找法   B. 二分查找法

    C. 分块查找法   D. 哈希表查找法

23. 因在平衡二叉树中插入一个结点造成了不平衡，设最低的不平衡结点为A，并已知A的左孩子结点的平衡因子为0，右孩子结点的平衡因子为1，则应通过（   ）型调整以使其平衡。

    A. LL   B. LR

    C. RL   D. RR

24. 下列关于 m 阶 B−树的说法中错误的是（   ）。

    A. 根结点至多有 m 棵子树

    B. 所有叶子结点都在同一层

    C. 非叶子结点至少有 $m/2$（m 为偶数）或 $m/2+1$（m 为奇数）棵子树

    D. 根结点中的数据是有序的

25. 下列关于哈希查找的说法中正确的是（   ）。

    A. 哈希函数构造得越复杂越好，因为随机性好、发生冲突的概率小

    B. 除留余数法是所有哈希函数中最好的

    C. 不存在特别好与坏的哈希函数，要视情况而定

    D. 若需从哈希表中删除一个元素，则不管用何种方法解决冲突都只需简单地将该元素删除

26. 若采用链地址法构造散列表，散列函数为 $H(key)=key \bmod 17$，则需（ ① ）个链表。这些链表的表头指针构成了一个指针数组，该数组的下标范围为（ ② ）。

    ① A. 17   B. 13   C. 16   D. 任意

    ② A. 0 至 17   B. 1 至 17   C. 0 至 16   D. 1 至 16

27. 在一棵 m 阶的 B+树中，每个非叶子结点的孩子结点数 S 应满足（   ）。

    A. $\left\lfloor \dfrac{m+1}{2} \right\rfloor \leqslant S \leqslant m$ B. $\left\lfloor \dfrac{m}{2} \right\rfloor \leqslant S \leqslant m$

    C. $1 \leqslant S \leqslant \left\lfloor \dfrac{m+1}{2} \right\rfloor$ D. $1 \leqslant S \leqslant \left\lfloor \dfrac{m}{2} \right\rfloor$

28. 在哈希表中，k 个关键字具有同一个哈希值，若用线性探测法将这 k 个关键字对应的记录存入哈希表中，则至少要进行（   ）次探测。

    A. k B. $k+1$

    C. $k(k+1)/2$ D. $1+k(k+1)/2$

29. 散列函数有一个共同的性质，即函数值应当以（   ）取其值域的每个值。

    A. 最大概率   B. 最小概率

    C. 平均概率   D. 同等概率

30. 将 10 个元素散列到含 100000 个存储单元的哈希表中，则（   ）产生冲突。

    A. 一定会   B. 一定不会

    C. 可能会   D. 以上三个选项都不对

8.2.2 填空题

1. 顺序查找法的平均查找长度为_____；二分查找法的平均查找长度为_____；哈希表查找法采用链接法处理冲突的平均查找长度为_____。

2. 在各种查找算法中，平均查找长度与结点个数无关的是_____。

3. 二分查找法的存储结构仅限于_____，且是_____。

4. 假设对有序线性表 A[1..20]进行二分查找，则比较一次就查找成功的结点数为_____，比较两次就查找成功的结点数为_____，比较三次就查找成功的结点数为_____，比较四次就查找成功的结点数为_____，比较五次就查找成功的结点数为_____，平均查找长度为_____。

5. 对于长度为 n 的线性表，若进行顺序查找，则时间复杂度为_____；若采用二分查找法，则时间复杂度为_____。

6. 已知有序表为(12,18,24,35,47,50,62,83,90,115,134)，当用二分查找法查找 90 时，需进行_____次查找可成功；查找 47 需进行_____次查找可成功；查找 100 需进行_____次查找才能确定不成功。

7. 二叉排序树的查找长度不仅与_____有关，而且与二叉排序树的_____有关。

8. 一个无序序列可以通过构造一棵_____树而变成一棵有序树，构造树的过程即为对无序序列进行排序的过程。

9. 平衡二叉树上任意结点的平衡因子只能是_____、_____ 或_____。

10. 用_____法构造的哈希函数肯定不会发生冲突。

11. 在散列函数 $H(\text{key})=\text{key}\%p$ 中，p 值应取_____。

12. 在散列存储时，装载因子 α 的值越大，则_____；值越小，则_____。

13. 在顺序表中按顺序查找 n 个元素，若查找成功，则比较关键字的次数最多为_____次。当使用哨岗时，若查找失败，则比较关键字的次数为_____。

14. 在有序表 A[1..12]中，采用二分查找法查找元素 A[12]，所比较的元素下标依次为_____。

15. 高度为 4 的 3 阶 B−树最多有_____个关键字。

16. 哈希表是通过将查找码按选定的_____和_____，把结点按查找码转换为地址进行存储的线性表。使用哈希算法的关键是_____和_____。一个好的哈希函数的转换地址应尽可能_____，而且函数运算应尽可能_____。

17. 平衡二叉树又称_____，其定义是_____。

18. 在哈希函数 $H(\text{key})=\text{key}\%p$ 中，p 值最好取_____。

19. 如果按关键码递增的顺序依次将关键码插入二叉排序树中，则对这样的二叉排序树进行检索的平均比较次数为_____。

20. 平衡因子的定义是_____。

8.2.3 判断题

1. 散列查找法的基本思想是由关键码的值决定数据的存储地址。 （　　）

2. 散列表的查找效率取决于在构造散列表时选取的散列函数和处理冲突的方法。

（　　）

3. m 阶 B-树的每一个结点的子树个数都小于或等于 m。　　（　　）

4. 散列函数越复杂越好，因为随机性好、发生冲突的概率小。　　（　　）

5. 在查找相同结点时，用二分查找法总比顺序查找法的效率高。　　（　　）

6. 用向量和单链表表示的有序表均可使用二分查找法来提高查找速度。　（　　）

7. 在索引顺序表中实现分块查找，等概率情况下的平均查找长度不仅与该表中的元素个数有关，而且与每块元素的个数有关。　　（　　）

8. 顺序查找法适用于存储结构为顺序或链式存储结构的线性表。　　（　　）

9. 任意查找树（二叉分类树）的平均查找时间都小于用顺序查找法查找相同结点的线性表的平均查找时间。　　（　　）

10. 对一棵二叉排序树用先序遍历方法得出的结点序列是从小到大排列的序列。（　　）

8.2.4　简答题

1. 假定有 n 个关键字，它们具有相同的哈希函数值，用线性探测法把这 n 个关键字存入哈希地址中要进行多少次探测？

2. 有一个 2000 项的表，欲采用分块查找法进行查找，问：

（1）每块的理想长度是多少？

（2）分成多少块最为理想？

（3）平均查找长度是多少？

（4）若每块长度为 20，则平均查找长度是多少？

3. 已知线性表为(87,25,310,8,27,132,68,95,187,123,70,63,47)，散列函数为 $H(k)=k\%13$，采用链接法处理冲突，设计链表结构并求该线性表的平均查找长度。

4. 用集合{46,88,45,39,70,58,101,10,66,34}建立一棵二叉排序树，画出该树，并求等概率情况下的平均查找长度。

5. 假定对有序表(3,4,5,7,24,30,42,54,63,72,87,95)进行二分查找，回答下列问题：

（1）画出可以描述二分查找过程的判定树。

（2）若要查找元素 54 与 90，则需要分别与哪些元素依次比较？

（3）假定每个元素的查找概率相等，求查找成功时的平均查找长度。

6. 设有一组关键字{9,01,23,14,55,20,84,27}，采用哈希函数 $H(key)=key\ MOD\ 7$ 和二次探测再散列法解决冲突，将该关键字序列构造成表长为 10 的哈希表。

7. 设有序表为(a,b,c,e,f,g,i,j,k,p,q)，请分别画出对给定值 b、g 和 n 进行二分查找的过程。

8.2.5　算法设计题

1. 设有一个已排序的整数数组 $a[1...n]$ 和一个整数 x。下面用类 C 表示的二分查找的五个程序段，请指出哪些是正确的。

第一个程序段：

```
i=1;  j=n;
do{   k=(i+j)div 2;
        if  x>a[k]  i=k+1;
                else j=k-1;
}while !((a[k]=x) || (i>j));
```

第二个程序段:

```
i=1;  j=n;
while (i<=j) {
  k=(i+j) / 2;
          switch{
              case x>a[k]: i=k+1;
              case x= =a[k]: return;
              case x<a[k]: j=k-1;
                }
          }
      }
```

第三个程序段:

```
i=1;  j=n;
do{  k=(i+j) / 2;
      if  x>a[k]  i=k;
          else j=k
}while !((a[k]= =x) || (i>=j));
```

第四个程序段:

```
i=1;  j=n;
do{   k=(i+j) / 2;
        if  x<a[k]  j=k-1;
        if  x>a[k]  i=k+1;
}while !(i>=j);
```

第五个程序段:

```
i=1;  j=n;
do{  k=(i+j) / 2;
    if  x<a[k]  j=k;
        else  i=k+1;
}while !(i>=j);
```

2. 已知含有 11 个元素的有序表为(05,13,19,21,37,56,64,75,80,88,92),请写出二分查找的算法程序,并查找关键字为 key 的元素。

3. 已知某哈希表的装载因子小于 1,哈希函数 $H(key)$ 为关键字(标识符)的第一个字母在字母表中的序号,处理冲突的方法为线性探测开放定址法。试编写一个按第一个字母的序号输出哈希表中所有关键字的算法。

4. 设计一个判断二叉树是否为二叉排序树的算法。

5. 设计一个求结点在二叉排序树中的层次的算法。

6. 分别写出在散列表中插入和删除关键字为 K 的一个记录的算法,设散列函数为 $H()$,解决冲突的方法为链地址法。

7. 设计一个在具有 n 个元素的、按顺序存储的线性表 L 中查找给定值为 X 的结点的算法,要求访问频繁的结点排在前面。

8.3　实　　验

8.3.1　线性表的查找（验证性实验）

一、实验目的

（1）掌握查找的含义。

（2）掌握基本查找操作的算法与实现。

（3）了解各种查找算法的优、缺点和适用范围。

二、实验要求

（1）认真阅读和掌握本实验的程序。

（2）上机运行本程序，并熟练掌握算法原理。

（3）上机完成后，撰写实验报告，并对实验结果进行分析。

三、实验内容

建立一个线性表，元素的先后次序没有任何要求。在输入待查元素的关键字后进行查找（为了简化算法，元素只含一个整型的关键字字段，元素的其余数据部分不考虑）。

要求：请编写 C 程序，利用数组存放待查找的关键字，并编程实现顺序查找法与二分查找法两种算法。

分析：待查找的元素是随机从键盘输入的，因此需定义一个能建立及输出线性表内容的函数。

顺序查找法的基本思想：给定的关键字为 key，从线性表的一端开始，逐个将关键字和给定值进行比较。若当前扫描到的结点的关键字与 key 相等，则查找成功；若扫描结束后，仍未找到关键字等于 key 的结点，则查找失败。建立一个顺序表，元素从下标为 1 的存储单元开始放入，下标为 0 的存储单元起哨岗作用，将待查的关键字存入下标为 0 的存储单元，从后向前查找，若直至下标为 0 时才找到关键字，则查找失败；若未到下标为 0 时就找到关键字，则查找成功。

二分查找法的基本思想：设查找表中的元素存放在数组 r 中，元素的下标区间为 [low,high]，要查找的关键字为 key，中间元素的下标为 mid=(low+high) / 2（向下取整），令 key 与 r[mid]的关键字进行比较。若代码满足条件 key=r[mid].key，则查找成功，下标为 mid 的元素为所找元素，返回 mid；若代码满足条件 key<r[mid].key，则所找元素只能在左半部分元素中，故对左半部分元素使用二分查找法继续进行查找，搜索区间缩小了一半；若代码满足条件 key>r[mid].key，则所找元素只能在右半部分元素中，故对右半部分元素使用二分查找法继续进行查找，搜索区间缩小了一半。

重复上述过程，直至找到某一个元素的关键字等于给定关键字 key，则说明查找成功。如果出现 low 大于 high 的情况，则说明查找不成功。

主要程序清单如下。

1. **主要数据结构的定义**

代码如下：

```
#define MaxLen 100 //定义顺序线性表的最大长度
#define keyType int //待查找元素的关键字类型
typedef struct{
    keyType key;
}elemType; //定义待排序元素的结构为结构体
```

```
typedef struct{
    elemType elem[MaxLen+1];//将0号存储单元作为工作单元
    int length;  //查找表长度
}seqTable;//定义查找表的结构
```

2. 建立线性表

代码如下：

```
/***该函数用于给线性表输入元素***/
#include<stdio.h>
#define MaxLen 100
#define keyType int
typedef struct{
    keyType key;
}elemType;
typedef struct{
    elemType elem[MaxLen+1];
    int length;
}seqTable;
extern void input(seqTable *S)
{
    int i=1;
    elemType e;
    printf("\n请输入线性表的长度(必须<%d):",MaxLen);
    scanf("%d",&S->length);
    for(i=1;i<=S->length;i++)
    {
        printf("\n第%d个元素的关键字:",i);
        scanf("%d",&e.key);
        S->elem[i].key=e.key;
    }
}
```

3. 输出线性表的元素

代码如下：

```
/***该函数用于输出线性表的元素***/
#include<stdio.h>
#define MaxLen 100
#define keyType int
typedef struct{
    keyType key;
}elemType;
typedef struct{
    elemType elem[MaxLen+1];
    int length;
}seqTable;
extern void output(seqTable *S)
{
    int i;
    printf("\n待查找的关键字序列为:");
    for(i=1;i<=S->length;i++)
        printf("%4d",S->elem[i].key);
}
```

4. 使用顺序查找法进行查找

代码如下：

```
/***顺序查找法,带有哨岗***/
#define MaxLen 100
#define keyType int
typedef struct{
```

```
    keyType key;
}elemType;
typedef struct{
    elemType elem[MaxLen+1];
    int length;
}seqTable;
extern int seqSearch(seqTable *S, keyType searchKey)
{
    int i;
    （请将函数补充完整）
    return i;
}
```

5. 使用二分查找法查找

代码如下：

```
/***二分查找法***/
#define MaxLen 100
#define keyType int
typedef struct{
    keyType key;
}elemType;
typedef struct{
    elemType elem[MaxLen+1];
    int length;
}seqTable;

extern int binarySearch(seqTable *S, keyType searchKey)
{
    int mid,low,high;
    low=1;
    high=S->length;

    （请将函数补充完整）

    if(low>high)
        return 0;
    else
        return mid;
}
```

6. 主函数

代码如下：

```
#include<stdio.h>
#include<stdlib.h>
#define MaxLen 100
#define keyType int
typedef struct{
    keyType key;
}elemType;
typedef struct{
    elemType elem[MaxLen+1];
    int length;
}seqTable;

extern void input(seqTable *S);
extern void output(seqTable *S);
extern int seqSearch(seqTable *S, keyType searchKey);
extern int binarySearch(seqTable *S, keyType searchKey);
void main()
{
```

```
            keyType value; //待查找的关键字
            int selection;
            int location;//找到关键字在线性表中的位置
            seqTable Ta;//定义线性表
            do
            {
                printf("\n 静态查找演示程序!\n");
                printf("\n 1------顺序查找法\n");
                printf("\n 2------二分查找法\n");
                printf("\n 3------退出程序\n");
                printf("\n 请输入你的选择: ");
                scanf("%d",&selection);
                printf("\n");
                switch(selection)
                {
                    case 1:
                    {
                        printf("请随机输入线性表的元素!\n");
                        input(&Ta);
                        output(&Ta);
                        printf("\n 请输入要查找的元素的关键字(整型):");
                        scanf("%d",&value);
                        location=seqSearch(&Ta,value);//调用实现了顺序查找法的函数
                        //并将关键字在线性表中的位置返回给 location
                        if(location>0)
                            printf("\n 查找成功,关键字为%d 的元素位于线性表的第%d 个位置!",value,location);
                        else
                            printf("\n 对不起,关键字为%d 的元素在线性表中不存在! ",value);
                    }break;
                    case 2:
                    {
                        printf("请按顺序输入一个有序线性表的元素!\n");
                        input(&Ta);
                        output(&Ta);
                        printf("\n 请输入要查找的元素的关键字(整型):");
                        scanf("%d",&value);
                        location=binarySearch(&Ta,value);//调用二分查找函数
                        //并将关键字在线性表中的位置返回给 location
                        if(location>0)
                            printf("\n 查找成功,关键字为%d 的元素位于有序线性表的第%d 个位置!",value,location);
                        else
                            printf("\n 对不起,关键字为%d 的元素在有序线性表中不存在! ",value);
                    }break;

                    case 3:
                    {
                        printf("\n 程序退出!\n");
                        exit(0);
                    }
                }
            }while(selection >=1 && selection<=2);
}
```

四、实验报告规范和要求

实验报告规范和要求如下:

(1)实验题目。

(2)需求分析。

①程序要实现的功能。

②输入和输出的要求及测试数据。

（3）概要及详细设计。

①采用 C 语言定义相关的数据类型。

②编写各模块的伪代码。

③画出函数的调用关系图。

（4）调试、分析。

分析调试过程中遇到的问题，并提出解决方法。

（5）测试数据及测试结果。

8.3.2　散列查找（设计性实验）

一、实验目的

（1）理解哈希表查找法的原理。

（2）编程实现哈希表查找法。

二、设计内容

设哈希表的表长为 20，用除留余数法（Division Method）构造一个哈希函数，以开放定址法中的线性查找法作为解决冲突的方法，编程实现哈希表查找、插入和建立算法。

算法分析：哈希表查找法是一种基于尽可能不比较而直接得到元素的存储位置的想法而提出的特殊查找法。它的基本思想是把元素的关键字 key 作为自变量，通过一个确定的函数 $h(key)$ 计算出函数值，并将其作为存储地址，将相应关键字的元素存储到对应的位置上。在查找时仍需要用这个确定的函数 $h(key)$ 进行计算，获得所要查找的关键字的存储位置。

除留余数法是用关键字 key 除以某个正整数 M，将所得余数作为哈希地址的方法。对应的哈希函数 $h(key)$ 变为 $h(key)=key\%M$，一般情况下，M 的取值为不大于表长的质数。

用开放定址法解决冲突，形成下一个地址的形式如下：

$$D_i=(h(key)+d_i)\%M \qquad i=1,2,\ldots, k(k{\leq}m-1)$$

式中，$h(key)$ 为哈希函数；M 为某个正整数；d_i 为增量序列。线性探测再散列法可将开放定址法中的增量序列 d_i 设定为从 1 开始、到表长减 1 结束的整数序列，即 1、2、3、$\cdots$、$m-1$（m 为表长）。

实现该算法的关键是哈希表的创建和查找。

下面分析哈希表的创建过程。将从键盘输入的关键字 key 作为自变量，通过除留余数法构造哈希函数 $h(key)$，将函数值作为存储地址，将关键字存储到对应的存储位置上。若产生冲突，则采用线性查找法从关键字的存储地址开始向后扫描，直至找到空位置，将该关键字存储在这个空位置，则插入成功；若扫描完哈希表仍没有找到空位置，则插入失败。

在查找时仍利用除留余数法构造哈希函数 $h(key)$ 并计算出函数值，获得所要查找的关键字所在的存储位置。若存储位置对应的元素的值与查找的关键字相等，则查找成功，否则采用线性查找法从关键字的存储位置开始向后扫描，直至找到与关键字相等的元素，则查找成功；若扫描完哈希表仍没有找到与关键字相等的元素，则查找失败，不存在与关键字相等的元素。

定义数据结构的代码如下：

```
#include<stdio.h>                    // 哈希表表长的最大值
#define HM 20
#define M 19
#define FREE 0                       //空闲标记
#define SUCESS 1                     // 成功
#define UNSUCESS 0                   //不成功
typedef int keytype;                 // keytype 是整型的

 typedef struct                      // keytype 型关键字 key
 {
keytype key;
int cn;                 //查找次数
}hashtable;              //哈希表类型
// 从顶点集合 U 到 V-U 的代价最小的边的辅助数组的定义
// 哈希表查找法
// int h(keytype key)        //哈希函数
{
  return(key%M);
}
int HashSearch(hashtable ht[],keytyoe key)    //哈希表查找函数
 {
  int d, i;
  i=0;
  d=h(key);                      //求哈希地址(存储地址)
  ht [d].cn=0;
while((ht[d].key!=key)&&(ht[d].key!=FREE)&&(i<HM))
 {
  i++;                           //求下一个哈希地址
  ht[d].cn++;                    //查找次数加1
  d=(d+i)%M;                     //线性查找记录的插入位置
 }
if(i>=HM)
{
printf("The hashtable is full!\n");
return(UNSUCESS);
}
return(d);                //若 h[d]的关键字等于 key，则说明查找成功
}
int HashInsert(hashtable ht[], keytype key)
{   //哈希表插入函数，在查找不成功的时候，将给定关键字 key 插入哈希表中
  int d;
  d=HashSearch(ht, key);
  if(ht[d].key==FREE)
  {
   ht[d].key=key;
   printf("Insert sucess!\n");
return(SUCESS);                //插入成功
  }
else
{
printf("Uncessful!\n");
return(UNSUCESS);             // 插入不成功
}
}

void HashCreat(hashtable ht[]) //建立哈希表的函数
{
int i, n;
keytype key1;
printf("请输入元素个数(小于表长%d)：\n", HM);
```

```
scanf("%d", &n);
for(i=0; i<n; i++)
{
printf("请输入元素的关键字: \n");
scanf("%d", &key1);
HashInsert(ht, key1); //调用哈希表插入算法
  }
}


Void main()
{
hashtable ht[HM];        //哈希表空间
keytype key=0;
int i;
  for(i=0; i<HM; i++)
  {
    ht[i].key=0;
    }
    printf("建立哈希表\n");
    HashCreat(ht);
    printf("请输入要查找的元素的关键字的值: \n");
    scanf("%d", &key);
    i=HashSearch(ht, key);
    if(ht[i].key==key)
    {
  printf("哈希表中存在关键字为%d的元素: \n",key);
    printf("该元素的位置为%d\n", i);
    }
    else
    printf("没有找到元素\n");
```

在本程序中，哈希表是动态生成的。哈希函数是通过简单的除留余数法实现的，该算法的难点是使用线性查找法处理冲突。

第九章

排　序

本章学习目标

1. 深刻理解排序的定义和各种排序方法的特点，并能灵活应用。

2. 了解各种排序方法的排序过程及其依据的原则。基于关键字间的比较进行排序的方法，可以按排序过程所依据的不同原则分为插入排序、交换排序、选择排序、归并排序。

3. 掌握各种排序方法的时间复杂度的分析方法，能从关键字间的比较次数分析排序方法在平均情况和最坏情况下的时间性能。按平均时间复杂度，内部排序可分为三类：$O(n^2)$ 的简单排序方法，$O(n\log n)$ 的高效排序方法和 $O(d \times n)$ 的基数排序方法。

4. 理解排序方法"稳定"或"不稳定"的含义，弄清楚在什么情况下要求排序方法必须是稳定的。

9.1　学习指导

9.1.1　排序的基本概念

1. 基本概述

排序是计算机内部经常进行的一种操作，其目的是将一组无序的序列调整为有序的序列。

2. 内部排序方法分类

内部排序的过程是一个逐步扩大有序序列长度的过程。在排序的过程中，参与排序的序列存在两个区域：有序序列区和无序序列区。

有序序列区	无序序列区

使有序序列区中记录的数目增加一个或多个的操作被称为一趟排序。逐步扩大有序序列长度的方法大致有下列几类。

（1）插入类，如线性插入排序、直接插入排序、二分插入排序、二路插入排序、希尔排序。将无序子序列中的一个或多个记录插入有序序列中，从而增加有序序列长度。

（2）交换类，如起泡排序、快速排序。

通过交换无序序列中的记录得到关键字的值为最小值或最大值的记录，并将其加入有序序列中，以此增加有序序列长度。

（3）选择类，如选择排序、锦标赛排序、堆排序。

从记录的无序序列中选择关键字的值为最小值或最大值的记录，并将其加入有序序列中，以此增加有序序列长度。

（4）归并类，如归并排序。

通过归并含两个或两个以上的记录的有序序列，逐步增加有序序列长度。

（5）其他方法，如基数排序。

3．常用排序方法概述

常用排序方法如表 1-9-1 所示。

表 1-9-1　常用排序方法

名称	排序方法
线性插入排序	将一个表看成由排好序和未排好序的两个部分组成，依次将未排好序这部分的元素逐个通过线性比较法插入已排好序这部分的应有位置上
起泡排序	每次都进行相邻两个元素的关键字的比较，若不符合次序，则立即交换。这样关键字的值大的（或小的）元素就会像气泡一样逐步升起（或下降）
快速排序	通过部分排序来完成整个表的排序，每一步都要把要排序的表的第一个元素放到它在表中的最终位置上，同时在这个元素的前面和后面各形成一个子表，对每个子表做同样的处理，直至排好序
选择排序	首先找出关键字的值最小的（或最大的）元素，将其与关键字大于它的第一个元素对换，然后在其余元素中找出关键字的值最小的元素与关键字大于它的第二个元素对换，依次类推，直至整个表按关键字由小到大排好
归并排序	将两个或两个以上的有序表合成一个新的有序表。先将 n 个数据看成 n 个长度为 1 的表，将相邻的表成对归并，得到长度为 2 的有序表，再将相邻的表成对归并成长度为 4 的有序表，依次类推，直至所有数据均合并到一个长度为 n 的有序表中

9.1.2　插入排序

1．插入排序的思想

假设在排序过程中，序列 R[1..n]的状态为

有序序列 R[1..i-1]	R[i]	无序序列 R[i+1...n]

一趟直接插入排序的基本思想如下：将记录 R[i]插入有序序列 R[1..i-1]中，使有序序列从 R[1..i-1]变为 R[1..i]。

插入排序分三步进行。

（1）查找 R[i]的插入位置 j+1。

（2）将 R[j+1..i-1]中的记录后移一个位置。

（3）将 R[i]复制到 R[j+1]的位置上。

2．直接插入排序

利用顺序查找法实现在 R[1..i-1]中查找 R[i]的插入位置的插入排序。

（1）直接插入排序有三个要点。

①从 R[i-1]向前进行顺序查找，哨岗设置在 R[0]处。

```
R[0] = R[i]; // 设置哨岗
for (j=i-1; R[0].key<R[j].key; --j); // 从后往前查找
return j+1; // 返回的 R[i] 的插入位置为 j+1
```

②对于在查找过程中找到的那些关键字不小于 R[i].key 的记录，需在查找的同时实现将记录向后移动。代码如下：

```
for (j=i-1; R[0].key<R[j].key; --j);
R[j+1] = R[j]
```

③i = 2,3,...,n，实现对整个序列的排序。

（2）算法描述如下：

```
void InsertSort ( Elem R[ ], int n) { // 对序列 R[1...n] 进行直接插入排序
for ( i=2; i<=n; ++i ) {
   R[0] = R[i]; // 哨岗
   for ( j=i-1; R[0].key < R[j].key; --j )
   R[j+1] = R[j]; // 将记录后移
      R[j+1] = R[0]; // 插入正确位置
   }
} // InsertSort
```

（3）时间复杂度。

实现直接插入排序的基本操作有两个。

①比较序列中的两个关键字的大小。

②移动记录。

最好的情况（关键字在序列中按顺序有序排列）如表 1-9-2 所示。

表 1-9-2　最好的情况

比较次数	移动次数
$\sum_{i=2}^{n}1=n-1$	0

最坏的情况（关键字在序列中按逆序有序排列）如表 1-9-3 所示。

表 1-9-3　最坏的情况

比较次数	移动次数
$\sum_{i=2}^{n}i=\dfrac{(n+2)(n-1)}{2}$	$\sum_{i=2}^{n}(i+1)=\dfrac{(n+4)(n-1)}{2}$

总的说来，直接插入排序是一种稳定的排序方法，关键字间的比较次数和记录移动的次数均为 $n^2/4$，所以直接插入排序的时间复杂度为 $O(n^2)$。

3. 二分插入排序

（1）思想：因为 R[1..i-1] 是一个根据关键字进行有序排序的序列，因此可以利用二分查找法实现在 R[1..i-1] 中查找 R[i] 的插入位置，如此实现的插入排序被称为二分插入排序。

（2）算法描述如下：

```
void BiInsertionSort (Elem R[ ], int n) {// 对序列 R[1..n] 进行二分插入排序
   for ( i=2; i<=L.length; ++i ) {
       R[0] = R[i]; // 将 R[i] 暂存到 R[0] 中
       low = 1; high = i-1;
       while (low<=high) { // 在 R[low..high] 中二分查找插入的位置
           m = (low+high)/2; // 二分
           if (R[0].key < R[m].key))
                   high = m-1;        // 插入点在低半区
           else low = m+1;            // 插入点在高半区
```

```
            }
            for ( j=i-1; j>=high+1; --j )
              R[j+1] = R[j]; // 将记录后移
            R[high+1] = R[0]; // 插入
      }
   } // BInsertSort
```

（3）时间复杂度。

二分插入排序是一种稳定的排序方法，比直接插入排序明显地减少了关键字间的比较次数，但记录移动的次数不变，时间复杂度仍为 $O(n^2)$。

4. 表插入排序

（1）思想：为了减少在排序过程中移动记录的频率，必须改变排序过程中采用的存储结构，利用静态链表进行排序，并在排序完成之后一次性调整各个记录的位置，即将每个记录都调整到它们应该在的位置上。

（2）算法描述如下：

```
  void LInsertionSort (Elem SL[ ], int n){ // 对序列 SL[1..n]进行表插入排序
        SL[0].key = MAXINT ;
        SL[0].next = 1; SL[1].next = 0;
        for ( i=2; i<=n; ++i )
          for ( j=0, k = SL[0].next; SL[k].key<=SL[i].key ; j=k, k=SL[k].next )
          { SL[j].next = i; SL[i].next = k; }// 将结点 i 插入结点 j 和结点 k 之间
  }// LinsertionSort
  void Arrange ( Elem SL[ ], int n ) {
  // 根据静态链表 SL 中各结点的指针值调整记录的位置，使得 SL 中的记录按关键字非递减有序排列
      p = SL[0].next; // p 指示第一个记录的当前位置
      for ( i=1; i<n; ++i ) {
          // SL[1..i-1]中的记录已按关键字进行有序排列，第 i 个记录在 SL 中的当前位置应不小于 i
          while (p<i) p = SL[p].next;// 找到第 i 个记录，并用 p 指示其在 SL 中的当前位置
            q = SL[p].next;      // q 指示尚未调整的表尾
          if ( p!= i ) {
            SL[p]←→SL[i];       // 交换记录，使第 i 个记录到位
            SL[i].next = p;      // 指向被移走的记录，以后可通过 while 循环找回
          }
            p = q; // p 指示尚未调整的表尾，为找第 i+1 个记录作准备
        }
   } // Arrange
```

在上述代码中使用了三个指针：p 指示第 i 个记录的当前位置；i 指示第 i 个记录应在的位置；q 指示第 i+1 个记录的当前位置。

（3）时间复杂度。

表插入排序是一种稳定的排序方法，和直接插入排序相比，它通过修改 $2n$ 次指针值取代移动记录，排序过程中所需进行的关键字间的比较次数相同，故时间复杂度仍为 $O(n^2)$。

5. 希尔排序（又称缩小增量排序）

（1）思想：先对待排序序列进行宏观调整，再进行微观调整。所谓宏观调整，指的是"跳跃式"插入排序，即将序列分成若干子序列，对每个子序列分别进行插入排序，关键是这些子序列不是由相邻的记录构成的。

假设将含 n 个记录的序列分成 d 个子序列，则这 d 个子序列在代码中可分别表示为

```
  { R[1],R[1+d],R[1+2d],…,R[1+kd] }
  { R[2],R[2+d],R[2+2d],…,R[2+kd] }
  …
  { R[d],R[2d],R[3d],…,R[kd],R[(k+1)d] }
```

代码中的 d 为增量，它的值在排序过程中按从大到小的顺序逐渐减小，直至最后一趟希尔排序时为 1。

例如：

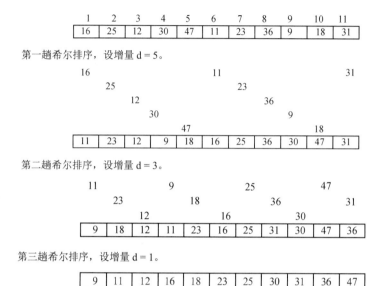

（2）算法描述如下：

```
void ShellInsert ( Elem R[], int dk ) {
// 对待排序序列 R 进行一趟希尔排序。本算法对直接插入排序做了以下修改：1. 前后记录
//位置的增量是 dk，不是 1。 2. r[0]是暂存单元，不是哨岗。当 j<=0 时，插入位置已找到
    for ( i=dk+1; i<=n; ++i )
            if ( R[i].key< R[i-dk].key) { // 将 R[i]插入有序增量子表中
                R[0] = R[i]; // 暂存在 R[0]中
                for (j=i-dk; j>0 && (R[0].key< R[j].key); j-=dk)
                    R[j+dk] = R[j]; // 将记录后移，查找插入位置
                R[j+dk] = R[0]; // 插入
            }
} // ShellInsert
void ShellSort (Elem R[], int dlta[], int t) {
    // 根据增量序列 dlta[0..t-1]对顺序表 L 进行希尔排序
    for (k=0; k<t; ++t)
        ShellInsert(R, dlta[k]); // 一趟增量为 dlta[k]的希尔排序
} // ShellSort
```

（3）时间复杂度。

对希尔排序的时间复杂度进行分析很困难，虽然在特定情况下可以准确地估算关键字的比较次数和对象移动次数，但是考虑到增量之间的依赖关系，要给出完整的数学分析过程，目前还做不到。Knuth 的统计结论是，平均比较次数和对象平均移动次数在 $n^{1.25}$ 到 $1.6n^{1.25}$ 之间。希尔排序是一种不稳定的排序方法。

9.1.3 交换排序

最简单的交换排序方法是起泡排序。

1. 起泡排序

假设在排序过程中，序列 R[1..n]的状态为

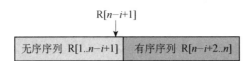

（1）思想：借助无序序列中的记录进行交换，将无序序列中关键字的值最大的记录交换到R[$n-i+1$]的位置上，实现第i趟起泡排序。

（2）算法描述如下：

```
void BubbleSort(Elem R[], int n){// i 指示无序序列中最后一个记录的位置
    i = n;
    while (i >1) {
        lastExchangeIndex = 1;
        for (j = 1; j < i; j++)
            if (A[j+1] < A[j]) {
                Swap(A[j],A[j+1]);
            lastExchangeIndex = j;
        }//if
        i = lastExchangeIndex;
    } // while
}// BubbleSort
```

起泡排序的结束条件是最后一趟排序没有进行交换。

（3）时间复杂度。

最好的情况（关键字在序列中按顺序有序排列）：只进行一趟起泡排序，如表1-9-4所示。

表1-9-4　最好的情况

比较次数	移动次数
$n-1$	0

最坏的情况（关键字在序列中按逆序有序排列）：进行$n-1$趟起泡排序，如表1-9-5所示。

表1-9-5　最坏的情况

比较次数	移动次数
$\sum\limits_{i=2}^{2}(i-1)=\dfrac{n(n-1)}{2}$	$3\sum\limits_{i=2}^{2}(i-1)=\dfrac{3n(n-1)}{2}$

从起泡排序的过程可见，起泡排序是一个增加有序序列长度的过程，也是一个缩小无序序列长度的过程，每经过一趟起泡排序，无序序列长度减1。若能再经过一趟起泡排序，使无序序列长度缩小一半，则必能加快排序的速度。起泡排序是一种稳定的排序方法。

2．一趟快速排序

（1）思想：找一个记录，以它的关键字作为枢轴，凡关键字小于枢轴的记录均移至该记录之前。反之，凡关键字大于枢轴的记录均移至该记录之后。一趟快速排序之后，记录的无序序列R[$s..t$]将被分割成两部分，即R[$s..i-1$]和R[$i+1..t$]。

例如，关键字序列如下：

```
52, 49, 80, 36, 14, 58, 61, 97, 23, 75
```

可调整为

```
23, 49, 14, 36, (52) 58, 61, 97, 80, 75
```

其中，(52)为枢轴。在调整过程中，需设立两个指针：low 和 high，它们的初值分别为s和t，之后逐渐减小 high 的值、增加 low 的值，并保证 R[high].key$\geqslant$52、R[low].key$\leqslant$52，否则进行记录交换。

（2）算法描述如下：

```
int Partition (Elem R[], int low, int high) {
// 交换序列R[low..high]中的记录，使枢轴到位，并返回其所
// 在的位置，此时，在它之前（后）的记录均不大（小）于它
pivotkey = R[low].key;// 将子表的第一个记录作为枢轴
while (low<high) {// 从表的两端交替向中间扫描
    while (low<high && R[high].key>=pivotkey)
        --high;
        R[low]←→R[high]; // 将比枢轴小的记录交换到低端
    while (low<high && R[low].key<=pivotkey)
        ++low;
        R[low]←→R[high];// 将比枢轴大的记录交换到高端
    }
return low; // 返回枢轴所在的位置
} // Partition
```

可以看出，在调整过程中的枢轴位置并不重要，因此，为了减少记录的移动次数，应先将枢轴移出，待求得枢轴应在的位置之后（此时 low=high），再使枢轴到位。

将上述算法改写如下：

```
int Partition (Elem R[], int low, int high) {
// 交换序列R[low..high]中的记录，使枢轴到位，并返回其所
// 在的位置，此时，在它之前（后）的记录均不大（小）于它
    R[0] = R[low];// 将子表的第一个记录作为枢轴
    pivotkey = R[low].key; // 用枢轴记录关键字
    while (low<high) {// 从表的两端交替地向中间扫描
        while(low<high&& R[high].key>=pivotkey)
            --high;
            R[low] = R[high];// 将比枢轴小的记录移到低端
        while (low<high && R[low].key<=pivotkey)
            ++low;
        R[high] = R[low];// 将比枢轴大的记录移到高端
    }
    R[low] = R[0]; // 枢轴到位
    return low; // 返回枢轴位置
} // Partition
```

3．快速排序

（1）思想：在对无序序列中的记录进行一次划分之后，分别对划分所得的两个子序列进行快速排序，依次类推，直至每个子序列中只含一个记录。

（2）算法描述如下：

```
void QSort (Elem R[], int low, int high) {// 对序列R[low..high]进行快速排序
if (low < high-1) { // 长度大于1
pivotloc = Partition(L, low, high);// 将L.r[low..high]一分为二
QSort(L, low, pivotloc-1);// 对低子表进行递归排序，pivotloc是枢轴的位置
QSort(L, pivotloc+1, high);// 对高子表进行递归排序
}
} // QSort
void QuickSort(Elem R[], int n) {// 对序列进行快速排序
QSort(R, 1, n);
} // QuickSort
```

（3）时间复杂度。

假设一次划分所得的枢轴位置满足 $i=k$，则对 n 个记录进行快速排序所需的时间为

$$T(n) = T_{pass}(n)+T(k-1)+T(n-k)$$

其中 $T_{pass}(n)$ 为对 n 个记录进行一次划分所需的时间，若待排序序列中记录的关键字是随机分布的，则 k 取 1 至 n 的任意一个值的可能性相同，由此可得快速排序所需的平均时间为

$$T_{\text{avg}}(n) = Cn + \frac{1}{n}\sum_{k=2}^{n}\Big[T_{\text{avg}}(k-1) + T_{\text{avg}}(n-k)\Big]$$

$$= Cn + \frac{2}{n}\sum_{i=0}^{n-1}T_{\text{avg}}(i)$$

设 $T_{\text{avg}}(1) \leqslant b$，则可得结果为

$$T_{\text{avg}}(n) < (\frac{b}{2}+2c)(n+1)\ln(n+1), \quad n \geqslant 2$$

在所有同数量级 $O(n\log_2 n)$ 的排序方法中，快速排序被认为是平均性能最好的。但是，若待排序序列的初始状态为按关键字有序排列的有序序列时，快速排序将变为起泡排序，其时间复杂度为 $O(n^2)$。为避免出现这种情况，需在进行快速排序之前，进行"予处理"，即比较 R(s).key、R(t).key 和 $R\big[\lfloor(s+t)/2\rfloor\big]\cdot key$，取关键字为三者之中的记录为枢轴。快速排序是一种不稳定的排序方法。

9.1.4 选择排序

1. 简单选择排序

简单选择排序是最简单的一种选择排序方法。

（1）思想：假设在排序过程中，待排序序列的状态为

有序序列 R[1..n−i]	无序序列 R[1..n]

若有序序列中所有记录的关键字均小于无序序列中所有记录的关键字，则第 i 趟简单选择排序是从无序序列 R[i..n] 的 $n-i+1$ 个记录中选出关键字的值最小的记录加入有序序列中。

（2）算法描述。

```
void SelectSort (Elem R[], int n ) {// 对 R[1..n]进行简单选择排序
   for (i=1; i<n; ++i) {// 选择第 i 小的记录
   j = SelectMinKey(R, i); // 在 R[i..n]中选择关键字的值最小的记录
   if (i!=j) R[i]←→R[j];// 与第 i 个记录交换
   }
} // SelectSort
```

（3）时间复杂度。

对 n 个记录进行简单选择排序，关键字间的比较次数为

$$\sum_{i=1}^{n-1}(n-i) - \frac{n(n-1)}{2}$$

移动记录的次数的最小值为 0，最大值为 3($n-1$)。简单选择排序是一种不稳定的排序方法。

2. 树型选择排序（也称锦标赛排序）

（1）思想：首先对 n 个记录的关键字进行两两比较，然后在 $n/2$ 个较小者之间进行两两比较，直到选出关键字的值最小的记录为止。可以用一棵有 n 个叶子结点的完全二叉树表示。

（2）时间复杂度。

由于含有 n 个叶子结点的完全二叉树的深度为 $\lceil\log_2 n\rceil+1$，则在树型选择排序时选择一个值次小的关键字仅需进行 $\lceil\log_2 n\rceil$ 次比较，故时间复杂度为 $O(n\log_2 n)$。

3. 堆排序

（1）堆和堆排序的定义。

堆是满足下列性质的数列 $\{r_1, r_2, \ldots, r_n\}$。

$$\begin{cases} r_i \leqslant r_{2i} \\ r_i \leqslant r_{2i+1} \end{cases} \text{或} \begin{cases} r_i \geqslant r_{2i} \\ r_i \geqslant r_{2i+1} \end{cases}$$

若将此数列看成一棵完全二叉树，则堆、空树或是满足下列特性的完全二叉树，其左、右子树分别是堆，并且当左、右子树都不为空时，根结点的值小于（或大于）左、右子树的根结点的值。由此可知，若上述数列是堆，则 r_1 必是数列中的最小值或最大值，分别称作小顶堆或大顶堆。

堆排序是利用堆的特性对序列进行排序的一种排序方法。

（2）思想：先建一个大顶堆，即先选一个关键字的值最大的记录，然后与序列中的最后一个记录交换，之后继续对序列中的前 $n-1$ 个记录进行筛选，重新将序列调整为一个大顶堆，再将大堆顶记录和第 $n-1$ 个记录交换，如此反复直至排序结束。所谓筛选，指的是对一棵左、右子树均为堆的完全二叉树调整根结点，使整个二叉树变为堆。

堆排序的特点：在以后的各趟筛选中，可利用在第一趟筛选中得到的关键字比较结果。

（3）算法描述如下：

```
void HeapSort ( Elem R[], int n ) {// 对R[1..n]进行堆排序
    for ( i=n/2; i>0; --i )// 把R[1..n]建成大顶堆
        HeapAdjust ( R, i, n );
    for ( i=n; i>1; --i ) {
        R[1]←→R[i]; // 将大堆顶记录和当前未经排序的子序列 R[1..i]中的最后一个记录交换
        HeapAdjust(R, 1, i-1); // 将 R[1..i-1] 重新调整为大顶堆
    }
} // HeapSort
```

为将 R[s..m]调整为大顶堆，筛选操作应沿关键字的值较大的孩子结点向下进行。

筛选算法如下：

```
void HeapAdjust (Elem R[], int s, int m) {
    // 已知R[s..m]中的记录的关键字除R[s].key外均满足堆的定义
    // 本算法将调整R[s] 的关键字，使R[s..m]成为一个大顶堆（对其中记录的关键字而言）
    rc = R[s];
    for ( j=2*s; j<=m; j*=2 ) {// 沿 key 值较大的孩子结点向下筛选
        if ( j<m && R[j].key<R[j+1].key ) ++j; // j 为 key 值较大的记录的下标
        if ( rc.key >= R[j].key ) break; // rc 应被插入位置 s
        R[s] = R[j]; s = j;
    }
    R[s] = rc; // 插入
} // HeapAdjust
```

（4）时间复杂度。

①对深度为 k 的堆筛选所需关键字，进行的比较次数至多为 $2(k-1)$。

②根据 n 个关键字建成深度为 $h=([\log_2 n]+1)$ 的堆，所需进行的关键字比较次数至多为 $4n$。

③调整堆顶 $n-1$ 次，总共进行的关键字比较次数不超过如下次数：

$$2([\log_2(n-1)]+[\log_2(n-2)]+\cdots+\log_2 2)<2n([\log_2 n])$$

因此，堆排序的时间复杂度为 $O(n\log_2 n)$。

9.1.5 归并排序

（1）思想：将两个或两个以上的有序子序列归并为一个有序序列。归并排序是一种稳定的排序方法。内部排序通常采用二路归并排序，即将两个位置相邻的有序子序列归并为一个有序序列，具体如下。

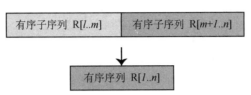

（2）算法描述如下：

```
void Merge (Elem SR[], Elem TR[], int i, int m, int n) {
    // 将有序子序列 SR[i..m]和 SR[m+1..n]归并为有序序列 TR[i..n]
    for (j=m+1, k=i; i<=m && j<=n; ++k) { // 将 SR 中的记录由小到大地并入 TR 中
        if (SR[i].key<=SR[j].key) TR[k] = SR[i++];
        else TR[k] = SR[j++];
    }
    if (i<=m) TR[k..n] = SR[i..m]; // 将 SR[i..m]中剩余的记录复制到 TR 中
    if (j<=n) TR[k..n] = SR[j..n]; // 将 SR[j..n]中剩余的记录复制到 TR 中
} // Merge
```

归并排序有两种形式：递归的归并排序和递推的归并排序，归并排序是根据两种不同的程序设计思想得到的。

递归的归并排序的描述如下：

```
void Msort( Elem SR[], Elem TR1[], int s, int t ) {
    // 将 SR[s..t]进行二路归并排序，得到 TR1[s..t]
    if (s==t) TR1[s] = SR[s];
    else {
        m = (s+t)/2; // 将 SR[s..t]平分为 SR[s..m]和 SR[m+1..t]
        Msort (SR, TR2, s, m); // 递归地将 SR[s..m]归并为有序序列 TR2[s..m]
        Msort (SR, TR2, m+1, t); // 递归地将 SR[m+1..t]归并为有序序列 TR2[m+1..t]
        Merge (TR2, TR1, s, m, t); // 将 TR2[s..m]和 TR2[m+1..t]归并到 TR1[s..t]中
    } // MSort
void MergeSort (Elem R[]) { // 对 R[1..n]进行二路归并排序
    MSort(R, R, 1, n);
} // MergeSort
```

（3）时间复杂度。

对 n 个记录进行归并排序的时间复杂度为 $O(n\log_2 n)$，即每一趟归并排序的时间复杂度为 $O(n)$，共需进行 $\log_2 n$ 趟排序。

9.1.6 各种排序方法的综合比较

如表 1-9-6 所示为各种排序方法的综合比较。

表 1-9-6 各种排序方法的综合比较

排 序 方 法	比较次数		移动次数		稳定性	附加存储	
	最好	最差	最好	最差		最好	最差
直接插入排序	n	n^2	0	n^2	√	1	
二分插入排序	$n\log_2 n$		0	n^2	√	1	

续表

排 序 方 法	比较次数		移动次数		稳定性	附加存储	
	最好	最差	最好	最差		最好	最差
起泡排序	n	n^2	0	n^2	√	1	
快速排序	$n\log_2 n$	n^2	$n\log_2 n$	n^2	×	$n\log_2 n$	n^2
简单选择排序	n^2		0	n	×	1	
树型选择排序	$n\log_2 n$		$n\log_2 n$		√	n	
堆排序	$n\log_2 n$		$n\log_2 n$		×	1	
归并排序	$n\log_2 n$		$n\log_2 n$		√	n	

1. 时间性能

（1）按平均时间性能来分，有三类排序方法。

时间复杂度为 $O(n\log_2 n)$：快速排序、堆排序和归并排序，其中快速排序最好。

时间复杂度为 $O(n^2)$：直接插入排序、起泡排序和简单选择排序，其中直接插入排序最好，特别是对那些关键字近似有序的序列。

时间复杂度为 $O(n)$。

（2）待排序序列的初始状态为按关键字顺序有序排列时，使用直接插入排序和起泡排序都能达到 $O(n)$的时间复杂度。而对于快速排序而言，这是最不好的情况，此时的时间复杂度退化为 $O(n^2)$，因此应该尽量避免这种情况。

（3）简单选择排序、堆排序和归并排序的时间复杂度与序列中关键字的分布无关。

2. 空间性能

空间性能指的是排序过程中所需的辅助空间大小。

（1）所有的简单排序方法（直接插入排序、起泡排序和简单选择排序）和堆排序的空间复杂度都为 $O(1)$。

（2）快速排序的时间复杂度 $O(\log_2 n)$也是栈所需的辅助空间。

（3）归并排序所需的辅助空间最多，其空间复杂度为 $O(n)$。

3. 排序方法的稳定性能

（1）稳定的排序方法是对两个关键字相等的记录而言，它们在序列中的相对位置在排序之前和排序之后没有改变。

（2）当对含多个关键字的序列进行 LSD 排序时，必须采用稳定的排序方法。

（3）对于不稳定的排序方法，能举出一个实例进行说明即可。

（4）快速排序和堆排序都是不稳定的排序方法。

9.2 习　　题

9.2.1 单项选择题

1. 在所有排序方法中，关键字的比较次数与记录的初始排列次序无关的是（　　　）。

  A. 希尔排序   B. 起泡排序

  C. 插入排序   D. 选择排序

2. 设有 1000 个无序的元素，希望用最快的速度挑选前 10 个最大的元素，最好选用（　　）。

    A. 起泡排序　　　　　　　　　　　　　B. 快速排序

    C. 堆排序　　　　　　　　　　　　　　D. 基数排序

3. 在待排序的序列基本有序的前提下，效率最高的排序方法是（　　）。

    A. 插入排序　　　　　　　　　　　　　B. 选择排序

    C. 快速排序　　　　　　　　　　　　　D. 归并排序

4. 一组记录的排序码为(46,79,56,38,40,84)，则利用堆排序建立的初始堆为（　　）。

    A. (79,46,56,38,40,80)　　　　　　　　B. (38,46,56,79,40,84)

    C. (84,79,56,46,40,38)　　　　　　　　D. (84,56,79,40,46,38)

5. 一组记录的关键码为(46,79,56,38,40,84)，则利用快速排序以第一个记录为基准得到的一次划分结果为（　　）。

    A. (38,40,46,56,79,84)　　　　　　　　B. (40,38,46,79,56,84)

    C. (40,38,46,56,79,84)　　　　　　　　D. (40,38,46,84,56,79)

6. 一组记录的排序码为(25,48, 16,35, 79,82, 23,40, 36,72)，其含有 5 个长度为 2 的有序表，用归并排序对该序列进行一趟归并排序后的结果为（　　）。

    A. (16,25,35,48,23,40,79,82,36,72)　　B. (16,25,35,48,79,82,23,36,40,72)

    C. (16,25,48,35,79,82,23,36,40,72)　　D. (16,25,35,48,79,23,36,40,72,82)

7. 能从未排序序列中依次取出元素与已排序序列（初始为空）中的元素进行比较，并将其放入已排序序列的正确位置上的方法，被称为（　　）。

    A. 希尔排序　　　　　　　　　　　　　B. 起泡排序

    C. 插入排序　　　　　　　　　　　　　D. 选择排序

8. 能从未排序序列中挑选元素，并将其依次放入已排序序列（初始为空）的一端的方法，被称为（　　）。

    A. 希尔排序　　　　　　　　　　　　　B. 归并排序

    C. 插入排序　　　　　　　　　　　　　D. 选择排序

9. 用某种排序方法对线性表(25,84,21,47,15,27,68,35,20)进行排序时，序列的变化情况如下：

```
(1) (25,84,21,47,15,27,68,35,20)
(2) (20,15,21,25,47,27,68,35,84)
(3) (15,20,21,25,35,27,47,68,84)
(4) (15,20,21,25,27,35,47,68,84)
```

则采用的排序方法是（　　）。

    A. 选择排序　　　　　　　　　　　　　B. 希尔排序

    C. 归并排序　　　　　　　　　　　　　D. 快速排序

10. 下述几种排序方法中，平均查找长度最小的是（　　）。

    A. 插入排序　　　　　　　　　　　　　B. 选择排序

    C. 快速排序　　　　　　　　　　　　　D. 归并排序

11. 下述几种排序方法中，要求内存量最大的是（　　）。

    A. 插入排序　　　　　　　　　　　　　B. 选择排序

    C. 快速排序　　　　　　　　　　　　　D. 归并排序

12. 快速排序方法在（　　）的情况下最不利于发挥其长处。

A. 要排序的数据量太大　　　　　　　　　　　B. 要排序的数据中含有多个相同值

C. 要排序的数据已基本有序　　　　　　　　　D. 要排序的数据个数为奇数

13. 设关键字序列为(3,7,6,9,8,1,4,5,2)，则进行排序的最小交换次数是（　　）。

A. 6　　　　　　　　　　B. 7　　　　　　　　　　C. 8　　　　　　　　　　D. 20

14. 在归并排序过程中，归并的趟数为（　　）。

A. n　　　　　　　　　　　　　　　　　　　B. $\sqrt{n}$

C. $\log_2 n$ 向上取整　　　　　　　　　　　　D. $\log_2 n$ 向下取整

15. 在平均情况下，快速排序的时间复杂度为（　　）。

A. $O(n)$　　　　　　　　　　　　　　　　　　B. $O(\log_2 n)$

C. $O(n\log_2 n)$　　　　　　　　　　　　　　D. $O(n^2)$

16. 若对 n 个元素进行直接插入排序，则在进行第 i 趟排序前，有序表中的元素个数为（　　）。

A. n　　　　　　　　B. $n+1$　　　　　　　　C. $n-1$　　　　　　　　D. 1

17. 若对 n 个元素进行直接插入排序，则在进行第 i 趟排序时，寻找插入位置最多需要进行（　　）次元素比较。假定第 0 号元素放有待插入的键值。

A. n　　　　　　　　B. $n-1$　　　　　　　　C. $n+1$　　　　　　　　D. 1

18. 在对 n 个元素进行起泡排序的过程中，第一趟排序至多需要进行（　　）对相邻元素之间的交换。

A. n　　　　　　　　B. $n-1$　　　　　　　　C. $n+1$　　　　　　　　D. $n/2$

19. 对 n 个元素进行直接插入排序的时间复杂度为（　　）。

A. $O(1)$　　　　　　B. $O(n)$　　　　　　　C. $O(n^2)$　　　　　　D. $O(\log_2 n)$

20. 在对 n 个元素进行起泡排序的过程中，最好情况下的时间复杂度为（　　）。

A. $O(1)$　　　　　　B. $O(\log_2 n)$　　　　　C. $O(n^2)$　　　　　　D. $O(n)$

21. 在对 n 个元素进行起泡排序的过程中，至少需要（　　）趟才能完成。

A. 1　　　　　　　　B. n　　　　　　　　　C. $n-1$　　　　　　　　D. $n/2$

22. 在对 n 个元素进行快速排序的过程中，若每次划分得到的左、右两个子区间中元素的个数相等或相差 1，则整个快速排序过程中得到的含两个元素的区间个数大致为（　　）。

A. n　　　　　　　　B. $n/2$　　　　　　　　C. $\log_2 n$　　　　　　D. $2n$

23. 在对 n 个元素进行直接插入排序的过程中，算法的空间复杂度为（　　）。

A. $O(1)$　　　　　　　　　　　　　　　　　　B. $O(\log_2 n)$

C. $O(n^2)$　　　　　　　　　　　　　　　　　D. $O(n\log_2 n)$

24. 假定对序列(3, 7, 5, 9, 1)进行快速排序，则进行第一次划分需要移动元素的次数为（　　）。假定不统计在开始时把基准元素移动到临时变量的位置上。

A. 1　　　　　　　　B. 2　　　　　　　　　　C. 3　　　　　　　　　　D. 4

25. 对下列四个序列进行快速排序，各以第一个元素为基准进行第一次划分，则在该次划分过程中移动元素的次数最多的序列为（　　）。

A. (1, 3, 5, 7, 9)　　　　　　　　　　　　　B. (9, 7, 5, 3, 1)

C. (5, 3, 1, 7, 9)　　　　　　　　　　　　　D. (5, 7, 9, 1, 3)

26. 若对 n 个元素进行堆排序，则在构成初始堆的过程中需要进行（   ）次筛选运算。

    A. 1   B. $n/2$ C. n D. $n-1$

27. 若对 n 个元素进行堆排序，则每次进行筛选运算的时间复杂度为（   ）。

    A. $O(1)$ B. $O(\log_2 n)$ C. $O(n^2)$ D. $O(n)$

28. 在对 n 个元素进行堆排序的过程中，时间复杂度为（   ）。

    A. $O(1)$ B. $O(\log_2 n)$

    C. $O(n^2)$ D. $O(n\log_2 n)$

29. 假定一个初始堆为(1,5,3,9,12,7,15,10)，则进行第一趟堆排序后得到的结果为（   ）。

    A. (3,5,7,9,12,10,15,1)   B. (3,5,9,7,12,10,15,1)

    C. (3,7,5,9,12,10,15,1)   D. (3,5,7,12,9,10,15,1)

30. 若对 n 个元素进行归并排序，则进行归并排序的趟数为（   ）。

    A. n B. $n-1$ C. $n/2$ D. $\lceil \log_2 n \rceil$

9.2.2 填空题

1. 每次从无序子表中取出一个元素，把它插入有序子表中的适当位置，这种排序方法叫作_____排序；每次从无序子表中取出一个值最小或最大的元素，把它交换到有序表的一端，此种排序方法叫作_____排序。

2. 每次都通过直接比较或通过基准元素间接比较两个元素，若出现逆序排列就交换它们的位置，此种排序方法叫作_____排序；每次都使两个相邻的有序表合并成一个有序表的排序方法叫作_____排序。

3. 在简单选择排序过程中，记录的比较次数的时间复杂度为_____，记录的移动次数的时间复杂度为_____。

4. 在进行堆排序的过程中，对 n 个记录建立初始堆需要进行_____次筛选运算，由初始堆到堆排序结束，需要对树根结点进行_____次筛选运算。

5. 在进行堆排序的过程中，对任意分支结点进行筛选运算的时间复杂度为_____，整个堆排序过程的时间复杂度为_____。

6. 在对 n 个记录进行起泡排序时，最少的比较次数为_____，最少的比较趟数为_____。

7. 快速排序在平均情况下的时间复杂度为_____，在最坏情况下的时间复杂度为_____。

8. 快速排序在平均情况下的空间复杂度为_____，在最坏情况下的空间复杂度为_____。

9. 在二路归并排序中，对 n 个记录进行归并排序的趟数为_____。

10. 在归并排序中，每趟归并排序的时间复杂度为_____，整个排序过程的时间复杂度为_____，空间复杂度为_____。

11. 在对 20 个记录进行归并排序时，共需要进行_____趟归并排序，在进行第三趟归并排序时是把长度为_____的有序表两两归并为长度为_____的有序表。

12. 若对一组记录(46,79,56,38,40,80,35,50,74)进行直接插入排序，则当把第 8 个记录插入前面已排序的有序表时，寻找插入位置需比较_____次。

13. 若对一组记录(46,79,56,38,40,80,35,50,74)进行简单选择排序，用 k 表示值最小的元素的下标，若进行第一趟简单选择排序时 k 的初值为 1，则在选择值最小的元素的第一趟简单选择排序的过程中，k 的值被修改了_____次。

14. 若对一组记录(76,38,62,53,80,74,83,65,85)进行堆排序，已知除第一个元素外，以其余元素为根的结点都已是堆，则对第一个元素进行筛选运算时，它最终将被筛选到下标为_____的位置。

15. 假定一组记录为 (46,79,56,38,40,84)，则利用堆排序建立的初始小根堆为_____。

16. 假定一组记录为(46,79,56,64,38,40,84,43)，在起泡排序过程中进行第一趟排序时，元素 79 最终将下沉到其后的第_____个元素的位置。

17. 假定一组记录为(46,79,56,38,40,80)，对其进行快速排序的过程中，共需要_____趟排序。

18. 在所有排序方法中，_____排序方法能使数据的组织采用完全二叉树的结构。

19. 假定一组记录为(46,79,56,38,40,80)，对其进行归并排序的过程中，第二趟归并排序后的结果为_____。

20. 在所有排序方法中，_____排序方法采用的是二分排序法的思想。

9.2.3 判断题

1. 当待排序的元素很多时，移动元素要花费较多的时间，这是影响时间复杂度的主要因素。 （   ）

2. 对含 n 个记录的集合进行快速排序，平均时间复杂度是 $O(n\log_2 n)$。 （   ）

3. 对含 n 个记录的集合进行归并排序，平均时间复杂度是 $O(n\log_2 n)$。 （   ）

4. 堆中所有非终端结点的值均小于或等于左、右子树的值。 （   ）

5. 直接插入排序是一种稳定的排序方法。 （   ）

6. 对一个堆按层次遍历，不一定能得到一个有序序列。 （   ）

7. 由于希尔排序的最后一趟排序与直接插入排序的排序过程相同，因此前者一定比后者花费的时间多。 （   ）

8. 在 2048 个互不相同的关键码中选择最小的 5 个关键码，则用堆排序比用树型选择排序的速度更快。 （   ）

9. 若将一批杂乱无章的数据按堆结构组织起来，则堆中数据必然按从小到大的顺序线性排列。 （   ）

10. 当输入序列已经基本有序时，使用起泡排序需要比较关键码的次数比使用快速排序的少。 （   ）

9.2.4 简答题

1. 若文件初始状态是反序的，则在直接插入排序、选择排序和起泡排序中，哪一种排序方法更好？

2. 将序列(16,24,53,47,36,85,30,91)调整成为堆顶元素为最大值的堆，通过画图把每个步骤表示出来。

3. 在执行某种排序方法的过程中，出现了排序码朝着与最终排序序列相反的方向移动的情况，因此认为该排序方法是不稳定的，这种说法对吗？为什么？

4. 设有 5000 个无序的元素，希望用最快速度挑选前 10 个值最大的元素，则采用哪种排序方法最好？为什么？

5. 已知一个数据表为{48,25,56,32,40}，请写出在进行快速排序过程中每次划分数据表后的变化情况。

6. 已知一个数据表为{30,18,20,15,38,12,44,53,46,18*,26,86}，给出进行归并排序过程中的每一趟归并排序后的数据表的变化情况。

7. 以关键字序列(265,301,751,129,937,863,742,694,076,438)为例，写出执行完以下排序方法的各趟排序后的关键字序列的状态。

①希尔排序；②起泡排序；③快速排序；④归并排序。

9.2.5 算法设计题

1. 将哨岗放在 R[n]中，被排序的记录放在 R[0..n-1]中，请实现直接插入排序。
2. 以单链表作为存储结构，实现直接插入排序。
3. 以单链表作为存储结构，实现简单选择排序。
4. 请编写一个双向起泡排序算法，该算法的思想如下：在相反的两个方向起泡，向前"起泡"使小数上浮，向后"起泡"使大数沉底。
5. 先输入 50 个学生的记录（每个学生的记录包括学号和成绩），组成记录数组，然后按成绩由高到低的次序输出（每行 10 个记录）。排序方法采用简单选择排序。
6. 在快速分类算法中，界值（又称轴元素）影响着分类效率，界值不一定是被分类序列中的一个元素。例如，我们可以用被分类序列中所有元素的平均值作为界值。编写算法实现以平均值作为界值的快速分类算法。

9.3 实　　验

9.3.1 简单排序的应用（验证性实验）

一、实验目的
（1）掌握简单排序的有关概念和特点。
（2）掌握对数组进行简单排序的方法和算法。
（3）理解各种简单排序的方法的特点，并能灵活应用。

二、实验要求
（1）认真阅读并掌握本实验的程序。
（2）上机运行本程序，并熟练掌握算法原理。
（3）上机完成后，撰写实验报告，并对实验结果进行分析。

三、实验内容
根据用户输入的待排序数据，用直接插入排序、希尔排序、起泡排序、简单选择排序等排序方法进行排序，输出排序结果，并分析各种简单排序方法的效率。

要求：请编写 C 程序，利用数组存放待排序的关键字，实现插入排序、希尔排序、交换排序和选择排序四种排序方法。

分析：排序是计算机领域的一种重要算法，也是程序设计中的一种重要运算。它的功能是将一个任意序列重新排列成一个关键字有序的序列。学习和研究各种排序方法是计算机工作者的一项重要工作。

插入排序：每一步都将一个待排序的对象（按其关键字大小）插入前面已经排好序的一组对象的适当位置上，直到对象全部被插入为止。比较典型的是直接插入排序。

希尔排序：又称缩小增量排序，也是一种排序方法。其基本思想是先将整个待排序序列分割成若干子序列，分别进行直接插入排序，待整个序列中的记录基本有序时，对全体记录进行一次直接插入排序。

交换排序：两两比较待排序的对象的关键字，如果逆序则交换，直到全部对象都排好序为止。比较典型的是起泡排序。

选择排序：将待排序的结点分为已排序的（初始为空）和未排序的两组，依次将未排序的、值最小的结点放入已排序的组的末尾。比较典型的是简单选择排序。

主要程序清单如下。

1. 插入排序（此处实现了直接插入排序）

代码如下：

```c
#include<stdio.h>
typedef struct{
    int key;
}redtype;
typedef struct{
    redtype r[100];
    int length;
}sqlist;

void Insert(sqlist &l){
    int i,j;

    (请将函数补充完整)


}
void main(){
    sqlist l;
    int i;
    printf("输入表的总长:");
    scanf("%d",&l.length);
    printf("输入%d个数\n",l.length);
    for(i=1;i<=l.length;i++)
        scanf("%d",&l.r[i].key);
    Insert(l);
printf("进行直接插入排序后为:\n");
    for(i=1;i<=l.length;i++)
        printf("%d\n",l.r[i].key);
}
```

2. 希尔排序

代码如下：

```c
#include<stdio.h>
typedef struct{
    int key;
}redtype;
```

```
typedef struct{
    redtype r[100];
    int length;
}sqlist;

void shell_insert(sqlist &l,int dk){
    int i,j;

    （请将函数补充完整）

}
void shell_sort(sqlist &l,int dlta[],int t){
    int k;
    for(k=0;k<t;++k)
    shell_insert(l,dlta[k]);}
void main(){
    sqlist l;
    int i,k;
    int dlta[100];
    printf("希尔排序!\n输入表的总长:");
    scanf("%d",&l.length);
    printf("输入%d个数\n",l.length);
    for(i=1;i<=l.length;i++)
      scanf("%d",&l.r[i].key);
    k=(l.length+1)/2;
    for(i=0;0<k;i++,k--)
      dlta[i]=k;
    shell_sort(l,dlta,i);

    printf("进行希尔排序后为:\n");
    for(i=1;i<=l.length;i++)
      printf("%d\n",l.r[i].key);
}
```

3. 交换排序（此处实现了起泡排序）

代码如下：

```
#include<stdio.h>
typedef struct{
    int key;
}redtype;
typedef struct{
    redtype r[100];
    int length;
}sqlist;

void Bubb(sqlist &l){
    int i,j,k,flag=1;
        （请将函数补充完整）
}

void main(){
    sqlist l;
    int i;
    printf("输入表的总长:");
    scanf("%d",&l.length);
    printf("输入%d个数\n",l.length);
    for(i=0;i<l.length;i++)
        scanf("%d",&l.r[i].key);
    Bubb(l);
printf("进行起泡排序后为:\n");
```

```
        for(i=0;i<l.length;i++)
            printf("%d\n",l.r[i].key);
}
```

4. 选择排序（此处实现了简单选择排序）

代码如下：

```
#include<stdio.h>
typedef struct{
    int key;
}redtype;
typedef struct{
    redtype r[100];
    int length;
}sqlist;

void select(sqlist &l){
    int i,j,k,small;


    （请将函数补充完整）


}

void main(){
    sqlist l;
    int i,low,high;
    printf("输入表的总长:");
    scanf("%d",&l.length);
    low=1;high=l.length;
    printf("输入%d个数\n",l.length);
    for(i=1;i<=l.length;i++)
        scanf("%d",&l.r[i].key);
    select(l);
    printf("进行简单选择排序后为:\n");
    for(i=1;i<=l.length;i++)
        printf("%d\n",l.r[i].key);
}
```

四、实验报告规范和要求

实验报告规范和要求如下：

（1）实验题目。

（2）需求分析。

①程序要实现的功能。

②输入、输出的要求及测试数据。

（3）概要及详细设计。

①采用 C 语言定义相关的数据类型。

②各模块的伪代码。

③画出函数的调用关系图。

（4）调试、分析。

分析调试过程中遇到的问题，并提出解决方法。

（5）测试数据及测试结果。

9.3.2　复杂排序的应用（设计性实验）

一、实验目的

（1）掌握各种复杂排序方法的基本思想。

（2）掌握各种复杂排序方法的实现方法。

（3）理解各种复杂排序方法的优劣及花费时间的计算方法。

（4）掌握各种复杂排序方法所适用的不同场合。

二、设计内容

先用随机函数产生 30000 个随机数，再用快速排序、堆排序、归并排序等复杂排序方法进行排序，并统计每一种复杂排序方法所花费的时间。

算法分析：要产生随机数，必须用到头文件 stdlib.h 中的 srand() 和 rand() 函数来设置随机种子。为了能够计时，必须用到头文件 time.h 中的 time() 和 difftime() 函数，time() 函数用于截取计算机内的时钟，difftime() 函数用于得到两次时钟的间隔时间（秒）。每一种复杂排序方法都单独写成子函数的形式，用主函数调用。为了能查看排序前后的效果，可以单独用一个子函数输出结果，在排序前后分别调用，就可以看到排序前后的结果了。

主要程序代码如下：

```
#include<stdio.h>
#include<stdlib.h>
#include<time.h>
const int N=30000;
#define ElemType int
//以下为快速排序
void quicksort(ElemType R[],int lefl,int right)
 {
int i=left, j=right;
ElemTypetemp=R[i];
    while(i<j)
    {
while((R[j]>temp)&&(j>i))
     j=j-1;
     if(j>i)
{ R[i]=R[j];
i=i+1;
}
while((R[i]<=temp)&&(j>i))
     i=i+1
     if(i<j)
  {R[j]=R[i];
j=j-1;
}
    }
    //通过二次划分得到基准值的正确位置
R[i]=temp;
if(1eft<i-1)
quicksort(R, left, i-1);      //递归调用左子区间
if(i+l<right)
quicksort(R, i+l, right);      //递归调用右子区间
 }
```

```
//以下为堆排序
void createheap(ElemType R[], int i,int n)
//建立大根堆
{int j; ElemType t;
 t=R[i];
 j=2*i;
  while(j<n)
{if((j<n)&&(R[j]<R[j+1]))
  j++;
  if(t<R[j])
  {R[i]=R[j];
   i=j;
   j=2*i;
  }
else j=n;
R[i]=t;
  }
}
void heapsort(ElemType R[], int n)     //堆排序
{ElemType t;
for(int i=n/2;i>=0;i--)
createheap(R,i,n);
for(i=n-1;i>=0;i--)
{t=R[0];
R[0]=R[i];
R[i]=t;
createheap(R,0,i-1);
    }
}
//以下为归并排序
void merge(ElemType R[], ElemType A[], int s, int m, int t)
//将两个子区间R[s]~R[m]和R[m+1]~R[t]合并，并将结果存入A中
{int i,j,k;
i=s;j=m+1;k=s;
while((i<=m)&&(j<=t))
  if(R[i]<=R[j])
  {A[k]=R[i]; i++; k++; }
  else
  {A[k]=R[j];i++;k++;}
  while(i<=m)     //复制第一个区间中剩下的元素
{A[k]=R[i]; i++; k++; }
  while(j<=t)     //复制第二个区间中剩下的元素
{A[k]=R[j];j++; k++; }
}
void mergepass(ElemType R[i],ElemType A[],int n,int c)
//对R进行一趟归并排序，将结果存入A中，n为元素个数，c为区间长度
{int i,j;
 i=0;
 while((i+2*c-1)<=n-1)
 {     //将长度均为c的两个区间合并成一个区间
 merge(R, A, i, i+c-1, i+2*c-1);
 i+=2*c;
  }
if((i+c-1)<n)     //将长度不等的两个区间合并成一个区间
 merge(R, A, i, i+c-1, n-1);
```

```
                else
                for(j=i; j<=n-1;j++)    //当仅剩一个区间时，直接复制到 A 中
                A[j]=R[i];
                 }
                void mcrgesort(ElemType R[], int n)
                {int c=1; ElcmType A[N];
                while(c<n)
                {
                mergepass(R, A, n, c);        //第一次合并，将结果存入 A 中
                c*=2;                         //区间长度扩大一倍
                mergepass(A, R, n, c);        //再次合并，将结果存入 R 中
                c*=2;
                }
                }
                void print(ElemType R[], int n)
                {
                for(int i=0; i<=n-1; i++)
                {if(i%10==0){printf("\n"); }
                printf("%4d",R[i]);
                }
                printf("\n");
                }
                void main()
                {char ch;
                ElemType R[N], T[N];
                time_t t1, t2;
                double tt1,tt2,tt3;
                srand(0);
                for(int i=0; i<=N-1; i++)
                T[i]=rand();      //产生随机数
                Print(T,N);       //输出随机数
                printf("快速排序开始(y／n)");
                ch=getchar( );
                if(ch=='y')
                {
                for(i=0; i<N; i++)
                R[i]=T[i];
                t1=time(NULL);              //快速排序开始前的时间
                quicksort(R, 0, N-1);
                t2=time(NULL);              //快速排序结束后的时间
                tt1=difftime(t2, t1);       //快速排序所花费的时间
                print(R, N);
                ptintf("堆排序开始(y／n)\n:");
                ch=getchar( );
                if(ch=='y')
                  { for(i=0; i<N; i++)
                R[i]=T[i];
                    t1=time(NULL);          //堆排序开始前的时间
                heapsort(R, N);
                t2=time(NULL);              //堆排序结束后的时间
                tt2=difftime(t2, t1);       //堆排序所花费的时间
                    print(R, N);
                    }
                    printf("归并排序开始(y／n):");
                    ch=getchar();
```

```
        if(ch=='y')
        { for(i=0; i<N; i++)
    R[i]=T[i];
        tl=time(NULL);    //归并排序开始前的时间
        mergesort(R, N);
        t2=time(NULL);    //归并排序结束后的时间
        tt3=difftime(t2, t1); //归并排序所花费的时间
        print(R, N);
        }
    printf("快速排序的时间为:%f",tt1);
    printf("堆排序的时间为: %f",tt2);
    printf("归并排序的时间为: %f",tt3);
    }
```

在本程序中，先将快速排序、堆排序与归并排序分别写成三个函数，然后在主函数中调用它们，并统计每种复杂排序方法所花费的时间。对于程序中用于输出 N 个随机数的函数 print(T,N)，请读者自己编写。

Part 2

实 训 案 例

一、概述

"数据结构"是计算机学科中非常重要的一门专业基础理论课程，要想编写针对非数值计算问题的高质量程序，就必须熟练掌握这门课程涉及的知识。另外，它与计算机的其他课程有密切联系，具有独特的承上启下的重要作用。做好"数据结构"这门课程的知识准备工作，对学习计算机专业的其他课程都是有益的，如"操作系统""数据库管理系统""软件工程"。

二、目的

本篇是在教学实验基础上进行的实验，也是对该课程所学理论知识的深化与提高。因此，要求学生能综合应用所学的知识，设计与制作较复杂的应用系统，并且针对实验的基本技能进行一次全面训练。

1. 使学生能够较全面地巩固和应用课堂所学的基本理论和程序设计方法，较熟练地完成数据结构的程序设计与调试。

2. 培养学生综合运用所学知识去独立完成数据结构程序课题的能力。

3. 培养学生勇于探索、严谨推理、实事求是、有错必改，用实践检验理论，全方位考虑问题等科学技术人员应具有的素质。

4. 提高学生对工作认真负责、一丝不苟，与同学团结友爱、协作攻关的基本素质。

5. 培养学生从资料、文献、科学实验中获得知识的能力，提高学生从别人的经验中找到解决问题的新途径的悟性，初步培养工程意识和创新能力。

6. 提高学生对知识的理解深度，以及运用理论知识处理问题的动手能力、实验能力、课程设计能力、书面和口头表达能力。

实训案例一

通讯录查找系统

【问题描述】

实现通讯录查找系统。

一、需求分析

（1）每个记录都有下列数据项：电话号码、姓名、地址。

（2）从键盘输入记录，以电话号码为关键字建立表。

（3）显示、插入、删除、查找并显示含给定电话号码的相关记录。

（4）要求人机界面友好，使用图形化界面。

二、设计内容

实现通讯录管理功能，首先设计一个含有多个菜单项的主控菜单程序，然后为这些菜单项配上相应的功能。定义通讯录的结点类型，并定义一个该类型的一维数组，用以存放通讯录的记录。

1. 数据存储结构设计

代码如下：

```
struct sums
{
    char    phone[20];          //用于存放电话号码
    char    name[20];           //用于存放姓名
    char    address[40];        //用于存放地址
    char    es[70];             //用于存放其他信息
}g[500];                        //最多只能存储 500 条记录
```

2. 主函数

代码如下：

```
void main()
{   scanf("%c",&m);
    while(m!='7'){
    switch(m){
    case '0': system("cls");  create(); break;  //创建新的通讯录
    case '1': system("cls");  append(); break;//在通讯录的末尾写入新的信息，并返回菜单
    case '2': system("cls"); find(); break;//查询某人的信息，如果找到，则显示此人的信息，
                                           //如果没有，则提示通讯录中没有此人的信息，并返回菜
                                           //单
```

```
        case '3': system("cls"); alter(); break;      //修改某人的信息,如果未找到要修改的人,则提示
                                                       //通讯录中没有此人的信息,并返回菜单
        case '4': system("cls"); deletes(); break;    //删除某人的信息,如果未找到要删除的人,则
                                                       //提示通讯录中没有此人的信息,并返回选单
        case '5': system("cls"); list(); break;       //显示通讯录中的所有记录
        case '6': quit(); break;                       //退出菜单
        default: menu();
    }
        scanf("%c",&m);
    }
}
```

三、完整程序清单

```
#include<stdlib.h>
#include<stdio.h>
#include<conio.h>
#include<string.h>
struct sums
{
        char    phone[20];
        char    name[20];
        char    address[40];
        char    es[70];
}g[500];
int number=0;//外部变量

void quit()
{
    exit(0);
}

void  create()
{
  printf("\n\t\t*********请输入一个名单*********\n");
  printf("\n 输入姓名:");
  scanf("%s",g[number].name);
  printf("\n 输入电话号码:");
  scanf("%s",g[number].phone);
  printf("\n 输入地址:");
  scanf("%s",g[number].address);
  number++;
  printf("\n\t\t 是否继续添加?(Y/N):");
  if (getch()=='y')
  create();
  putchar(10);
}

void menu()
{
  printf("\t\t ┌─────────主菜单─────────┐ \n");
  printf("\t\t │ 0 创建通讯录            1 增加一个人的信息 │ \n");
  printf("\t\t │ 2 查找某人的信息        3 修改某人的信息   │ \n");
  printf("\t\t │ 4 删除某人的信息        5 显示所有的信息   │ \n");
  printf("\t\t │ 6 退出系统                                │ \n");
  printf("\t\t └─────────────────────────┘ \n");
  putchar(10);
  printf("请输入你选择的命令代码: ");}
void    append()
{
```

```
char      s[20];
int       i;
printf("请输入要增加的电话号码\n");
scanf("%s",s);
printf("请输入要添加的信息\n");
for(i=0;i<number;i++){
if(strcmp(g[i].phone,s)==0)
scanf("%s",g[i].es);
return;
}
}

void  find()
{
char    s[20];
int       i;
printf("请输入要查找的电话号码：\n");
scanf("%s",s);
for(i=0;i<number;i++)
  if(strcmp(g[i].phone,s)==NULL)
   {
     printf("姓名\n");
     printf("%s\n",g[i].name);
     printf("电话号码\n");
     printf("%s\n",g[i].phone);
     printf("地址\n");
     printf("%s\n",g[i].address);
   }
}

void   list()
{
int  i;
for(i=0;i<number;i++)
{
  printf("------------------------\n");
  printf("姓名\n");
  printf("%s\n",g[i].name);
  printf("电话号码\n");
  printf("%s\n",g[i].phone);
  printf("地址\n");
  printf("%s\n",g[i].address);
  printf("相关信息：\n");
  printf("%s\n",g[i].es);
  printf("\n");
}
}

void    alter()
{
char     s[20];
int       i,j;
printf("请输入要修改的人的电话号码：\n");
scanf("%s",s);
for(i=0;i<number;i++)
  if(strcmp(g[i].phone,s)==0)
  {
    printf("将此人的姓名改为：\n");
    scanf("%s",g[i].name);
    printf("将此人的电话号码改为：\n");
    scanf("%s",g[i].phone);
```

```
        printf("将此人的地址改为：\n");
        scanf("%s",g[i].address);
    }
}

void  deletes()
{int  i,j;
char     s[20];
printf("请输入要删除信息的人的电话号码：\n");
scanf("%s",s);
for(i=0;i<number;i++)
  if(strcmp(g[i].phone,s)==NULL){
    printf("以下是你要删除的人的记录吗？\n");
    printf("姓名\n");
    printf("%s\n",g[i].name);
    printf("电话号码\n");
    printf("%s\n",g[i].phone);
    printf("地址\n");
    printf("%s\n",g[i].address);
    printf("\n");
    printf("\n\t\t 是否删除?(y/n)");
    if (getch()=='y')
    {
      for (j=i;j<number-1;j++)
          g[j]=g[j+1];
      number--;
      printf("\n\t\t 删除成功");
      printf("\n\t\t 是否继续删除?(y/n)");
      if (getch()=='y')
      deletes();
      putchar(10);
      return;
    }
    else
    return;
  }
putchar(10);
}

void main()
{
    char     m;
    menu();
    scanf("%c",&m);
    while(m!='7')
    {
    switch(m){
      case '0':system("cls"); create(); break;
      case '1':system("cls");  append(); break;
      case '2':system("cls"); find(); break;
      case '3':system("cls"); alter(); break;
      case '4':system("cls"); deletes(); break;
      case '5':system("cls"); list(); break;
      case '6':quit();   break;
      default:menu();
      }
      scanf("%c",&m);
    }
}
```

实训案例二

双向约瑟夫环

【问题描述】

30 个人组团去游玩，到达湖边时需要乘船，但是一条船一次只能载 15 人，大家商议决定，30 个人围成一个环，先从第一个人开始，顺时针依次报数，报数到第 9 个人时，便把他淘汰出局，然后从他的下一个人数起，逆时针数到第 5 个人，将他淘汰出局，之后从他的逆时针方向的下一个人数起，顺时针数到第 9 个人，将他淘汰出局，如此循环，直到剩下 15 个人为止。问拥有哪些编号的人将会被淘汰？

一、需求分析

（1）输入数据：输入总人数 m、顺时针间隔数 n 和逆时针间隔数 k。

（2）输出被淘汰的人员编号。

二、设计内容

假设 n 个人围成一个环，依次顺序编号 1、2、…、n。从指定的第 1 个编号开始，正向沿环计数，数到第 m 个人就先让其出列。然后从第 $m+1$ 个人反向数到第 $m-k+1$ 个人，让其出列。之后从第 $m-k$ 个人开始重新沿环正向计数，在数到第 m 个人后让其出列，再反向数到第 k 个人后让其出列。这个过程一直进行到剩下 q 个人为止。这实际是一个双向循环链表，分别进行正向移动和反向移动，并列出相应位置的人。

1. 数据存储结构设计

代码如下：

```
typedef struct LinkList{
    int data;
    struct LinkList *pri;
    struct LinkList *next;
}LinkList;
```

2. 主要函数

（1）创建链表函数。

代码如下：

```
//用尾插入法建立链表，将链表的头结点 head 作为返回值
LinkList  *create_LinkListWEI(int n)
{
```

```
        LinkList *head, *p, *q;
        head = p =(LinkList*)malloc(sizeof(LinkList));
        p->pri = NULL;
        int i = 2;// 位置
        p->data = 1;
        n--;
        while(n--){
            q = (LinkList  *)malloc(sizeof(LinkList));
            q->data = i;
            q->next = NULL;
            p->next = q;
            q->pri = p;
            p = q;
            i++;
        }
        q->next = head;
        head->pri = q;
        return head;
    }
```

（2）顺时针删除函数。

代码如下：

```
    LinkList  *delete_m(LinkList *head,int m){
        LinkList *p = head;
        LinkList *q;
        int time = 1;
        while(p->next){
            q = p->next;
            if(time == m){
                printf("%d ",p->data);
                //删除链表结点 p
                p->pri->next = q;
                q->pri = p->pri;
                return q;
            }
            p = p->next;
            time++;
        }
    }
```

（3）逆时针删除函数。

代码如下：

```
    LinkList  *delete_k(LinkList *head,int k){
        LinkList *p = head;
        LinkList *q;
        int time = 1;
        while(p->pri){
            q = p->pri;
            if(time == k){
                printf("%d ",p->data);
                //删除链表结点 p
                q->next = p->next;
                p->next->pri = q;
                return q;
            }
            p = p->pri;
            time++;
        }
    }
```

三、完整程序清单

```
#include<stdio.h>
#include<string.h>
#include<stdlib.h>

typedef struct LinkList{
    int data;
    struct LinkList *pri;
    struct LinkList *next;
}LinkList;

//用尾插入法建立链表，将链表的头结点 head 作为返回值
LinkList *create_LinkListWEI(int n)
{
    LinkList *head, *p, *q;
    head = p =(LinkList*)malloc(sizeof(LinkList));
    p->pri = NULL;
    int i = 2;// 位置
    p->data = 1;
    n--;
    while(n--){
        q = (LinkList *)malloc(sizeof(LinkList));
        q->data = i;
        q->next = NULL;
        p->next = q;
        q->pri = p;
        p = q;
        i++;
    }
    q->next = head;
    head->pri = q;
    return head;
}

void print(LinkList *head,int n){
    printf("\n 正向: \n");
    LinkList *p = head;
    int num = 0;
    while(p->next){
        printf("%d ",p->data);
        p = p->next;
        num++;
        if(num >= n)
            break;
    }
    num = 0;
    printf("\n 反向: \n");
    p = head;
    while(p->pri){
        printf("%d ",p->pri->data);
        p = p->pri;
        num++;
        if(num >= n)
            break;
    }
    printf("\n");
}

LinkList *delete_m(LinkList *head,int m){
    LinkList *p = head;
    LinkList *q;
    int time = 1;
    while(p->next){
        q = p->next;
        if(time == m){
```

```
                printf("%d ",p->data);
                //删除链表结点 p
                p->pri->next = q;
                q->pri = p->pri;
                return q;
            }
            p = p->next;
            time++;
        }

}

LinkList  *delete_k(LinkList *head,int k){
    LinkList *p = head;
    LinkList *q;
    int time = 1;
    while(p->pri){
        q = p->pri;
        if(time == k){
            printf("%d ",p->data);
            //删除链表结点 p
            q->next = p->next;
            p->next->pri = q;
            return q;
        }
        p = p->pri;
        time++;
    }
}

int main(){
    int all,m,k;
    /*
    m 表示正向    k 表示反向
    */
    printf("总人数：");
    scanf("%d",&all);
    printf("按顺时针淘汰的间隔：");
    scanf("%d",&m);
    printf("按逆时针淘汰的间隔：");
    scanf("%d",&k);
    LinkList *p,*q;
    p = create_LinkListWEI(all);
    printf("双向链表的构建：\n");
    print(p,all);
    printf("\n");
    // 淘汰
    int flag = 1;
    int re = all / 2;
    q = p;
    printf("\n 被淘汰的人所在的位置:\n");
    while(all > re){
        if(flag == 1)
            q = delete_m(q,m);
        else
            q = delete_k(q,k);
        //printf("\nq->data:%d\n",q->data);
        flag *= -1;
        all--;
    }
    return 0;
}
```

实训案例三

算术表达式求值程序

【问题描述】

编写算术表达式求值程序。

一、需求分析

求一个表达式的值：输入一个包含+、－、*、/、正整数和圆括号的合法的算术表达式，计算该表达式的运算结果。

二、设计内容

在计算机中，算术表达式由常量、变量、运算符和括号组成（以字符串形式输入）。由于不同的运算符具有不同的优先级，并且要考虑括号，因此利用算术表达式求值不可能严格地按照从左到右的顺序进行，在设计程序时，可借助栈实现。

为简化算术表达式，规定操作数只能为正整数，操作符为+、－、*、/，用#表示结束。

输出结果：算术表达式的运算结果。

算法要点：设置运算符栈和运算数栈来辅助分析运算符的优先关系。在读入算术表达式的字符序列时，完成运算符和运算数的识别和处理，以及相应运算。

1. 数据存储结构设计

因为算术表达式是由操作数、操作符、运算符和界限符组成的，如果只用一个 char 类型的栈，则不能满足两位以上的整数的需求，所以还需要定义一个 int 类型的栈，用来寄存操作数。代码如下：

```
/* 定义 char 类型的栈 */
typedef struct{
  int stacksize;
  char *base;
  char *top;
} Stack;
/* 定义 int 类型的栈 */
typedef struct{
  int stacksize;
  int *base;
  int *top;
} Stack2;
```

2. 主要函数

Precede(char c1,char c2) 可以判断运算符的优先级，返回优先级高的运算符。运算符间的优先级关系如表 2-2-1 所示。

表 2-2-1　运算符间的优先级关系

	+	−	*	/	(	)	#
+	>	<	<	<	<	>	>
−	>	>	<	<	<	>	>
*	>	>	>	>	<	>	>
/	>	>	>	>	<	>	>
(	<	<	<	<	<	=	
)	>	>	>	>		>	>
#	<	<	<	<	<		=

主要函数的伪代码如下：

```
char Precede(char c1,char c2)
{
static char array[49]={
 '>', '>', '<', '<', '<', '>', '>',
 '>', '>', '<', '<', '<', '>', '>',
 '>', '>', '>', '>', '<', '>', '>',
 '>', '>', '>', '>', '<', '>', '>',
 '<', '<', '<', '<', '<', '=', '!',
 '>', '>', '>', '>', '!', '>', '>',
 '<', '<', '<', '<', '<', '!', '='};  //用一维数组存储 49 种情况
switch(c1)
{
  /* i 为 array 的横坐标 */
  case '+':i=0;break;
  case '-':i=1;break;
  case '*':i=2;break;
  case '/':i=3;break;
  case '(':i=4;break;
  case ')':i=5;break;
  case '#':i=6;break;
}
switch(c2)
{
  /* j 为 array 的纵坐标 */
  case '+':j=0;break;
  case '-':j=1;break;
  case '*':j=2;break;
  case '/':j=3;break;
  case '(':j=4;break;
  case ')':j=5;break;
  case '#':j=6;break;
}
return (array[7*i+j]);  /* 返回的运算符 array[7*i+j] 为 c1、c2 对应的优先级关系*/
}
```

三、完整程序清单

```
#include <stdio.h>
#include <stdlib.h>
```

```
#include <string.h>
#define NULL 0
#define OK 1
#define ERROR -1
#define STACK_INIT_SIZE 100
#define STACKINCREMENT 20
/* 定义char类型的栈 */
typedef struct{
  int stacksize;
  char *base;
  char *top;
} Stack;
/* 定义int类型的栈 */
typedef struct{
  int stacksize;
  int *base;
  int *top;
} Stack2;
/* ----------------- 全局变量--------------- */
Stack OPTR;/* 定义运算符栈*/
Stack2 OPND; /* 定义操作数栈 */
char expr[255] = ""; /* 存放算术表达式串 */
char *ptr = expr;

int InitStack(Stack *s)  //构造运算符栈
{
  s->base=(char *)malloc(STACK_INIT_SIZE*sizeof(char));
  if(!s->base) return ERROR;
  s->top=s->base;
  s->stacksize=STACK_INIT_SIZE;
  return OK;
}
int InitStack2(Stack2 *s)  //构造操作数栈
{
  s->base=(int *)malloc(STACK_INIT_SIZE*sizeof(int));
  if(!s->base) return ERROR;
  s->stacksize=STACK·INIT_SIZE;
  s->top=s->base;
  return OK;
}

int In(char ch)  //判断字符是否是运算符，是运算符即返回1
{
  return(ch=='+'||ch=='-'||ch=='*'||ch=='/'||ch=='('||ch==')'||ch=='#');
}
int Push(Stack *s,char ch)  //运算符栈：插入ch，成为新的栈顶元素
{
  *s->top=ch;
  s->top++;
  return 0;
}
int Push2(Stack2 *s,int ch)//操作数栈：插入ch，成为新的栈顶元素
{
  *s->top=ch;
  s->top++;
  return 0;
}
char Pop(Stack *s)  //删除运算符栈s的栈顶元素，用p返回其值
{
  char p;
  s->top--;
```

```
      p=*s->top;
      return p;
    }
    int Pop2(Stack2 *s)//删除操作数栈 s 的栈顶元素，用 p 返回其值
    {
      int p;
      s->top--;
      p=*s->top;
      return p;
    }
    char GetTop(Stack s)//用 p 返回运算符栈 s 的栈顶元素
    {
      char p=*(s.top-1);
      return p;
    }
    int GetTop2(Stack2 s)  //用 p 返回操作数栈 s 的栈顶元素
    {
      int p=*(s.top-1);
      return p;
    }
    /* 判断运算符优先级，返回优先级高的 */

    char Precede(char c1,char c2)
    {
      int i=0,j=0;
      static char array[49]={
      '>', '>', '<', '<', '<', '>', '>',
      '>', '>', '<', '<', '<', '>', '>',
      '>', '>', '>', '>', '<', '>', '>',
      '>', '>', '>', '>', '<', '>', '>',
      '<', '<', '<', '<', '<', '=', '!',
      '>', '>', '>', '>', '!', '>', '>',
      '<', '<', '<', '<', '<', '!', '='};
      switch(c1)
      {
        /* i 为 array 的横坐标 */
        case '+':i=0;break;
        case '-':i=1;break;
        case '*':i=2;break;
        case '/':i=3;break;
        case '(':i=4;break;
        case ')':i=5;break;
        case '#':i=6;break;
      }

      switch(c2)
      {
        /* j 为 array 的纵坐标 */
        case '+':j=0;break;
        case '-':j=1;break;
        case '*':j=2;break;
        case '/':j=3;break;
        case '(':j=4;break;
        case ')':j=5;break;
        case '#':j=6;break;
      }
      return (array[7*i+j]); /* 返回运算符 */
    }
    /*操作函数 */
    int Operate(int a,char op,int b)
```

```
{
  switch(op)
  {
    case '+':return (a+b);
    case '-':return (a-b);
    case '*':return (a*b);
    case '/':return (a/b);
  }
  return 0;
}
int num(int n)//返回操作数的长度
{
    char p[10];
    itoa(n,p,10);//把整型转换成字符串型
    n=strlen(p);
    return n;
}
int EvalExpr()//主要函数
{
  char c,theta,x; int n,m;
  int a,b;
  c = *ptr++;
  while(c!='#'||GetTop(OPTR)!='#')
  {
    if(!In(c))
    { if(!In(*(ptr-1))) ptr=ptr-1;
    m=atoi(ptr);//取字符串前面的数字段
    n=num(m);
    Push2(&OPND,m);
    ptr=ptr+n;
    c=*ptr++;
    }
  else
  switch(Precede(GetTop(OPTR),c))
  {
    case '<':Push(&OPTR,c); c = *ptr++; break;
    case '=':x=Pop(&OPTR); c = *ptr++; break;
    case '>':theta=Pop(&OPTR); b=Pop2(&OPND); a=Pop2(&OPND);
             Push2(&OPND,Operate(a,theta,b));break;
  }
  }
  return GetTop2(OPND);
}
int main( )
{
  printf("请输入正确的表达式,以'#'结尾:");
  do{
    gets(expr);
  }while(!*expr);
  InitStack(&OPTR); /* 初始化运算符栈 */
  Push(&OPTR,'#'); /* 将#压入运算符栈中 */
  InitStack2(&OPND); /* 初始化操作数栈 */
  printf("表达式结果为:%d\n", EvalExpr());
  return 0;
}
```

在程序运行后先输入：69+5*6#，然后按下回车键，输出结果为99。

实训案例四

校园导游查询系统

【问题描述】

设计一个校园导游查询系统，为来访客人提供各种信息查询服务。

一、需求分析

（1）设计南昌工程学院的校园平面图，所含景点不少于 10 个。以校园平面图中的顶点表示校园内的景点，存放景点名称、代号、简介等信息；以边表示路径，存放路径长度等相关信息。

（2）为来访客人提供校园平面图中任意景点的相关信息的查询服务。

（3）为来访客人提供校园平面图中任意景点的路径查询服务，即查询任意两个景点之间的一条最短的简单路径。

二、设计内容

作为一个校园导游查询系统（见图 2-4-1），必须有每个景点的相关服务，比如校园景点列表、校园周边景点介绍及校园景点路径查询等服务。来访客人在进入校园导游查询系统后可以进行查询、选择等操作。在进行系统设计的时候，要保持界面的整洁、友好、便捷，这就要用到图的最短路径算法。

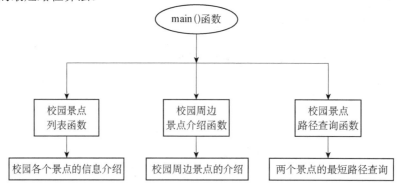

图 2-4-1　校园导游查询系统

1. 数据存储结构设计

代码如下：

```
typedef struct ArcCell{
```

```
        int adj;                        //相邻景点之间的路径
}ArcCell;                                //定义边的类型
typedef struct VertexType{
        int number;                     //景点编号
        char* sight;                    //景点名称
        char* info;                     //景点描述
}VertexType;                             //定义顶点的类型
typedef struct{
        VertexType vex[NUM];            //校园平面图中的顶点，即景点
        ArcCell arcs[NUM][NUM];         //校园平面图中的边，即景点间的距离
        int vexnum,arcnum;              //顶点数量、边数量
}MGraph;                                 //定义校园平面图的类型
```

2. 主要函数

代码如下：

```
void CreateUDN(int v,int a);            //构造校园平面图函数
void zuiduanlujing(int num);            //最短路径函数
void shuchu(int sight1,int sight2);     //输出函数
void liebiao();                         //校园景点列表函数
void zhoubian();                        //校园周边景点介绍函数
void chaxun();                          //校园景点路径查询函数
```

三、完整程序清单

```
#include "string.h"
#include "stdio.h"
#include "stdio.h"
#include "malloc.h"
#include "stdlib.h"
#include "windows.h"
#define Max 20000
#define NUM 10
void CreateUDN(int v,int a);            //构造校园平面图函数
void zuiduanlujing(int num);
void shuchu(int sight1,int sight2);     //输出函数
void liebiao();                         //校园景点列表函数
void zhoubian();                        //校园周边景点介绍函数
void chaxun();                          //校园景点路径查询函数
int P[NUM][NUM];                        //标记两个景点是否可达，可达则置为1，不可达则置为0
long int D[NUM];                        //辅助变量存储最短路径长度
int   x[9]={0};
typedef struct ArcCell{
        int adj;                        //相邻景点之间的路径
}ArcCell;                                //定义边的类型
typedef struct VertexType{
        int number;                     //景点编号
        char* sight;                    //景点名称
        char* info;                     //景点描述
}VertexType;                             //定义顶点的类型
typedef struct{
        VertexType vex[NUM];            //校园平面图中的顶点，即景点
        ArcCell arcs[NUM][NUM];         //校园平面图中的边，即景点间的距离
        int vexnum,arcnum;              //顶点数量、边数量
}MGraph;                                 //定义校园平面图的类型
MGraph G;
void main(){
 int selet=0;
 while(1)
 {
```

```
        printf("\n\n 南昌工程学院景点导游图\n\n\n");
    printf("            1．校园景点列表；\n\n");
    printf("            2．校园周边景点介绍；\n\n");
    printf("            3．校园任意两个景点之间的最短路径；\n\n\n");
    printf("***********请选择选项***************\n\n");
    scanf("%d",&selet);
    do{
        switch(selet)
        {
        case 1:
        printf("进入校园景点列表；\n\n");
        liebiao();
        break;
        case 2:
        printf("进入校园周边景点介绍；");
        zhoubian();
        break;
        case 3:
        printf("查询校园任意两个景点之间的最短路径；");
        chaxun();
        break;
        }
    }while(selet==0);
    system("pause");
    system("cls");
    }
}
void liebiao()
{
    int xuanze;
    int flag;
        printf("1．逸夫楼;\t");
        printf("2．水文化广场；\n\n");
        printf("3．巅峰广场;\t");
         printf("4．图书馆；\n\n");
         printf("5．体育馆;\t");
         printf("6．南教学楼；\n\n");
         printf("7．北教学楼;\t");
         printf("8．食堂；\n\n");
         printf("9．学生宿舍；\t");
         printf("10．大学生活动中心；\n");
         printf("请选择景点(键入 1～10 号数字键):\n");
    scanf("%d",&xuanze);
    do{
        switch(xuanze)
        {
            flag=1;
        case 1:
            printf("逸夫楼\n\n 一座集理论教学和实验教学于一体的教学楼。\n");
            break;
        case 2:
            printf("水文化广场\n\n 发扬我校爱水护水的优良传统的教育基地。\n");
            break;
        case 3:
            printf("巅峰广场\n\n 学生社团活动的主要场所。\n");
            break;
        case 4:
            printf("图书馆\n\n 藏书上百万册、省一流的图书馆。\n");
            break;
        case 5:
            printf("体育馆\n\n 师生进行体育锻炼的主要场所。\n");
            break;
```

```
            case 6:
                printf("南教学楼\n学校进行教学活动的主要教学楼之一。\n");
                break;
            case 7:
                printf("北教学楼\n学校进行教学活动的主要教学楼之一。\n");
                break;
            case 8:
                printf("食堂\n师生食堂，来自全国各地的特色美食尽在其中。\n");
                break;
            case 9:
                printf("学生宿舍\n安静舒适的住宿环境能让学生安心地学习。\n");
                break;
            case 10:
                printf("大学生活动中心\n各种晚会、学术交流的场所。\n");
                break;
        }
    if(xuanze=='1'||xuanze=='2'||xuanze=='3'||xuanze=='4'||xuanze=='5'||xuanze=='6'||xuanze
==='7'||xuanze=='8'||xuanze=='9'||xuanze=='10')
            flag=0;
        if(flag==0) break;
        getchar();
        getchar();
    }while(flag==0);
    }
void zhoubian()      //校园周边景点介绍函数
{
    int zb;
    printf("南昌工程学院周边景点：\n");
    printf("1. 江西工业职业技术学院\t");
    printf("2. 江西科技学院\n");
    printf("3. 江西师范大学\t");
    printf("4. 江西外语外贸职业学院\n");
    printf("5. 江西制造职业技术学院：\n");
    printf("请输入需要了解的校园周边景点：");
    scanf("%d",&zb);
    switch(zb)
    {
    case 1:
        printf("江西工业职业技术学院\n学院正大门往北200米,可乘公交车直达");
        break;
    case 2:
        printf("江西科技学院\n乘公交车到江西科技学院下车");
        break;
    case 3:
        printf("江西师范大学\n位于南昌市北京西路77号,南昌工程学院南100米处");
        break;
    case 4:
        printf("江西外语外贸职业学院\n南昌市天祥大道291号 ,南昌工程学院北100米处");
        break;
    case 5:
        printf("江西制造职业技术学院\n位于风景如画的艾溪湖畔,可乘公交车直达");
        break;
    }
}
void chaxun()          //查询校园内任意两个景点之间的最短路径
{
    extern int sight1;              //全局变量，景点
    extern int sight2;
    int v0,v1;
    CreateUDN(NUM,16);              //创建图
    printf("0. 逸夫楼: ");
```

```
    printf("1. 水文化广场; ");
    printf("2. 巅峰广场; ");
    printf("3. 图书馆; ");
    printf("4. 体育馆; ");
    printf("5. 南教学楼; ");
    printf("6. 北教学楼; ");
    printf("7. 食堂; ");
    printf("8. 学生宿舍; ");
    printf("9. 大学生活动中心; ");
    printf("\n\n\t\t\t 请选择起点景点（0～9）: ");
        scanf("%d",&v0);
printf("\t\t\t 请选择终点景点（0～9）: ");
        scanf("%d",&v1);
        zuiduanlujing(v0);               //计算两个景点之间的最短路径
        shuchu(v0,v1);                   //输出结果
    printf("\n\n\t\t\t\t 请按任意键继续...\n");
    }
void CreateUDN(int v,int a)  //构造校园平面图函数
{
    int i,j;
    G.vexnum=v;                          //初始化结构中的顶点数量和边数量
    G.arcnum=a;
    for(i=0;i<G.vexnum;++i)
        G.vex[i].number=i;               //初始化每一个景点的编号

    //初始化每一个景点名及其景点描述
    G.vex[0].sight="逸夫楼";
    G.vex[0].info="一座集理论教学和实验教学于一体的教学楼";
    G.vex[1].sight="水文化广场";
    G.vex[1].info="发扬我校爱水护水的优良传统的教育基地。";
    G.vex[2].sight="巅峰广场";
    G.vex[2].info="学生社团活动的主要场所";
    G.vex[3].sight="图书馆";
    G.vex[3].info="藏书上百万册、省一流的图书馆";
    G.vex[4].sight="体育馆";
    G.vex[4].info="师生进行体育锻炼的主要场所";
    G.vex[5].sight="南教学楼";
    G.vex[5].info="学校进行教学活动的主要教学楼之一";
    G.vex[6].sight="北教学楼";
    G.vex[6].info="学校进行教学活动的主要教学楼之一";
    G.vex[7].sight="食堂";
    G.vex[7].info="师生食堂，来自全国各地的特色美食尽在其中";
    G.vex[8].sight="学生宿舍";
    G.vex[8].info="安静舒适的住宿环境能让学生安心地学习";
    G.vex[9].sight="大学生活动中心";
    G.vex[9].info="各种晚会、学术交流的场所";

    //这里把所有的边假定为10000，表示两个景点不可到达
    for(i=0;i<G.vexnum;++i)
        for(j=0;j<G.vexnum;++j)
            G.arcs[i][j].adj=Max;
    //下面是可直接到达的两个景点间的距离，由于两个景点间的距离是互相的(无向图)
    //因此要对校园平面图中对称的边同时赋值
    G.arcs[0][1].adj=G.arcs[1][0].adj=100;
    G.arcs[0][2].adj=G.arcs[2][0].adj=100;
    G.arcs[1][3].adj=G.arcs[3][1].adj=50;
    G.arcs[1][2].adj=G.arcs[2][1].adj=100;
    G.arcs[2][4].adj=G.arcs[4][2].adj=50;
    G.arcs[3][5].adj=G.arcs[5][3].adj=100;
    G.arcs[5][4].adj=G.arcs[4][5].adj=100;
```

```
    G.arcs[4][3].adj=G.arcs[3][4].adj=200;
    G.arcs[4][9].adj=G.arcs[9][4].adj=100;
    G.arcs[6][3].adj=G.arcs[3][6].adj=200;
    G.arcs[5][6].adj=G.arcs[6][5].adj=100;
    G.arcs[8][6].adj=G.arcs[6][8].adj=100;
    G.arcs[5][8].adj=G.arcs[8][5].adj=100;
    G.arcs[7][8].adj=G.arcs[8][7].adj=100;
    G.arcs[5][7].adj=G.arcs[7][5].adj=100;
    G.arcs[7][9].adj=G.arcs[9][7].adj=100;
}
void zuiduanlujing(int num)   //迪杰斯特拉最短路径，num 为入口点的编号
{
 int v,w,i,t;                          //v、w 和 i 为计数变量
 int final[NUM];
 int min;
 for(v=0;v<NUM;v++)
 {
     final[v]=0;                       //假设从顶点 num 到顶点 v 没有最短路径
     D[v]=G.arcs[num][v].adj;          //将与之相关的权值放入 D 中
     for(w=0;w<NUM;w++)                //设置为空路径
         P[v][w]=0;
     if(D[v]<1000)                     //存在路径，距离小于 1000，可达
     {
         P[v][num]=1;                  //将存在标志置为 1
         P[v][v]=1;                    //从自身到自身
     }
 }
 D[num]=0;
 final[num]=1;                         //初始化 num 顶点
 //开始主循环，每一次都求得 num 顶点到某个顶点的最短路径
 for(i=0;i<NUM;++i)        //其余 G.vexnum-1 个顶点
 {
     min=Max;                          //当前所知的离 num 顶点的最近距离
     for(w=0;w<NUM;++w)
         if(!final[w])
             if(D[w]<min)              //w 顶点离 num 顶点更近
             {
                 v=w;
                 min=D[w];
             }
             final[v]=1;
             for(w=0;w<NUM;++w)   //更新当前最短路径及其距离
                 if(!final[w]&&((min+G.arcs[v][w].adj)<D[w]))
                 {
                     D[w]=min+G.arcs[v][w].adj;
                     for(t=0;t<NUM;t++)
                         P[w][t]=P[v][t];
                     P[w][w]=1;
                 }
 }
}
void shuchu(int sight1,int sight2)     //输出函数
{
 int a,b,c,d,q=0;
 a=sight2;    //将 sight2 赋给 a
 if(a!=sight1)    //如果 sight2 不与 sight1 重合，则进行如下操作
 {  printf("\n\t 从%s 到%s 的最短路径为",G.vex[sight1].sight,G.vex[sight2].sight);
    printf("\t(最短距离为 %dm.)\n\n\t",D[a]);   //输出 sight1 到 sight2 的最短路径
                                      //存放在 D[] 数组中
    printf("\t%s",G.vex[sight1].sight);   //输出 sight1 的名称
    d=sight1;                         //将 sight1 的编号赋给 d
```

```
        for(c=0;c<NUM;++c)
        {gate:;                          // 标号，可以作为 goto 语句跳转的位置
P[a][sight1]=0;
for(b=0;b<NUM;b++)
{ if(G.arcs[d][b].adj<20000&&P[a][b])
        {       printf("-->%s",G.vex[b].sight);   // 输出此节点的名称
                q=q+1;                           //计数变量加 1，控制输出时的换行操作
                P[a][b]=0;
                d=b;                             //将 b 作为出发点进行下一次循环的输出，如此反复
                if(q%9==0) printf("\n");
                goto gate;
        }
    }
    }
}
}
```

实训案例五

实现闭散列表的建立和查找

【问题描述】

实现闭散列表的建立和查找。

一、需求分析

（1）闭散列表的建立。
（2）闭散列表的查找。

二、设计内容

建立一个哈希表，散列函数为 *H*(key)=key MOD 13（除留余数法）。闭散列表长度为 16，输入待查记录的关键字，在哈希表上进行查找。若在建立和查找过程中发生冲突，则采用线性探测法处理。为了简化算法，哈希表的记录只含一个正整型的关键字字段，忽略记录的其余部分。

1. 数据存储结构设计

代码如下：

```
#define Keytype int
#define Maxsize 16
typedef struct
{
    int key;                    //定义关键字
} hashtable;                    //定义哈希表类型
hashtable htable[Maxsize];      //定义哈希表空间
```

2. 主要算法设计

代码中的散列函数存在：k=j%13。
代码中的线性探测函数存在：k=(k+1)%16。

三、完整程序清单

```
#include <stdio.h>
#include "datastr.h" //将数据存储结构所定义的头文件包含进来

    void HashCreat(hashtable *ht)//建立哈希表的函数
    {
    int i , j, k;
    printf("\n 建立闭散列表! \n");
    printf("\n 请输入闭散列表元素的关键字的值，关键字为正整型变量， -1 为结束标志!\n");
```

```
                for(i=0;  i<16;  i++)
                    ht[j].key=-1;
                for(i=0;i<16;i++){
                    //依次插入用户输入的各个元素
                        printf("请输入第%d个关键字:\n", i+1);
                        scanf("%d",&j);       //输入关键字
                        if(j !=-1)
                        {    k=j%13;
                            if(ht[k].key==-1)
                                ht[k].key=j;  //若无冲突，则直接插入相应位置
                            else  //若发生冲突，则用线性探测法处理
                            {
                                k=(k+1)%16;
                                if(ht[k].key == -1) ht[k].key=j;
                                else
                                    printf("\n 对于输入的%d 关键字,若用线性探测法处理不成功,则插入失败! \n",j);
                            }
                        }
                    else
                {
                        printf("\n 插入元素结束! \n");
                        break;
                }
    }//HashCreat


int HashSearch(Keytype key, hashtable *ht, int *loc)  //查找哈希表的函数
{
    int i ,j;
    i=0;
    j=k%13; //散列函数: H(key)=key mod 13
    while( i<16 && ht[j].key != k && ht[j].key !=-1)
    {
     i++;
     j=(j+1) %16; //发生冲突,用线性探测法解决冲突
    }
    loc=&j;  //通过指针返回待查找关键字在哈希表中的位置
    if(ht[j].key != k) return 0; //查找失败,返回 0
    else return 1; //返回 1 表示查找成功
}

void printHashtable(hashtable *ht)  //打印哈希表内容的函数
{
    for(i=0;  i<16;  i++)
        printf("%4d", i+1);  //打印哈希表标号
    for(i=0;  i<16;  i++)
        printf("%4d", ht[i].key);  //打印哈希表中存储的关键字
    printf("\n\n");
}

main()
{
    int i,k,location;
    HashCreat(htable);  //调用哈希表函数
    printHashtable(htable);  //输出哈希表的内容
    printf("\n 请输入待查找元素的关键字: \n");
    scanf("%d", &i);
    k= HashSearch(k, htable, &location);  //查找元素
    if(k==0) printf("你要找的%d 元素在哈希表中不存在!\n", i);
    else printf("查找成功, 在哈希表的第%d 个位置!\n", location+1);
}
```

实训案例六

排　序

【问题描述】

设计一个程序，对各种排序方法进行比较。

一、需求分析

用随机函数生成 10000 个随机数，分别用起泡排序、选择排序、直接插入排序、希尔排序、快速排序、堆排序、归并排序这些排序方法进行排序，并统计每一种排序方法花费的时间和交换的次数。由用户定义随机数的个数，由系统生成随机数。

二、完整程序清单

```cpp
#include "iostream.h"
#include "stdio.h"
#include "stdlib.h"
#include "time.h"
/**********************************************************
                        起泡排序
**********************************************************/
long Bubblesort(long R[], long n)
{
    int flag=1;                    //若 flag 的值为 0,则停止排序
    long BC=0;
    for(long i=1;i<n;i++)
    {                              //i 表示趟数,最多 n-1 趟
        flag=0;                    //开始时元素未交换
        for(long j=n 1;j>=i;j--)
        {
            if(R[j]<R[j-1])        //逆序
            {
                long t=R[j];
                R[j]=R[j-1];
                R[j-1]=t;flag=1;   //交换,并进行标记
            }
            BC++;
        }
    }
    return BC;
}

/**********************************************************
```

```
                                        选择排序
**********************************************************************/
long selectsort(long R[], long n)
{
  long i,j,m;long t,SC=0;
  for(i=0;i<n-1;i++)
  {
      m=i;
      for(j=i+1;j<n;j++)
      {
          SC++;
          if(R[j]<R[m]) m=j;
          if(m!=i)
          {
              t=R[i];
              R[i]=R[m];
              R[m]=t;
          }
      }
  }
  return SC;
}



/**********************************************************************
                                        直接插入排序
**********************************************************************/
long insertsort(long R[], long n)
{
  long IC=0;
  for(long i=1;i<n;i++)                  //i表示插入次数,共进行 n-1 次
  {
      long temp=R[i];                         //把待排序元素赋给 temp
      long j=i-1;
      while((j>=0)&&(temp<R[j]))
      {
          R[j+1]=R[j];j--;                //顺序比较和移动
          IC++;
      }
      IC++;
      R[j+1]=temp;
  }
  return IC;
}



/**********************************************************************
                                        希尔排序
**********************************************************************/
long ShellSort(long R[], int n)
{
  int temp,SC=0;
  for(int i = n / 2; i > 0; i /= 2)                          //将所有记录分成增量为 t 的子序列
  {
      for(int j = 0; j < i; j ++)                             //对每个子序列进行排序
          for(int k = j + i; k < n; k += i)                  //依次将记录插入有序子序列中
              for(int p = j; p < k; p += i)                  //循环查找要插入的位置
                  if (R[k] < R[p]) {
                      temp = R[k];
                      for(int q = k; q > p; q -= i){ //将插入位置后的记录依次后移
                          R[q] = R[q - i];
```

```
                                    SC++;
                              }
                              R[p] = temp;                        //插入记录
                              break;
                        }
  }
  return SC;
}


/**********************************************************************
                              快速排序
**********************************************************************/
long quicksort(long R[], long left, long right)
{
  static long QC=0;
  long i=left,j=right;
  long temp=R[i];
  while(i<j)
  {
        while((R[j]>temp)&&(j>i))
        {
              QC++;
              j=j-1;
        }
        if(j>i)
        {
              R[i]=R[j];
              i=i+1;
              QC++;
        }
        while((R[i]<=temp)&&(j>i))
        {
              QC++;
              i=i+1;
        }
              if(i<j)
              {
                    R[j]=R[i];
                    j=j-1;
                    QC++;
              }
  }
                                          //通过二次划分得到基准值的正确位置
  R[i]=temp;
  if(left<i-1)
        quicksort(R,left,i-1);            //递归调用左子区间
  if(i+1<right)
        quicksort(R,i+1,right);           //递归调用右子区间
  return QC;
}



/**********************************************************************
                              堆排序
**********************************************************************/
static long HC=0;
void Heap(long R[], int n)                //重新构造小顶堆
{
  int temp;
  for(int i = 0; i * 2 < n; i ++)
  {
```

```
            if (R[i] >= R[2 * i] && R[2 * i]) {
                temp = R[i];
                R[i] = R[2 * i];
                R[2 * i] = temp;
                HC++;
            }
            if (R[i] >= R[2 * i + 1] && R[2 * i + 1]) {
                temp = R[i];
                R[i] = R[2 * i + 1];
                R[2 * i + 1] = temp;
                HC++;
            }
        }
    }

long HeapSort(long R[], int n)                    //取出堆顶
{
    for(int i = n - 1; i >= 0; i --)
    {
        Heap(R, i);
        R[0] = R[i];
    }
    return HC;
}


/****************************************************************************
                              归并排序
****************************************************************************/
static long MC=0;
void Merge(long c[], long d[], int l, int m, int r)
{//将c[1:m]和c[m+1:r]合并到d[1:r]中
    int i = l, j = m + 1, k = l;
    while ((i <= m) && (j <= r)) {
        if (c[i] <= c[j])
            d[k ++] = c[i ++];
        else
            d[k ++] = c[j ++];
        MC++;
    }
    if (i > m)
        for(int q = j; q <= r; q ++)
            d[k ++] = c[q];
    else
        for(int q = i; q <= m; q ++)
            d[k ++] = c [q];
}

void Copy(long a[], long b[], int left, int right)
{
    for(int i = left; i <= right; i ++)
        a[i] = b[i];
}

long MergeSort(long a[], int left, int right)
{                                        //通过递归将数组分成子数组
    long* b = new long [right + 1];
    if (left < right) {
        int i = (left + right) / 2;
        MergeSort(a, left, i);
```

```
        MergeSort(a, i + 1, right);
        Merge(a, b, left, i, right);
        Copy(a, b, left, right);
    }
    return MC;
}


/******************************************************************************
                            操作选择函数
******************************************************************************/
void operate(long a[], long n)
{
    long * R = new long [n];
    time_t start, end;
    double dif;
    long degree;
    char ch;
    printf( "请选择排序方法: \t");
    scanf("%c",&ch);
    switch(ch){
    case '1':
        {
                for(int i = 0; i < n; i ++)
                {
                        R[i] = a[i];
                }
                time(&start);
                degree = Bubblesort(R, n);
                time(&end);
                dif = difftime(end, start);
                printf("起泡排序所用时间: \t%ld\n", dif);
                printf("起泡排序交换次数: \t%ld\n",degree );
                printf("\n");
                operate(a, n);
                break;
        }
    case '2':
        {
                for(int i = 0; i < n; i ++)
                {
                        R[i] = a[i];
                }
                time(&start);
                degree = selectsort(R, n);
                time(&end);
                dif = difftime(end, start);
                printf("选择排序所用时间: \t%ld\n", dif);
                printf("选择排序交换次数: \t%ld\n",degree );
                printf("\n");
                operate(a, n);
                break;
        }
    case '3':
        {
                for(int i = 0; i < n; i ++)
                {
                        R[i] = a[i];
                }
                time(&start);
                degree = insertsort(R, n);
                time(&end);
```

```
            dif = difftime(end, start);
            printf("直接插入排序所用时间:    %ld\n " , dif);
            printf("直接插入排序交换次数:    %ld\n ", degree);
            printf("\n");
            operate(a, n);
            break;
        }
    case '4':
        {
            for(int i = 0; i < n; i ++)
            {
                R[i] = a[i];
            }
            time(&start);
            degree = ShellSort(R, n);
            time(&end);
            dif = difftime(end, start);
            printf( "希尔排序所用时间:    %ld\n " , dif);
            printf( "希尔排序交换次数:    %ld\n ", degree);
            printf("\n");
            operate(a, n);
            break;
        }
    case '5':
        {
            for(int i = 0; i < n; i ++)
            {
                R[i] = a[i];
            }
            time(&start);
            degree = quicksort(R, 0, n - 1);
            time(&end);
            dif = difftime(end, start);
            printf("快速排序所用时间: \t%ld\n", dif);
            printf("快速排序交换次数: \t%ld\n",degree );
            printf("\n");
            operate(a, n);
            break;
        }
    case '6':
        {
            for(int i = 0; i < n; i ++)
            {
                R[i] = a[i];
            }
            time(&start);
            degree = HeapSort(R, n);
            time(&end);
            dif = difftime(end, start);
            printf("堆排序所用时间: \t%ld\n", dif);
            printf("堆排序交换次数: \t%ld\n",degree );
            printf("\n");
            operate(a, n);
            break;
        }
    case '7':
        {
            for(int i = 0; i < n; i ++)
            {
                R[i] = a[i];
```

```
            }
            time(&start);
            degree = MergeSort(R, 0, n);
            time(&end);
            dif = difftime(end, start);
            printf( "归并排序所用时间: \t%ld\n",dif);
            printf( "归并排序比较次数: \t %ld\n", degree);
            printf("\n");
            operate(a, n);
            break;
        }
    case '8':
        break;
    default:
        {
            printf( "输入错误，请选择正确的操作! \n);
            break;
        }
    }
}


/*************************************************************************
                          主函数
*************************************************************************/
void main()
{
    printf("\n**              排序方法比较              **");
    printf("=============================================");
    printf("**              1 --- 起泡排序            **");
    printf("**              2 --- 选择排序            **");
    printf("**              3 --- 直接插入排序        **");
    printf("**              4 --- 希尔排序            **");
    printf("**              5 --- 快速排序            **");
    printf("**              6 --- 堆排序              **");
    printf("**              7 --- 归并排序            **");
    printf("**              8 --- 退出程序            **");
    printf("=============================================");

    printf( "\n 请输入要生成的随机数的个数: ";
    long n;
    scanf("%d",&n);
    printf("\n");
    long *a = new long [n];
    srand((unsigned long)time(NULL));
    for (long i = 0; i < n; i ++)
    {
        a[i] = rand() % n;
    }

    operate(a, n);
}
```

实训案例七

运动会成绩统计系统

【问题描述】

有 n 个学校参加运动会，学校编号分别为 1、2、…、n。运动会分成 m 个男子项目和 w 个女子项目。男子项目编号为 1、2、…、m，女子项目编号为 $m+1$、$m+2$、…、$m+w$。每个项目都取前五名或前三名的成绩作为积分，取前五名的成绩分别为 7、5、3、2、1，取前三名的成绩分别为 5、3、2，取前五名还是取前三名的成绩由自己设定（$m \leqslant 20$，$n \leqslant 20$）。

一、需求分析

（1）输入各个项目的前三名或前五名的成绩。

（2）统计各个学校的总分。

（3）按学校编号、学校总分、男女团体总分进行排序并输出成绩。

（4）按学校编号查询某个学校的某个项目的情况；按项目编号查询成绩是前三或前五名的学校。

规定输入的数据是 20 以内的整数。

输出形式：有中文提示，各个学校的分数为整数。

界面要求：有合理的提示，每个功能都可以设立菜单，根据提示可以完成相关的功能。

二、设计内容

本程序主要分为四个模块。

（1）结构体模块：即数据存储结构，存放主要的结构体、数组、全局变量等信息。

（2）主函数模块：实现控制程序的运行、各子模块的调用等各项功能。

（3）输入模块：输入学校、男女项目等信息。

（4）排序查询模块：把信息按要求排序并输出。

1. 数据存储结构设计

代码如下：

```
int n;                    //n 个学校
int m;                    //m 个男子项目
int w;                    //w 个女子项目
struct pro                //表示项目的结构体
{
```

```
    char name[12];                      //项目名称
    int snum[6];                        //前 5 名的学校编号
}p[21];

struct school                          //表示学校的结构体
{
int num;  // 学校编号
char name[20]                          //学校名称
int score;                             //学校总分
int male;                              //男子团体
int female;                            //女子团体
}sch[21];
```

2. 主要算法设计

在本程序中，运动会成绩排序采用了四种常用的排序方法。按学校编号排序采用了起泡排序，按学校总分排序采用了直接插入排序，按学校男子团体总分排序采用了简单选择排序，按学校女子团体总分排序采用了希尔排序。

三、完整程序清单

```
#include <stdio.h>
#include "datastr.h" //将用数据存储结构定义的头文件包含进来
int a[101][101];
int integral[5]={7,5,3,2,1}; //前五名的成绩

void input() //信息录入函数
{
   int i,j,x,y;
   printf("请输入学校数目:\n");
   y=0;
   while(1)
   {
      scanf("%d",&n);
      if(n>=1&&n<=20) y=1; //学校数目为 20 以内的正整数
      if(y) break;
      else printf("\n 输入数据有误,请重新输入:");
   }
   for(i=1;i<=n;i++) //输入学校的信息
   {
      printf("\n 请输入第%d 个学校的名称:",i);
      scanf("%s", sch[i].name);
      sch[i].score=0;
      sch[i].female=0;
      sch[i].male=0;
      sch[i].num=i;
   }
   printf("\n 请输入男子项目数量和女子项目数量:");
   y=0;
   while(1)
   {
      scanf("%d%d",&m,&w);
      if(m<=20&&m>=1&&w<=20&&w>=1)  y=1;
      if(y)  break;
      else printf("\n 输入数据有误,请重新输入:");
   }
   for(i=1;i<=m+w;i++) //输入项目的信息
   {
      printf("输入第%d 个项目的名称:\n",i);
```

```
                scanf("%s", p[i].name);
                printf("输入第%d个项目的前5名的学校编号:\n",i);
                for(j=1;j<=5;j++)
                {
                    printf("第%d个学校编号(学校编号大于或等于1且小于或等于20): \n", j);
                    scanf("%d",&x);

                    p[i].snum[j]=x;
                    sch[x].score+=integral[j-1]; //统计学校总分
                    if(i<=m)  sch[x].male+=integral[j-1]; //统计男子团体总分
                    else sch[x].female+=integral[j-1]; //统计女子团体总分
                }
        }
}


void bianhao( )                     //按学校编号排序的函数,采用起泡排序
{
    int i,j;
    struct school t;
    int exchange;  //是否交换的标志
    for(i=1;i<=n;i++)
    {
        exchange=0;
        for(j=1;j<=n-i;j++)
         if(sch[j].num>sch[j+1].num)
         { t=sch[j+1];  sch[j+1]=sch[j];  sch[j]=t;
            exchange=1;
         }
         if(exchange == 0)  break; //若无交换,则序列已经排好序,退出循环
    }
    printf("\n 按学校编号排序:\n");
    printf("学校编号 学校名称   学校总分    男子团体总分   女子团体总分\n");
    for(i=1;i<=n;i++)
        printf("%d  %s  %d  %d  %d \n", sch[i].num, sch[i].name, sch[i].score, sch[i].
male, sch[i].female); //打印第 i 个学校的信息
}

void zongfen()              //按学校总分排序,采用直接插入排序
{
int i,j;
struct school t;
for(i=2;i<=n;i++)
{
    t=sch[i]; //t 为哨岗
    j=i-1;
    while(t.score<sch[j].score)
        {
            sch[j+1]=sch[j];//将关键字大于 sch[i].key 的记录后移
            j--;
        }
    sch[j+1]=t;  //将 t 插入正确的位置
}
printf("\n 按学校总分排序:\n");
printf("学校编号   学校名称   学校总分   男子团体总分   女子团体总分\n");
for(i=1;i<=n;i++)
  printf("%d  %s  %d   %d  %d \n", sch[i].num, sch[i].name, sch[i].score, sch[i].male, sch[i].
female); //打印第 i 个学校的信息
}

void nanzi()            //按男子团体总分排序,采用简单选择排序
{
```

```
int i,j, k;
struct school t;
for(i=1;i<n;i++)
{
    k=i;   //k记录了第i趟的最小元素的位置
    for(j=i+1;j<=n;j++)
        if(sch[j].male<sch[m].male)//从无序区间sch[i...N]中选取male值最小的记录，并用k记录其位置
            k=j;  //用k记录目前找到的最小关键字所在的位置
        if(k!=i)//交换sch[i]和sch[k]
        {
            t=sch[i];
            sch[i]=sch[k];
            sch[k]=t;
        }
}
printf("\n按男子团体总分排序:\n");
printf("学校编号   学校名称    学校总分   男子团体总分   女子团体总分\n");
for(i=1;i<n;i++)
        printf("%d  %s  %d   %d  %d \n", sch[i].num, sch[i].name, sch[i].score, sch[i]. male,
sch[i].female); //打印第i个学校的信息
}

void nvzi()           //按女子团体总分排序，采用希尔排序
{
int i,j, k, w=0, d=n/2;
struct school t;
while(w<d)
{
    w=1;
    for(i=w;i<n;i=i+d)
    {
        k=i;
        for(j=i+d;j<=n;j=j+d)
        {
            if(stu [i].female>stu[j].female)
                k=j;
        }
        if(i!=k)
        {
            t=stu[i].female;
            stu[i].female=stu[k].female;
            stu[k].female=t;
        }
        w++;
    }
    d=d/2;
    w=1;
}
printf("\n按女子团体总分排序:\n");
printf("学校编号   学校名称    学校总分   男子团体总分   女子团体总分\n");
for(i=1;i<n;i++)
        printf("%d  %s  %d   %d  %d \n", sch[i].num, sch[i].name, sch[i].score, sch[i]. male,
sch[i].female); //打印第i个学校的信息
}

void chaxun_school()        //查询学校信息的函数
{
    int i,y,s;
    printf("\n输入需要查询的学校编号:");
    y=0;
    while(1)
```

```
    {   scanf("%d",&s);
        if(s>=1&&s<=n)  y=1;
        if(y)  break;
        else printf("输入数据有误，请重新输入:");
    }
    printf("该学校的相关信息:\n");
    printf("\n学校编号   学校名称     学校总分    男子团体总分    女子团体总分\n");
    for(i=1;i<=n;i++)
    {
        if(sch[i].num==s)
        {
            printf("%d   %s   %d    %d   %d \n", sch[i].num, sch[i].name, sch[i].score, sch[i].
male,sch[i].female); //打印第 i 个学校的信息
            break;
        }
    }
}
void chaxun_project( )          //查询项目信息的函数
{
    int i,y,s;
    printf("输入需要查询的项目编号:");
    y=0;
    while(1)
    {
        scanf("%d",&s);
        if(s>=1&&s<=n)  y=1;
        if(y)  break;
        else printf("输入数据有误，请重新输入:");
    }
    printf("\n 项目%s 前 5 名学校编号及学校名称为:\n", p[s].name);
    printf("名次    学校编号   学校名称\n");
    for(i=1;i<=5;i++)
    printf("%d   %d     %s\n", i , p[s].snum[i], sch[ p[s].snum[i] ].name;
}


int main( )  //主函数模块
{
    int ck;
    input(); //调用信息录入函数
    while(1)
    {
        printf("\n 选择您需要的操作(选择序号):\n");
        printf("1——按学校编号排序并输出\n");
        printf("2——按学校总分排序并输出\n");
        printf("3——按男子团体总分排序并输出\n");
        printf("4——按女子团体总分排序并输出\n");
        printf("5——查询某个学校的成绩\n");
        printf("6——查询某个项目的成绩\n");
        printf("7——结束\n\n");
        scanf("%d",&ck);
        if(ck==1)  bianhao();
        if(z==2)  zongfen();
        if(z==3)  nanzi();
        if(z==4)  nvzi();
        if(z==5)  chaxun_school();
        if(z==6)  chaxun_project();
        if(z==7)  break;
    }
}
```

实训案例八

地图染色问题

【问题描述】

设计一个基于栈的程序，对地图进行染色。

一、需求分析

（1）某地图分为 7 个区域，其区域分布如图 2-8-1 所示，现要用 4 种颜色对这 7 个区域进行染色，要求相邻区域不能同色。

（2）必须使用栈来完成染色。

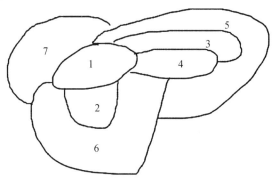

图 2-8-1　某地图的区域分布

二、设计内容

要对地图染色，首先要建立一个邻接表，用来表示该地图各个区域之间的联系。其次还要建立一个栈，用来存储颜色。若当前存储的颜色与周围已染色的区域不重色，则用栈记下该区域的颜色序号，否则依次用另一个颜色进行试探；若出现 1#～4#的颜色均与相邻区域的颜色重复，则需退栈、回溯，修改当前栈顶的颜色序号，再次进行试探，直至所有区域都已分配合适的颜色。

1. 数据存储结构设计

代码如下：

```
typedef struct SeqStack
{
    int* color;
```

```
    int size;
    int capacity;
}SeqStack;
```

2. 主要函数

代码如下：

```
void InitMap(int adjoin[NUM][NUM]);  //初始化邻接表
void InitSeqStack(SeqStack* stack);//初始化栈
void SeqStackPush(SeqStack* stack, int color);//对各区域进行染色
void SeqStackChange(SeqStack* stack);//栈顶元素的颜色递增
```

三、完整程序清单

```
#stack.h
#ifndef STACK_H_INCLUDED
#define STACK_H_INCLUDED
#include<stdlib.h>

typedef struct SeqStack
{
    int* color;
    int size;
    int capacity;
}SeqStack;
void InitSeqStack(SeqStack* stack);
void SeqStackPush(SeqStack* stack, int color);
int SeqStackPop(SeqStack* stack);
void SeqStackChange(SeqStack* stack);//栈顶元素的颜色递增

void InitSeqStack(SeqStack* stack)
{
    stack->capacity = 1000;
    stack->size = 0;
    stack->color = (int*)malloc(sizeof(int) * stack->capacity);
    //第一个 stack[0]
}//初始化内存空间，但是里面没有存放任何东西, stack->size=0,若下标为 size-1 则为首元素地址
void SeqStackPush(SeqStack* stack, int color)
{
    stack->size++;
    stack->color[stack->size - 1] = color;
}
int SeqstackPop(SeqStack* stack)
{
    stack->size--;
    if (stack->size == 0)
        return 0;//无解，出现问题
    else
        return 1;
}
void SeqStackChange(SeqStack* stack)
{
    if (stack->size != 0)
        stack->color[stack->size - 1]++;//进入这个函数的前提是有颜色可染
}


#endif // STACK_H_INCLUDED


#map.h
#ifndef MAP_H_INCLUDED
#define MAP_H_INCLUDED
```

```
#define NUM 7
#include "stack.h"
#include<stdlib.h>
//#include"stack.h"
void InitMap(int adjoin[NUM][NUM])
{
    int temp[NUM][NUM] =
    {
        {0,1,1,1,1,1,0},
        {1,0,0,0,0,1,0},
        {1,0,0,1,1,0,0},
        {1,0,1,0,1,1,0},
        {1,0,1,1,0,1,0},
        {1,1,0,1,1,0,0},
        {1,0,0,0,0,1,1}
    };
    int i = 0;
    for (; i < NUM; i++)
    {
        int j = 0;
        for (; j < NUM; j++)
        {
            adjoin[i][j] = temp[i][j];
        }
    }
}
int AdjoinSearch(SeqStack* stack, int adjoin[NUM][NUM], int sub, int color_temp)
{
    int i;
    for (i = 0; i <= stack->size - 1; i++)//stack->size-1 为 stack->color 的最大下标
    {
        if (adjoin[sub][i] == 1 && sub != i)//adjoin[sub][i]==1, 即与编号为 i 的块相邻
        {
            if (stack->color[i] == color_temp)
            {
                return 1;
            }
        }
    }
    return 0;
}
void Map(int adjoin[NUM][NUM], SeqStack* stack)
{
    InitMap(adjoin);
    InitSeqStack(stack);
    SeqStackPush(stack, 1);
    //int i;
    //int PopFlag=0;
    int ColorRem = 0;
    while (stack->size != NUM)//stack->size 是栈中元素的个数
    {
        //if(stack->size)
        int color_temp = 1;
        if (AdjoinSearch(stack, adjoin, stack->size, color_temp) == 1 || ColorRem >=
color_temp)//相邻且重复
            //stack->size 为要检验的元素在邻接表中的下标
        {
            color_temp = 2;
            if (AdjoinSearch(stack, adjoin, stack->size, color_temp) == 1 || ColorRem >=
color_temp)//相邻且重复
                //stack->size 为要检验的元素在邻接表中的下标
            {
```

```
                    color_temp = 3;

                        if (AdjoinSearch(stack, adjoin, stack->size, color_temp) == 1 || ColorRem >=
color_temp)//相邻且重复
                            //stack->size 为要检验的元素在邻接表中的下标
                        {
                            color_temp = 4;

                            if (AdjoinSearch(stack, adjoin, stack->size, color_temp) == 1 ||
ColorRem >= color_temp)//相邻且重复
                                //stack->size 为要检验的元素在邻接表中的下标
                            { //说明四种颜色都不能用
                                //SeqStackPop(&stack);
                                if ((stack->color[stack->size - 1] <= 3) && (AdjoinSearch(stack,
adjoin, stack->size - 1, stack->color[stack->size - 1] + 1) == 0))
                                {
                                    SeqStackChange(stack);
                                    ColorRem = 0;
                                }
                                else
                                {
                                    //PopFlag=1;
                                    ColorRem = stack->color[stack->size - 1];
                                    //SeqStackPop(stack);
                                    stack->size--;
                                }
                            }
                            else
                            {
                                SeqStackPush(stack, color_temp);
                                ColorRem = 0;
                            }
                        }
                        else
                        {
                            SeqStackPush(stack, color_temp);
                            ColorRem = 0;
                        }
                    }
                    else
                    {
                        SeqStackPush(stack, color_temp);
                        ColorRem = 0;
                    }
                }
                else
                {
                    SeqStackPush(stack, color_temp);
                    ColorRem = 0;
                }
            }
        }
#endif // MAP_H_INCLUDED


#main.c
#include"map.h"
#include"stack.h"
#include<stdio.h>
//一个邻接矩阵
```

```
int main()
{
    int adjoin[NUM][NUM];
    //InitMap(adjoin);
    SeqStack stack;
    //InitSeqStack(&stack);
    Map(adjoin, &stack);
    //打印
    for (int i = 0; i < stack.size; i++)
    {
        printf("区域%d的颜色为：%d 号颜色\n", i, stack.color[i]);
    }
    return 0;
}
```

实训案例九
哈夫曼树的构建与展示

【问题描述】

实现哈夫曼树的构建与展示。

一、需求分析

（1）将哈夫曼树的构建过程清楚地展现出来。

（2）通过构建哈夫曼树得到哈夫曼编码。

（3）将哈夫曼树的树型结构清楚地展现出来。

二、设计内容

首先构建哈夫曼树结构：struct Htree。因为要展现树型结构，所以可以选用树结点队列（先进先出）。由于算法需要，因此还要添加树结点堆栈（先进后出）。

1. 哈夫曼树结构

代码如下：

```
typedef struct Htree{
    int data;
    int parent,lchild,rchild;
    int weight;
}Htree;
typedef struct{
    Htree  TData[MAXSIZE];          //哈夫曼树
    int size;                       //该哈夫曼树的大小为n*2
}HFMtree;
```

2. 树结点队列

代码如下：

```
struct node{                        //树结点队列
    Htree  Tree[MAXSIZE];
    int layer[MAXSIZE];             //所在的层
    int locate[MAXSIZE];            //所在的位置
    int head;
    int tail;
};
```

3. 树结点堆栈

代码如下：

```
typedef struct{
```

```
    Htree Array[MAXSIZE];
    int top;                        //堆栈头
}Stack_Array;                       //顺序表堆栈
```

三、完整程序清单

```c
#include <stdio.h>
#include <stdlib.h>
#include <math.h>
#include <conio.h>
#define MAXSIZE 1000

int Nlayer = 0;

typedef struct Htree {
    int data;
    int parent, lchild, rchild;
    int weight;
} Htree;

struct node {
    //树结点队列
    Htree Tree[MAXSIZE];
    int layer[MAXSIZE];//所在的层
    int locate[MAXSIZE];//所在的位置
    int head;
    int tail;
};

typedef struct {
    Htree TData[MAXSIZE];//哈夫曼树
    int size;//该哈夫曼树的大小为n*2
} HFMtree;

typedef struct {
    Htree Array[MAXSIZE];

    int top;//堆栈头
} Stack_Array; //顺序表堆栈
void Qsort(int left, int right, int a[]) {
    if (left >= right) { //递归出口
        return;
    }
    int temp = a[left]; //哨岗
    int i = left, j = right;
    while (i < j) {
        //从右边升始检查
        while (temp < a[j] && j > i) {
            j--;
        }
        if (temp >= a[j] && j > i) {
            int t = a[j];
            a[j] = a[i];
            a[i] = t;
            i++;
        }
        while (temp > a[i] && j > i) {
            i++;
        }
        if (temp < a[i] && j > i) {
```

```
                            int t = a[i];
                            a[i] = a[j];
                            a[j] = t;
                            j--;
                    }
            }
            //出来的时候 i=j
            a[j] = temp; //左边比其小，右边比其大
            Qsort(left, i - 1, a);
            Qsort(i + 1, right, a);
    }

    void PushStack_Array(Stack_Array *S, Htree value) {
            //使顺序堆栈入栈
            S->Array[++S->top] = value;
    }

    Htree PopStack_Array(Stack_Array *S) {
            Htree x = S->Array[S->top];
            S->top--;
            return x;
    }

    int isEmpty(Stack_Array S) {
            if (S.top <= -1)
                    return 1;
            return 0;
    }

    void sortS(Stack_Array *S) {
            //对堆栈进行从大到小的排序 (权重)
            int i, j, len = S->top + 1;
            for (i = 1; i < len; i++) {
                    for (j = 1; j < i; j++) {
                            if (S->Array[j].weight < S->Array[i].weight) {
                                    Htree t = S->Array[j];
                                    S->Array[j] = S->Array[i];
                                    S->Array[i] = t;
                            }
                    }
            }
    }

    void printS(HFMtree *hmt) {
            //打印初始状态
            int size = hmt->size;
            int i;
            printf("---------------------------------------------\n");
            printf("\t 结点\tweight\tparent\tlchild\trchild\n");
            for (i = 0; i < size - 1; i++) {
                    printf("\t %d\t %d\t %d\t  %d\t   %d\n", i + 1, hmt->TData[i + 1].weight,
hmt->TData[i + 1].parent,
                            hmt->TData[i + 1].lchild, hmt->TData[i + 1].rchild);
            }
            printf("---------------------------------------------\n");
    }

    void printQ(HFMtree *hmt, int i1, int i2, int i3) {
            //打印过程
            int size = hmt->size;
```

```
        int i;
        printf("-----------------------------------------------\n");
        printf("\t 结点\tweight\tparent\tlchild\trchild\n");
        for (i = 0; i < size - 1; i++) {
            if (i + 1 == i1 || i + 1 == i2)
                printf("-->");
            if (i + 1 == i3)
                printf("----->>");
            printf("\t %d\t %d\t  %d\t   %d\t  %d\n", i + 1, hmt->TData[i + 1].weight,
hmt->TData[i + 1].parent,
                    hmt->TData[i + 1].lchild, hmt->TData[i + 1].rchild);
        }
        printf("-----------------------------------------------\n");
    }

    void printP(HFMtree *hmt, int size) {
        //打印哈夫曼编码
        printf("-----------------------------------------------\n");
        printf("%d 个字符的哈夫曼编码如下:\n", size);
        int i, j;
        for (i = 1; i <= size; i++) {
            int cnt = 0;
            char *hfmCode;
            hfmCode = (char *)malloc(sizeof(char) * size);
            int r = i;
            int p = 0;
            while (p != 2 * size - 1) {
                p = hmt->TData[r].parent;
                if (hmt->TData[p].lchild == r) {
                    hfmCode[cnt++] = '0';
                } else if (hmt->TData[p].rchild == r) {
                    hfmCode[cnt++] = '1';
                }
                r = p;

            }
            printf("权重为<% 3d>的哈夫曼编码为:", hmt->TData[i].weight);
            for (j = cnt - 1; j >= 0; j--) {
                printf("%c", hfmCode[j]);
            }
            printf("\n");
            free(hfmCode);
            if (cnt > Nlayer)
                Nlayer = cnt + 1;
        }
        printf("-----------------------------------------------\n");
    }

    void printT(HFMtree *ht) {
        //打印哈夫曼树型结构
        printf("-----------------------------------------------\n");
        printf("--------------哈夫曼树型结构如下-------------\n");
        struct node q;
        q.head = q.tail = 0;
        //通过根结点往下遍历
        Htree r = ht->TData[ht->size - 1];

        q.Tree[q.tail] = r; //根进入队列
        q.layer[q.tail] = 1; //初始化为第 1 层
        q.locate[q.tail] = 20; //20 个空格的位置
        q.tail++;
```

```
        int i = 0, j;
        while (q.head != q.tail) {
            Htree t = q.Tree[q.head]; //出队列
            if (t.lchild != 0) {
                q.Tree[q.tail] = ht->TData[t.lchild]; //左边有孩子结点就进队列
                q.layer[q.tail] = q.layer[q.head] + 1; //更新层数
                int ret = pow(2, Nlayer - q.layer[q.tail] - 1);
                if (ret <= 2)
                    ret += 2;
                q.locate[q.tail] = q.locate[q.head] - ret; //去掉1个空格的位置
                q.tail++;
            }
            if (t.rchild != 0) {
                q.Tree[q.tail] = ht->TData[t.rchild]; //右边有孩子结点就进队列
                q.layer[q.tail] = q.layer[q.head] + 1; //更新层数
                int ret = pow(2, Nlayer - q.layer[q.tail] - 1);
                if (ret <= 2)
                    ret += 2;
                q.locate[q.tail] = q.locate[q.head] + ret; //加上1个空格的位置
                q.tail++;
            }
            q.head++;
        }
        int floor = 1, k = 0;
        for (i = 0; i < q.tail; i++) {
            int lo = q.locate[i];
            if (i == 0) {
                for (j = 0; j < lo; j++) {
                    printf(" ");
                }
            } else if (floor != q.layer[i]) {
                //到下一层就换行
                printf("\n");
                printf("\n");
                floor = q.layer[i];
                for (j = 0; j < lo; j++) {
                    printf(" ");
                }
                k = 1;
            } else {
                if (lo - q.locate[i - 1] > 0) {
                    for (j = 0; j < lo - q.locate[i - 1] - k; j++) {
                        printf(" ");
                    }
                }
                k += 1;
            }
            printf("%2d", q.Tree[i].weight);
        }
    printf("\n----------------------------------------------\n");
}

//创建哈夫曼树
void Create(int n, int weight[], HFMtree *HT) {
    int i, j;
    //n是结点数,weight是权重数组
    printf("哈夫曼树的构建过程如下:\n");
    Qsort(0, n - 1, weight); //对权重数组进行从小到大的排序
    printf("通过将权值集合进行升序排序得到以下HT初态:\n");
    HT->size = n * 2;
```

```
        Stack_Array S;
        //初始化权重数组，加入哈夫曼数组
        for (i = 1; i <= n; i++) {
            HT->TData[i].data = i;
            HT->TData[i].weight = weight[i - 1];
            HT->TData[i].parent = HT->TData[i].lchild = HT->TData[i].rchild = 0; //初始化为0
        }
        printS(&HT);
        system("pause");
        for (i = n; i >= 1; i--)
            PushStack_Array(&S, HT->TData[i]); //按从大到小的顺序入栈
        i = n + 1;

        //此时的栈顶为权重最小的两个结点
        while (!isEmpty(S)) { //循环至堆栈为空
            //先出栈两次，得到两个权重最小的结点
            Htree h1, h2, ht;
            h1 = PopStack_Array(&S);
            h2 = PopStack_Array(&S);

            ht.weight = h1.weight + h2.weight;
            ht.lchild = h1.data;
            ht.rchild = h2.data; //设置左、右孩子结点
            ht.data = i;
            ht.parent = 0;
            HT->TData[i++] = ht; //放入哈夫曼树
            HT->TData[h1.data].parent = HT->TData[h2.data].parent = ht.data; //把原结点的结点
更新

            if (ht.data != HT->size)
                printf("选择结点:\t%d\t%d\n 加入结点:\t%d\n", h1.data, h2.data, ht.data);
            printQ(&HT, h1.data, h2.data, ht.data); //打印过程
            //printT(&HT);//打印哈夫曼树型结构
            system("pause");
            if (ht.data != HT->size - 1)
                PushStack_Array(&S, ht); //让新结点入栈
            sortS(&S);//对堆栈进行从大到小的排序(栈顶最小)
        }
        printf("--------------------------------------\n");
        printf("------------哈夫曼树构建完成!------------\n");
        printf("--------------------------------------\n");

}

int main() {
    int W[MAXSIZE];
    HFMtree *HT;
    int cnt = 0, i;
    printf("--------------------------------------------\n");
    printf("--------------哈夫曼树的构建过程--------------\n");
    printf("--------------------------------------------\n");
    printf("请输入需要进行哈夫曼编码的字符个数:");
    scanf("%d", &cnt);
    printf("\n");
    for (i = 0; i < cnt; i++) {
        printf("请输入第 %d 个字符的权重:", i + 1);
        scanf("%d", &W[i]);
        printf("\n");
    }
    Create(cnt, W, HT); //构建过程
    printf("按任意键查看哈夫曼编码.......\n");
```

```
        getch();
        printP(&HT, cnt); //打印哈夫曼编码
        printf("按任意键查看哈夫曼树型结构...\n");
        getch();
        printT(&HT);//打印哈夫曼树型结构*/
        return 0;
    }
```

实训案例十

图的深度和广度优先搜索遍历

【问题描述】

建立图的邻接矩阵（或邻接表），对其进行深度和广度优先搜索遍历。

一、需求分析

（1）建立图的邻接矩阵（或邻接表）。
（2）对图进行深度优先搜索遍历。
（3）对图进行广度优先搜索遍历。

二、设计内容

创建一个图，输入顶点数量和边数量并赋予权重，输出图的邻接矩阵，根据图中的边和顶点的权重进行深度和广度优先搜索遍历并输出遍历后的结果。
数据存储结构设计如下：

```
//边信息
typedef struct ArcCell{
VRType adj; //1、0用于表示是否邻接
InfoType *info;
}ArcCell,AdjMatrix[MAX_VERTEX_NUM][MAX_VERTEX_NUM];
//图结构
typedef struct {
VertexType vexs[MAX_VERTEX_NUM]; //定点向量
AdjMatrix arcs; //邻接矩阵是一个二维数组
int vexnum,arcnum; //图的当前顶点数量和边数量
GraphKind kind; //图的种类标志
}MGraph;
//辅助队列
typedef struct QNode{
QElemType data; //数值域
struct QNode *next; //指针域
}QNode, *QueuePtr;
typedef struct{
QueuePtr front; //队列头
QueuePtr rear; //队列尾
}LinkQueue;
```

三、完整程序清单

```
#include "stdio.h"
#include "limits.h" //INT_MAX 头文件
#include "windows.h" //boolean 头文件
#define INFINITY INT_MAX
#define MAX_VERTEX_NUM 20
#define OVERFLOW -1
#define OK 1
#define ERROR 0
typedef int Status;
typedef enum {DG,DN,UDG,UDN} GraphKind;
typedef int VRType;
typedef char VertexType;
typedef char* InfoType;
typedef int QElemType;

//边信息
typedef struct ArcCell{
VRType adj; //1、0 用于表示是否邻接
InfoType *info;
}ArcCell,AdjMatrix[MAX_VERTEX_NUM][MAX_VERTEX_NUM];
//图结构
typedef struct {
VertexType vexs[MAX_VERTEX_NUM]; //定点向量
AdjMatrix arcs; //邻接矩阵，是一个二维数组
int vexnum,arcnum; //图的当前顶点数量和边数量
GraphKind kind;  //图的种类标志
}MGraph;
//辅助队列
typedef struct QNode{
QElemType data; //数值域
struct QNode *next; //指针域
}QNode, *QueuePtr;
typedef struct{
QueuePtr front; //队列头
QueuePtr rear; //队列尾
}LinkQueue;
//初始化队列
Status InitQueue(LinkQueue &Q){
Q.front = Q.rear = (QueuePtr)malloc(sizeof(QNode));
if (!Q.front){
printf("内存分配失败!");
exit(OVERFLOW);
}
Q.front->next = NULL;
return OK;
}
//将元素插入队列尾
Status EnQueue(LinkQueue &Q,QElemType e){
QueuePtr p = (QueuePtr)malloc(sizeof(QNode));
if (!p)
{
printf("\n 内存分配失败!");
exit(OVERFLOW);
}
p->data = e;
p->next = NULL;

Q.rear->next = p;
```

```
Q.rear = p;
return OK;
}
//判断队列是否为空
Status QueueEmpty(LinkQueue Q){
return Q.front == Q.rear;
}
//销毁队列
Status DestroyQueue(LinkQueue &Q){
while (Q.front)
{
Q.rear = Q.front->next;
free(Q.front);
Q.front = Q.rear;
}
return OK;
}
//删除队列头元素
Status DeQueue(LinkQueue &Q,QElemType &e){
if (QueueEmpty(Q))
{
printf("\n 队列为空! ");
return ERROR;
}
QueuePtr p = Q.front->next;
e = p->data;
Q.front->next = p->next;
if(Q.rear==p) Q.rear = Q.front;
free(p);
return OK;
}
//对顶点 v 进行定位，返回该顶点在数组中的下标索引，若找不到则返回-1
int LocateVex(MGraph G,char v){
for (int i=0;i<G.vexnum;i++)
{
if(v == G.vexs[i])
return i;
}
return -1;
}
//create a graph

Status CreateUDN(MGraph &G){
G.kind = UDN;
printf("输入顶点数量和边数量(如：4,3):");
scanf("%d,%d",&G.vexnum,&G.arcnum);
//判断是否超过最大顶点数量
while(G.vexnum>MAX_VERTEX_NUM)
{
printf("最大顶点数量为 20，重新输入(如：4,3):");
scanf("%d,%d",&G.vexnum,&G.arcnum);
}
printf("\n 依次输入顶点向量\n");
int i;
for (i=0;i<G.vexnum;i++){
//清空缓冲区
fflush(stdin);
printf("第%d 个:",i+1);
scanf("%c",&G.vexs[i]);
}
//初始化邻接矩阵
```

```
for (i=0;i<G.vexnum;i++)
{
for (int j=0;j<G.vexnum;j++)
{
G.arcs[i][j].adj = INFINITY;
G.arcs[i][j].info = NULL;
}
}
char front,rear;
int values;
printf("\n输入依附两个顶点的边及其权重<如，a,b,1>\n");
for(i=0;i<G.arcnum;i++){
printf("第%d条: ",i+1);
//清空缓冲区
fflush(stdin);
scanf("%c,%c,%d",&rear,&front,&values);
int m,n;
//定位两个顶点在数组中的索引
m = LocateVex(G,rear);
n = LocateVex(G,front);
if(m==-1||n==-1){
printf("输入的顶点不在此图中，请重新输入! \n");
i--;
continue;
}
//赋予对应矩阵位置的权重，以及对称边的权重
G.arcs[m][n].adj = values;
G.arcs[n][m].adj = values;
}
return OK;
} //CreateUDG
//输出矩阵
void printArcs(MGraph G){
int i;
printf(" ");
//输出第一行的顶点向量
for (i=0;i<G.vexnum;i++)
{
printf(" %c",G.vexs[i]);
}
for (i=0;i<G.vexnum;i++)
{
printf("\n\n%c",G.vexs[i]);
for (int j=0;j<G.vexnum;j++)
{
if(G.arcs[i][j].adj==INFINITY)
printf(" ∞");
else
printf(" %d",G.arcs[i][j].adj);
}
}
printf("\n");
}
//访问顶点v
Status printAdjVex(MGraph G,int v){
printf("%c ",G.vexs[v]);
return OK;
}
//查找顶点v的第一个邻接点
Status FirstAdjVex(MGraph G,int v){
```

```
//查找顶点v的第一个邻接点，找到后立即返回其索引，若找不到，则返回-1
for (int i=1;i<G.vexnum;i++)
{
if(G.arcs[v][i].adj!=INFINITY)
return i;
}
return -1;
}
Status NextAdjVex(MGraph G,int v,int w){
//查找基于顶点v的w邻接点的下一个邻接点，找到之后立即返回其索引，若找不到，则返回-1
for (int i=w+1;i<G.vexnum;i++)
{
if (G.arcs[v][i].adj!=INFINITY)
return i;
}
return -1;
}
//创建访问标志（全局变量）
boolean visited[MAX_VERTEX_NUM];
//函数指针变量
Status (* VisitFunc)(MGraph G,int v);
//DFS，从第v个顶点出发，通过深度优先遍历图G
void DFS(MGraph G,int v){
visited[v] = TRUE;
//访问第v个顶点
VisitFunc(G,v);
for (int w=FirstAdjVex(G,v);w>=0;w=NextAdjVex(G,v,w))
{
if (!visited[w])
DFS(G,w);
}
}
//深度优先遍历
void DFSTraverse(MGraph G,Status (*Visit)(MGraph G,int v)){
//将函数复制给全局的函数指针变量，待调用DFS时使用
VisitFunc = Visit;
int v;
//将访问标志初始化为false
for (v=0;v<G.vexnum;v++)
visited[v] = false;
for (v=0;v<G.vexnum;v++)
//对尚未访问（即访问标志为false）的顶点调用DFS
if (!visited[v]) DFS(G,v);
}
//广度优先遍历
void BFSTraverse(MGraph G,Status (*Visit)(MGraph G,int v)){
//按广度优先（非递归）遍历图G
int v;
int u;
//将访问标志数组初始化为FALSE
for (v = 0;v<G.vexnum;v++)
visited[v] = FALSE;
//创建辅助队列Q
LinkQueue Q;
InitQueue(Q);
for (v = 0;v<G.vexnum;v++)
//判断顶点v是否被访问
if (!visited[v])
{
//将第一次访问的顶点对应的访问标志数组的位置赋为TRUE
visited[v] = TRUE;
```

```
//输出顶点 v
Visit(G,v);
EnQueue(Q,v);
while (!QueueEmpty(Q))
{
//按入队序列取出顶点,便于查找此顶点的邻接点
DeQueue(Q,u);
//查找当前顶点的邻接点
for (int w=FirstAdjVex(G,u);w>=0;w = NextAdjVex(G,u,w))
if (!visited[w])
{
visited[w]=TRUE;
Visit(G,w);
EnQueue(Q,w);
}
}
}
//销毁队列
DestroyQueue(Q);
}
int main(void){
printf("====图的创建及其应用====\n");
//创建图
MGraph G;
CreateUDN(G);
//用邻接矩阵输出图
printf("\n 图的邻接矩阵如下:\n");
printArcs(G);
//深度优先遍历
printf("\n 深度优先搜索遍历序列:\n");
DFSTraverse(G,printAdjVex);
printf("\n");
//广度优先遍历
printf("\n 广度优先搜索遍历序列:\n");
BFSTraverse(G,printAdjVex);
printf("\n");
return 0;
}
```

实训案例十一
餐馆消费问题

【问题描述】

某餐馆有 n 张桌子，每张桌子可容纳的人数最多为 a 人。有 m 批客人，每批客人有两个参数：就餐人数 b，预计消费金额 c。在不允许拼桌的情况下，请编写一个算法来选择一部分客人，使得总预计消费金额最大。

一、需求分析

（1）输入 $m+2$ 行数据。

第一行数据有两个整数 n（$1<=n<=50000$）和 m（$1<=m<=50000$）。

第二行数据有 n 个整数，即每张桌子可容纳的最多人数，以空格分隔，范围均在 32 位 int 内。

接下来的 m 行数据中，每行数据都有两个整数，分别表示第 i（$1\leq i\leq m$）批客人的就餐人数和预计消费金额，以空格分隔，范围均在 32 位 int 内。

（2）输出描述：输出一个整数，表示最大的总预计消费金额。

二、设计内容

流程图如图 2-11-1 所示。

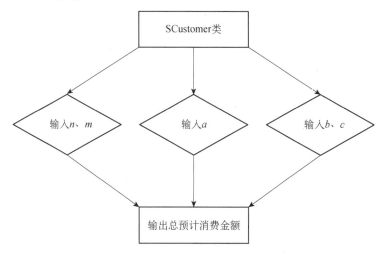

图 2-11-1　流程图

（1）对预计消费金额和就餐人数进行排序，代码如下：

```
        int CompareOder(SCustomer::Ptr A, SCustomer::Ptr B)
        {
        if (A->nMoney == B->nMoney)
        {
                return A->nNumber < B->nNumber;
        }
        return A->nMoney > B->nMoney;
        }

int main(int argc, char* argv[])
{
    uint32_t nTable; // 桌子数目
    uint32_t nCounts; // 客人批次数
    long long nAllMoney = 0;
    multimap<int, int> TableMap;
    vector<SCustomer::Ptr> CustomerVec;

    // 初始桌子数目和客人批次数
    cin >> nTable;
    cin >> nCounts;

    // 初始化每张桌子的就餐人数
    for (int i = 0; i < nTable; ++i)
    {
        uint32_t nSize;
        cin >> nSize;
        TableMap.insert({ nSize, 1 });
    }

    // 初始化每批客人的就餐人数和预计消费金额
    for (int i = 0; i < nCounts; i++)
    {
        uint32_t x, y;
        cin >> x;
        cin >> y;
        SCustomer::Ptr pCustomer = make_shared<SCustomer>();
        pCustomer->nNumber = x;
        pCustomer->nMoney = y;
        CustomerVec.push_back(pCustomer);
    }

    // 排序
    sort(CustomerVec.begin(), CustomerVec.end(), CompareOder);
```

（2）计算总预计消费金额，代码如下：

```
for (int i = 0; i < nCounts; i++)
{
    auto iter = TableMap.lower_bound(CustomerVec[i]->nNumber);
    if (iter != TableMap.end())
    {
        TableMap.erase(iter);
        nAllMoney += CustomerVec[i]->nMoney;
    }
}
```

三、完整程序清单

```
    #include <iostream>
    #include <string>
```

```
#include <memory>
#include <algorithm>
#include <map>
#include <vector>

using namespace std;

// 每批客人的就餐人数和预计消费金额
struct SCustomer
{
    typedef shared_ptr<SCustomer> Ptr;

    uint32_t nNumber; // 就餐人数
    uint32_t nMoney; // 预计消费金额
};

// 将预计消费金额按降序排列，若预计消费金额相同，则按消费人数进行升序排列
int CompareOder(SCustomer::Ptr A, SCustomer::Ptr B)
{
    if (A->nMoney == B->nMoney)
    {
        return A->nNumber < B->nNumber;
    }
    return A->nMoney > B->nMoney;
}

int main(int argc, char* argv[])
{
    uint32_t nTable; // 桌子数目
    uint32_t nCounts; // 客人批次数
    long long nAllMoney = 0;
    multimap<int, int> TableMap;
    vector<SCustomer::Ptr> CustomerVec;

    // 初始桌子数目和客人批次数
    cout<<"请输入桌子数目: ";
    cin >> nTable;
    cout<<"请输入客人批次数: ";
    cin >> nCounts;

    // 初始化每张桌子的就餐人数
    for (int i = 0; i < nTable; ++i)
    {
        uint32_t nSize;
        cout<<"请输入第"<<(i+1)<<"张桌子的就餐人数: ";
        cin >> nSize;
        TableMap.insert({ nSize, 1 });
    }

    // 初始化每个批次的客人的就餐人数和预计消费金额
    for (int i = 0; i < nCounts; i++)
    {
        uint32_t x, y;
        cout<<"请输入第"<<(i+1)<<"个批次的客人的就餐人数: ";
        cin >> x;
        cout<<"请输入第"<<(i+1)<<"个批次的客人的预计消费金额: ";
        cin >> y;
        SCustomer::Ptr pCustomer = make_shared<SCustomer>();
        pCustomer->nNumber = x;
        pCustomer->nMoney = y;
        CustomerVec.push_back(pCustomer);
```

```
    }

    // 排序
    sort(CustomerVec.begin(), CustomerVec.end(), CompareOder);

    // 计算总预计消费金额
    for (int i = 0; i < nCounts; i++)
    {
        auto iter = TableMap.lower_bound(CustomerVec[i]->nNumber);
        if (iter != TableMap.end())
        {
            TableMap.erase(iter);
            nAllMoney += CustomerVec[i]->nMoney;
        }
    }
    std::cout << nAllMoney << std::endl;
    system("pause");
    return 0;
}
```

实训案例十二

二叉树的基本操作管理系统

【问题描述】

二叉树是一种重要的数据结构，在很多领域都有重要应用，此实训案例主要记录了二叉树的基础知识，包括二叉树的建立、先序遍历、中序遍历、后序遍历，以及计算结点总个数、叶子结点个数、度为 1 的结点个数和二叉树的深度。

一、需求分析

（1）输入数据：根据先序序列输入二叉树结点，如果二叉树结点的左子树或右子树为空，则在后面输入"#"；如果都为空，则输入"##"。

（2）输出数据：包括先序序列、中序序列、后序序列、结点总个数、叶子结点个数、度为 1 的结点个数及二叉树的深度。

二、设计内容

以二叉链表作为存储结构，编写程序实现如下功能：根据输入的数据建立一棵二叉树，分别采用先序、中序、后序遍历来输出二叉树的遍历结果，同时采用递归的编程方法分别统计二叉树的结点总个数、叶子结点的个数、度为 1 的结点个数和二叉树的深度。

1. 数据存储结构设计

代码如下：

```
typedef struct BiTNode
{
    char data; // 结点数据域
    struct BiTNode *lchild,*rchild; // 左、右孩子指针
}BiTNode,*BiTree;
```

2. 主函数

代码如下：

```
int main()
{
    puts("***************************");
    puts("1. 建立二叉树");
    puts("2. 先序遍历二叉树");
    puts("3. 中序遍历二叉树");
    puts("4. 后序遍历二叉树");
```

```
        puts("5. 计算结点总个数");
        puts("6. 计算叶子结点个数");
        puts("7. 统计二叉树中度为 1 的结点个数");
        puts("8. 计算二叉树的深度;");
        puts("9. 交换二叉树的左、右子树");
        puts("0. 退出");
        puts("**************************");
        BiTree Tree,NewTree;
        int choose;
        while(~scanf("%d",&choose),choose)
        {
            switch(choose)
            {
                case 1:
                    puts("以 '#' 作为左、右子树为空的标志!");
                    CreateBiTree(Tree);
                    break;
                case 2:
                    printf("先序遍历结果为: ");
                    travel1(Tree);
                    puts("");
                    break;
                case 3:
                    printf("中序遍历结果为: ");
                    travel2(Tree);
                    puts("");
                    break;
                case 4:
                    printf("后序遍历结果为: ");
                    travel3(Tree);
                    puts("");
                    break;
                case 5:
                    printf("结点总个数为: %d\n",NodeCount(Tree));
                    break;
                case 6:
                    printf("叶子结点个数为: %d\n",count(Tree));
                    break;
                case 7:
                    printf("度为 1 的结点个数: %d\n",NodeNumber_1(Tree));
                    break;
                case 8:
                    printf("二叉树的深度为: %d\n",Depth(Tree));
                    break;
                case 9:
                    exchange(Tree,NewTree);
                    Tree=NewTree;
                    puts("交换成功! \n");
                    break;
            }
        }
        system("pause");
        return 0;
}
```

三、完整程序清单

```
#include<stdio.h>
#include<malloc.h>
#include<string.h>
#include<stdlib.h>
#include<iostream>
```

```
#define MAXTSIZE 1000
using namespace std;

typedef struct BiTNode
{
    char data; // 结点数据域
    struct BiTNode *lchild,*rchild; // 左、右孩子指针
}BiTNode,*BiTree;


void CreateBiTree(BiTree &T) // 通过先序遍历建立二叉链表
{
    char ch;
    cin>>ch;
    if(ch=='#')
        T=NULL;
    else
    {
        T=(BiTNode *)malloc(sizeof(BiTNode));
        T->data=ch;
        CreateBiTree(T->lchild);
        CreateBiTree(T->rchild);
    }
}

void travel1(BiTree T) // 先序遍历
{
    if(T)
    {
        printf("%c",T->data);
        travel1(T->lchild);
        travel1(T->rchild);
    }
}

void travel2(BiTree T)  // 中序遍历
{
    if(T)
    {
        travel2(T->lchild);
        printf("%c",T->data);
        travel2(T->rchild);
    }
}

void travel3(BiTree T)  // 后序遍历
{
    if(T)
    {
        travel3(T->lchild);
        travel3(T->rchild);
        printf("%c",T->data);
    }
}

int NodeCount(BiTree T)//计算结点总个数
    {
    if(T==NULL)  return 0; //如果是空树，则结点总个数为0，递归结束
    else return NodeCount(T->lchild) + NodeCount(T->rchild) + 1;
    }
```

```
int count(BiTree T)  // 计算叶子结点个数
{
    if(T==NULL)  return 0;
    int cnt=0;
    if((!T->lchild)&&(!T->rchild))
    {
        cnt++;
    }
    int leftcnt=count(T->lchild);
    int rightcnt=count(T->rchild);
    cnt+=leftcnt+rightcnt;
    return cnt;
}

int Depth(BiTree T)  // 计算二叉树的深度
{
    if(T==NULL)    return 0;
    else
    {
        int m=Depth(T->lchild);
        int n=Depth(T->rchild);
        return m>n?(m+1):(n+1);
    }
}

void exchange(BiTree T,BiTree &NewT)  // 交换左、右子树
{
    if(T==NULL)
    {
        NewT=NULL;
        return ;
    }
    else
    {
        NewT=(BiTNode *)malloc(sizeof(BiTNode));
        NewT->data=T->data;
        exchange(T->lchild,NewT->rchild);  // 复制原树的左子树给新树的右子树
        exchange(T->rchild,NewT->lchild);  // 复制原树的右子树给新树的左子树
    }
}
int NodeNumber_1(BiTree T)   //统计二叉树中度为1的结点个数
{
    int i=0;
    if(T)
    {
        if( (T->lchild==NULL&&T->rchild!=NULL) ||(T->lchild!=NULL&&T->rchild==NULL))
        {
            i=1+NodeNumber_1(T->lchild)+NodeNumber_1(T->rchild);
        }
        else
        {
            i=NodeNumber_1(T->lchild)+NodeNumber_1(T->rchild);
        }
    }
    return i;
}
int main()
{
    puts("***************************");
    puts("1. 建立二叉树");
```

```
        puts("2. 先序遍历二叉树");
        puts("3. 中序遍历二叉树");
        puts("4. 后序遍历二叉树");
        puts("5. 计算结点总个数");
        puts("6. 计算叶子结点个数");
        puts("7. 统计二叉树中度为 1 的结点个数");
        puts("8. 计算二叉树的深度");
        puts("9. 交换二叉树的左、右子树");
        puts("0. 退出");
        puts("***************************");
        BiTree Tree,NewTree;
        int choose;
        while(~scanf("%d",&choose),choose)
        {
            switch(choose)
            {
                case 1:
                    puts("以 '#' 作为左、右子树为空的标志!");
                    CreateBiTree(Tree);
                    break;
                case 2:
                    printf("先序遍历结果为: ");
                    travel1(Tree);
                    puts("");
                    break;
                case 3:
                    printf("中序遍历结果为: ");
                    travel2(Tree);
                    puts("");
                    break;
                case 4:
                    printf("后序遍历结果为: ");
                    travel3(Tree);
                    puts("");
                    break;
                case 5:
                    printf("结点总个数为: %d\n",NodeCount(Tree));
                    break;
                case 6:
                    printf("叶子结点个数为: %d\n",count(Tree));
                    break;
                case 7:
                    printf("二叉树中度为 1 的结点个数为: %d\n",NodeNumber_1(Tree));
                    break;
                case 8:
                    printf("二叉树的深度为: %d\n",Depth(Tree));
                    break;
                case 9:
                    exchange(Tree,NewTree);
                    Tree=NewTree;
                    puts("交换成功! \n");
                    break;
            }
        }
        system("pause");
        return 0;
}
```

数据结构模拟试卷

数据结构模拟试卷（一）

一、选择题（每题 2 分，共 20 分）

1. 栈和队列的共同特点是（　　　）。
   A. 只允许在端点处插入和删除元素　　B. 都是先进后出
   C. 都是先进先出　　D. 没有共同点

2. 用链接方式存储的队列，在进行插入运算时（　　　）。
   A. 仅修改头指针　　B. 头、尾指针都要修改
   C. 仅修改尾指针　　D. 头、尾指针可能都要修改

3. 以下数据结构中哪一个是非线性结构？（　　　）
   A. 队列　　B. 栈
   C. 线性表　　D. 二叉树

4. 设有一个二维数组 $A[m][n]$，$A[0][0]$ 的存放位置是 $644_{(10)}$，$A[2][2]$ 的存放位置是 $676_{(10)}$，每个元素占一个内存空间，问 $A[3][3]_{(10)}$ 存放在什么位置？（脚注 "$_{(10)}$" 表示用十进制形式表示）（　　　）。
   A. 688　　B. 678　　C. 692　　D. 696

5. 树最适合用来表示（　　　）。
   A. 有序元素
   B. 无序元素
   C. 具有分支层次关系的元素
   D. 不存在有联系的元素

6. 二叉树的第 k 层的结点数量最多为（　　　）。
   A. 2^k-1　　B. $2k+1$　　C. $2k-1$　　D. 2^{k-1}

7. 若有 18 个元素的有序表存放在一维数组 $A[19]$ 中，第一个元素存放在 $A[1]$ 中，若要进行二分查找，则查找 $A[3]$ 时的比较序列的下标依次为（　　　）。
   A. 1、2、3　　B. 9、5、2、3
   C. 9、5、3　　D. 9、4、2、3

8. 对含 n 个记录的文件进行快速排序，所需的辅助内存空间大致为（　　　）。
   A. $O(1)$　　B. $O(n)$
   C. $O(\log_2 n)$　　D. $O(n^2)$

9. 在对线性表(7,34,55,25,64,46,20,10)进行散列存储时，若选用 $H(k)=k \% 9$ 作为散列函数，则散列地址为 1 的元素有（　　　）个。
   A. 1　　B. 2　　C. 3　　D. 4

10. 设有一个含 6 个结点的无向图，该无向图至少有（   ）条边才能确保是一个连通图。

    A. 5　　　　　　　B. 6　　　　　　　C. 7　　　　　　　D. 8

二、填空题（每空 1 分，共 26 分）

1. 通常从四个方面评价算法的质量：_____、_____、_____和_____。

2. 一个算法的时间复杂度为 $O((n^3 + n^2 \log_2 n + 14n)/n^2)$，其数量级可表示为_____。

3. 假定一棵树的广义表可表示为 A(C,D(E,F,G),H(I,J))，则树中所含的结点数量为_____个，树的深度为_____，树的度为_____。

4. 后缀算式 923 + − 102 / −的值为_____。中缀算式 (3+4X)−2Y/3 对应的后缀算式为_____。

5. 在用链表存储一棵二叉树时，每个结点除了有数据域外，还有指向左孩子结点和右孩子结点的两个指针。在这种存储结构中，含 n 个结点的二叉树共有_____个指针域，其中有_____个指针域存放了地址，有_____个指针是空指针。

6. 对于同时具有 n 个顶点和 e 条边的有向图和无向图，它们对应的邻接表所含的边结点分别为_____个和_____个。

7. AOV 网是一种_____的图。

8. 一个具有 n 个顶点的无向完全图包含_____条边；一个具有 n 个顶点的有向完全图包含_____条边。

9. 假定一个线性表为(12,23,74,55,63,40)，若按 key%4 的条件进行划分，使得具有同一个余数的元素成为一个子表，则得到的四个子表分别为_____、_____、_____和_____。

10. 在向一棵 B-树插入元素的过程中，若最终引起树根结点分裂，则新树比原树的高度_____。

11. 在堆排序过程中，对任意分支结点进行筛选运算的时间复杂度为_____，整个堆排序的时间复杂度为_____。

12. 在快速排序、堆排序、归并排序中，_____排序是稳定的。

三、计算题（每题 6 分，共 24 分）

1. 如下的数组 A 通过链式结构存储了一个线性表，试写出该线性表。

A	0	1	2	3	4	5	6	7
data		60	50	78	90	34		40
next	3	5	7	2	0	4		1

2. 请画出如图 3-1-1 所示的无向图的邻接矩阵和邻接表。

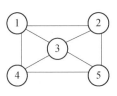

图 3-1-1　无向图

3. 已知一个图的顶点集合 V 和边集合 E 分别为

```
V={1,2,3,4,5,6,7};
E={(1,2)3,(1,3)5,(1,4)8,(2,5)10,(2,3)6,(3,4)15,
(3,5)12,(3,6)9,(4,6)4,(4,7)20,(5,6)18,(6,7)25};
```

用克鲁斯卡尔算法得到最小生成树，试写出在最小生成树中依次得到的各条边。

4. 依次向小根堆中加入数据 4、2、5、8、3，画出每加入一个数据后的小根堆变化。

四、算法阅读题（每题 7 分，共 14 分）

1. 算法 1。

```
LinkList mynote(LinkList L)
{//L 是不带头结点的单链表的头指针
    if(L&&L->next){
        q=L; L=L->next; p=L;
        while(p->next) p=p->next;    //语句 S1
        p->next=q; q->next=NULL;      //语句 S2

    }
    return  L;
}
```

请回答下列问题：

（1）说明语句 S1 的功能。

（2）说明语句 S2 的功能。

（3）设链表表示的线性表为 $(a_1, a_2, \dots, a_n)$，写出执行算法 1 后的返回值所表示的线性表。

2. 算法 2。

```
void ABC(BTNode * BT)
{
if  BT {
    ABC (BT->left);
    ABC (BT->right);
    cout<<BT->data<<' ';
```

```
      }
    }
```
该算法的功能是什么？

五、算法填空题（每空 2 分，共 6 分）

二叉搜索树的查找——递归算法。

```
bool Find(BTreeNode* BST,ElemType& item)
  {
    if (BST==NULL)
      return false; //查找失败
    else {
      if (item==BST->data){
          item=BST->data;//查找成功
          return _____;}
      else if(item<BST->data)
          return  Find(_____,item);
      else  return Find(_____,item);
      }//if
    }
```

六、算法编写题（共 10 分）

统计单链表 HL 中结点的值等于给定值 X 的结点数量。

```
int CountX(LNode* HL,ElemType x)
```

数据结构模拟试卷（二）

一、选择题（每题 3 分，共 24 分）

1. 下面关于线性表的叙述中错误的是（　　　）。
   - A. 若线性表采用顺序存储结构，则必须占用一片连续的内存空间
   - B. 若线性表采用链式存储结构，则不必占用一片连续的内存空间
   - C. 线性表采用链式存储结构可便于插入和删除操作的实现
   - D. 线性表采用顺序存储结构可便于插入和删除操作的实现

2. 设哈夫曼树中的叶子结点总数为 m，若用二叉链表作为存储结构，则该哈夫曼树总共有（　　　）个空指针域。
   - A. $2m-1$　　　　　B. $2m$　　　　　C. $2m+1$　　　　　D. $4m$

3. 设顺序循环队列 Q[0:m-1]的头指针和尾指针分别为 F 和 R，头指针 F 总是指向队列头元素的前一个位置，尾指针 R 总是指向队列尾元素的当前位置，则该顺序循环队列中的元素个数可在代码中表示为（　　　）。
   - A. R−F　　　　　　　　　　　　B. F−R
   - C. (R−F+m)%m　　　　　　　　D. (F−R+m)%m

4. 设某棵二叉树的中序遍历序列为 ABCD，先序遍历序列为 CABD，则后序遍历序列为（　　　）。
   - A. BADC　　　　　B. BCDA　　　　　C. CDAB　　　　　D. CBDA

5. 设某完全无向图中有 n 个顶点，则该完全无向图中有（　　　）条边。
   - A. $n(n-1)/2$　　　B. $n(n-1)$　　　C. n^2　　　　　D. n^2-1

6. 设某棵二叉树中有 2000 个结点，则该二叉树的最小高度为（　　　）。
   - A. 9　　　　　　　B. 10　　　　　　C. 11　　　　　　D. 12

7. 设某有向图中有 n 个顶点，则该有向图对应的邻接表中有（　　　）个表头结点。
   - A. $n-1$　　　　　B. n　　　　　　C. $n+1$　　　　　D. $2n-1$

8. 设有一组初始记录关键字序列为(5,2,6,3,8)，以第一个记录的关键字"5"为基准进行一趟快速排序的结果为（　　　）。
   - A. (2,3,5,8,6)　　　　　　　　B. (3,2,5,8,6)
   - C. (3,2,5,6,8)　　　　　　　　D. (2,3,6,5,8)

二、填空题（每题 3 分，共 24 分）

1. 为了有效地应用哈希表查找算法，必须解决的两个问题是_____和
_____。

2. 下面程序段的功能实现将数据 x 进栈，请在下画线处填上正确的语句。

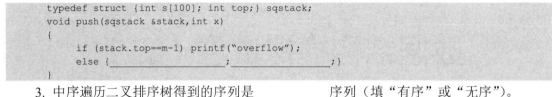

```
typedef struct {int s[100]; int top;} sqstack;
void push(sqstack &stack,int x)
{
    if (stack.top==m-1) printf("overflow");
    else {_____;_____;}
}
```

3. 中序遍历二叉排序树得到的序列是_____序列（填"有序"或"无序"）。

4. 快速排序的最坏时间复杂度为_____，平均时间复杂度为_____。

5. 设某棵二叉树中度数为 0 的结点数量为 N_0，度数为 1 的结点数量为 N_1，则该二叉树中度数为 2 的结点数量为_____。若采用二叉链表作为该二叉树的存储结构，则该二叉树中共有_____个空指针域。

6. 设某无向图中的顶点数量和边数量分别为 n 和 e，所有顶点的度数之和为 d，则 $e=$_____。

7. 设一组初始记录关键字序列为(55,63,44,38,75,80,31,56)，则利用筛选法建立的初始堆为_____。

8. 已知一个有向图的邻接表的存储结构如图 3-2-1 所示，从顶点 1 出发，通过深度优先搜索遍历的输出序列是_____，通过广度优先搜索遍历的输出序列是_____。

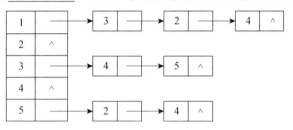

图 3-2-1　有向图的邻接表的存储结构

三、应用题（每题 6 分，共 36 分）

1. 设一组初始记录关键字序列为(45,80,48,40,22,78)，请分别给出第 4 趟简单选择排序和第 4 趟直接插入排序的结果。

2. 设指针变量 p 指向双向链表中的结点 A，指针变量 q 指向被插入结点 B，要求给出在结点 A 的后面插入结点 B 的操作序列（设双向链表中结点的两个指针域分别为 llink 和 rlink）。

3. 设一组有序的初始记录关键字序列为(13,18,24,35,47,50,62,83,90)，用二分查找法进行查找，要求计算出查找关键字"62"需要进行的比较次数，并计算出查找成功时的平均查找长度。

4. 设一棵树 T 中的边集合为{(A,B),(A,C),(A,D),(B,E),(C,F),(C,G)}，请用二叉链表表示该树的存储结构，并将该树转化成对应的二叉树。

5. 设有如图 3-2-2 所示的无向图 G，要求给出用 Prime 算法构造的最小生成树的边集合 E。

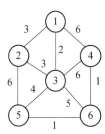

图 3-2-2　无向图 G

6. 设有一组初始记录关键字序列为(45,80,48,40,22,78)，要求构造一棵二叉排序树，并给出构造过程。

四、算法设计题（每题 8 分，共 16 分）

1. 设有一组初始记录关键字序列$(K_1, K_2, \ldots, K_n)$，要求设计一个算法，在 $O(n)$ 的时间复杂度内将线性表划分成两个部分，其中左半部分的每个关键字均小于 K_i（$1 \leq i \leq n$），右半部分的每个关键字均大于或等于 K_i。

2. 设有集合 A 和集合 B，要求设计一个生成集合 $C = A \cap B$ 的算法，其中集合 A、B 和 C 都用链式存储结构表示。

数据结构模拟试卷（三）

一、选择题（每题 2 分，共 20 分）

1. 设某数据结构的二元组形式为 $A=(D,R)$，$D=\{01,02,03,04,05,06,07,08,09\}$，$R=\{r\}$，$r=\{<01,02>,<01,03>,<01,04>,<02,05>,<02,06>,<03,07>,<03,08>,<03,09>\}$，则该数据结构是（   ）。

    A. 线性结构　　　　　B. 树型结构　　　　　C. 物理结构　　　　　D. 图型结构

2. 下面程序的时间复杂度为（   ）。

```
for (i=1, s=0;  i<=n;  i++) {t=1; for(j=1; j<=i; j++) t=t*j; s=s+t; }
```

    A. $O(n)$　　　　　　B. $O(n^2)$　　　　　　C. $O(n^3)$　　　　　　D. $O(n^4)$

3. 设指针变量 p 指向单链表中的结点 A，若删除单链表中的结点 A，则需要修改指针的操作序列为（   ）。

    A. q=p->next;p->data=q->data;p->next=q->next;free(q);

    B. q=p->next;q->data=p->data;p->next=q->next;free(q);

    C. q=p->next;p->next=q->next;free(q);

    D. q=p->next;p->data=q->data;free(q);

4. 设有 n 个待排序的初始记录关键字，则堆排序需要（   ）个辅助记录单元。

    A. 1　　　　　　　　B. n　　　　　　　　C. $n\log_2 n$　　　　　　D. n^2

5. 设一组初始记录关键字序列为(20,15,14,18,21,36,40,10)，则以 20 为基准记录的一趟快速排序的结果为（   ）。

    A. (10,15,14,18,20,36,40,21)　　　　　　B. (10,15,14,18,20,40,36,21)

    C. (10,15,14,20,18,40,36,2l)　　　　　　D. (15,10,14,18,20,36,40,21)

6. 设一棵二叉排序树中有 n 个结点，则该二叉排序树的平均查找长度为（   ）。

    A. $O(1)$　　　　　　　　　　　　　　　　B. $O(\log_2 n)$

    C. $O(n)$　　　　　　　　　　　　　　　　D. $O(n^2)$

7. 设无向图 G 中有 n 个顶点、e 条边，则其对应的邻接表中的表头结点和表结点的个数分别为（   ）。

    A. n、e　　　　　　B. e、n　　　　　　C. $2n$、e　　　　　D. n、$2e$

8. 设某强连通图中有 n 个顶点，则该强连通图中至少有（   ）条边。

    A. $n(n-1)$　　　　　B. $n+1$　　　　　　C. n　　　　　　D. $n(n+1)$

9. 设有 5000 个待排序的初始记录关键字，如果需要用最快速的方法选出其中最小的 10 个初始记录关键字，则用（   ）可以达到此目的。

    A. 快速排序　　　　　B. 堆排序　　　　　　C. 归并排序　　　　　D. 插入排序

10. 下列四种排序方法中，（　　　）的空间复杂度的值最大。

    A. 插入排序   B. 起泡排序   C. 堆排序   D. 归并排序

二、填空题（每空 1 分 共 20 分）

1. 数据的物理结构主要包括＿＿＿＿＿＿＿＿和＿＿＿＿＿＿＿＿两种。

2. 设一棵完全二叉树有 500 个结点，则该二叉树的深度为＿＿＿＿＿＿＿；若用二叉链表作为该完全二叉树的存储结构，则共有＿＿＿＿＿＿＿个空指针域。

3. 设输入序列为(1,2,3)，则经过栈的作用可以得到＿＿＿＿＿＿＿种不同的输出序列。

4. 设有向图 G 用邻接矩阵 A 作为存储结构，则该邻接矩阵中第 i 行的所有元素之和等于顶点 i 的＿＿＿＿＿＿＿，第 i 列的所有元素之和等于顶点 i 的＿＿＿＿＿＿＿。

5. 设哈夫曼树中共有 n 个结点，则该哈夫曼树中有＿＿＿＿＿＿＿个度数为 1 的结点。

6. 设有向图 G 中有 n 个顶点、e 条有向边，所有的顶点入度之和为 d，则 e 和 d 的关系为＿＿＿＿＿＿＿。

7. 通过＿＿＿＿＿＿＿遍历二叉排序树中的结点可以得到一个递增的关键字序列（填"先序""中序"或"后序"）。

8. 某查找表中有 100 个元素，如果用二分查找法查找元素 X，则最多需要比较＿＿＿＿＿＿＿次就可以断定元素 X 是否在查找表中。

9. 不论是采用顺序存储结构的栈，还是采用链式存储结构的栈，它们进栈和出栈的时间复杂度均为＿＿＿＿＿＿＿。

10. 设有一棵含 n 个结点的完全二叉树，如果按照从上到下、从左到右的顺序从 1 开始按顺序编号，则第 i 个结点的双亲结点的编号为＿＿＿＿＿＿＿，右孩子结点的编号为＿＿＿＿＿＿＿。

11. 设一组初始记录关键字序列为(72,73,71,23,94,16,5)，则以初始记录关键字"72"为基准的一趟快速排序的结果为＿＿＿＿＿＿＿＿＿＿＿＿＿。

12. 设有向图 G 中的有向边集合为 $E=\{<1,2>,<2,3>,<1,4>,<4,2>,<4,3>\}$，则该有向图的拓扑序列为＿＿＿＿＿＿＿＿＿＿＿＿＿。

13. 下列算法要实现在顺序散列表中查找值为 x 的关键字，请在下画线处填写正确的语句。

```
struct record{int key; int others;};
int hashsqsearch(struct record hashtable[ ],int k)
{
  int i,j;  j=i=k % p;
  while (hashtable[j].key!=k&&hashtable[j].flag!=0){j=(____) %m; if (i==j) return(-1);}
   if (_____ ) return(j); else return(-1);
```

14. 下列算法要实现在二叉排序树中查找关键字 k，请在下画线处填与正确的语句。

```
typedef struct node{int key; struct node *lchild; struct node *rchild;}bitree;
bitree *bstsearch(bitree *t, int k)
{
    if (t==0 ) return(0);else  while (t!=0)
        if (t->key==k)_____; else if (t->key>k) t=t->lchild; else_____;
}
```

三、计算题（每个问题 10 分，共 30 分）

1. 已知二叉树的先序遍历序列是 AEFBGCDHIKJ，中序遍历序列是 EFAGBCHKIJD，画出此二叉树，并画出它的后序遍历序列。

2. 已知待散列的线性表为(36,15,40,63,22)，散列使用的一维地址为[0..6]，假定选用的散列函数是 $H(k)=k$ MOD 7，若发生冲突则采用线性探测法处理，试回答以下两个问题。

（1）计算出每一个元素的散列地址并填写如下散列表。

0	1	2	3	4	5	6

（2）求出在查找每一个元素的概率相等的情况下的平均查找长度。

3. 已知序列(10,18,4,3,6,12,1,9,18,8)，请通过快速排序写出每一趟排序的结果。

四、算法设计题（每题 15 分，共 30 分）

1. 设计一个从单链表中删除值相同的多余结点的算法。

2. 设计一个求结点 x 在二叉树中的双亲结点的算法。

数据结构模拟试卷（四）

一、选择题（每题 2 分，共 20 分）

1. 设一维数组中有 n 个元素，则读取第 i 个元素的平均时间复杂度为（　　）。
   - A. $O(n)$　　　　　B. $O(n\log_2 n)$　　　　C. $O(1)$　　　　　D. $O(n^2)$

2. 设一棵二叉树的深度为 k，则该二叉树最多有（　　）个结点。
   - A. $2k-1$　　　　　B. 2^k　　　　　C. 2^{k-1}　　　　　D. 2^k-1

3. 设某无向图中有 n 个顶点、e 条边，则该无向图中所有顶点的入度之和为（　　）。
   - A. n　　　　　　B. e　　　　　　C. $2n$　　　　　　D. $2e$

4. 在二叉排序树中插入一个结点的时间复杂度为（　　）。
   - A. $O(1)$　　　　　B. $O(n)$　　　　　C. $O(\log_2 n)$　　　　D. $O(n^2)$

5. 设某有向图的邻接表中有 n 个表头结点和 m 个表结点，则该有向图中有（　　）条有向边。
   - A. n　　　　　　B. $n-1$　　　　　C. m　　　　　　D. $m-1$

6. 设一组初始记录关键字序列为(345,253,674,924,627)，则用基数排序需要进行（　　）趟分配和回收才能使初始记录关键字序列变成有序序列。
   - A. 3　　　　　　B. 4　　　　　　C. 5　　　　　　D. 8

7. 若用链表作为栈的存储结构，则退栈操作（　　）。
   - A. 必须判别栈是否为满　　　　　B. 必须判别栈是否为空
   - C. 必须判别栈元素的类型　　　　D. 不对栈进行任何判别

8. 下列排序方法中，（　　）的空间复杂度的值最大。
   - A. 快速排序　　　B. 起泡排序　　　C. 希尔排序　　　　D. 堆排序

9. 设某二叉树中度数为 0 的结点数量为 N_0，度数为 1 的结点数量为 N_1，度数为 2 的结点数量为 N_2，则下列等式成立的是（　　）。
   - A. $N_0=N_1+1$　　B. $N_0=N_1+N_2$　　C. $N_0=N_2+1$　　　D. $N_0=2N_1+1$

10. 设有序顺序表中有 n 个元素，则利用二分查找法查找元素 X 的最多比较次数不超过（　　）。
    - A. $\log_2 n +1$
    - B. $\log_2 n -1$
    - C. $\log_2 n$
    - D. $\log_2(n+1)$

二、填空题（除第 2 题外，每空 1 分，共 20 分）

1. 设有 n 个无序的初始记录关键字，则直接插入排序的时间复杂度为_____，快速排序的平均时间复杂度为_____。

2. 设指针变量 p 指向双向循环链表中的结点 X，则删除结点 X 需要执行的语句序列为 _____（设结点中的两个指针域分别为 llink 和 rlink）（2 分）。

3. 根据初始记录关键字序列(19,22,01,38,10)建立的二叉排序树的高度为_____。

4. 深度为 k 的完全二叉树中最少有_____个结点。

5. 设初始记录关键字序列为($K_1,K_2,\ldots,K_n$)，则用筛选法建立堆必须从第_____个元素开始筛选。

6. 设哈夫曼树中共有 99 个结点，则该树中有_____个叶子结点；若采用二叉链表作为存储结构，则该树中有_____个空指针域。

7. 设一个顺序循环队列中有 m 个存储单元，则该顺序循环队列中最多能够存储_____个队列元素，当前实际存储_____个队列元素（设头指针 F 指向当前队列头元素的前一个位置，尾指针 R 指向当前队列尾元素的位置）。

8. 设顺序线性表中有 n 个元素，则在第 i 个位置插入一个元素需要移动_____个元素，删除第 i 个位置上的元素需要移动_____个元素。

9. 设一组初始记录关键字序列为(20,18,22,16,30,19)，则以"20"为中轴的一趟快速排序的结果为_____。

10. 设一组初始记录关键字序列为(20,18,22,16,30,19)，则根据这组初始记录关键字序列建成的初始堆为_____。

11. 设某无向图 G 中有 n 个顶点，用邻接矩阵 A 作为该无向图的存储结构，则第 i 个顶点和第 j 个顶点互为邻接点的条件是_____。

12. 设与无向图对应的邻接矩阵为 A，则 A 中第 i 行的非 0 元素的个数_____第 i 列的非 0 元素的个数（填"等于""大于""小于"）。

13. 设先序遍历某二叉树的序列为 ABCD，中序遍历该二叉树的序列为 BADC，则后序遍历该二叉树的序列为_____。

14. 设有散列函数 H(k)=k MOD p，解决冲突的方法为链地址法。要求在下画线处填写正确的语句，完成在散列表 hashtable 中查找关键字为 k 的结点，查找成功时返回指向关键字的指针，不成功则返回标志 0。

```
typedef struct node {int key; struct node *next;} lklist;
void createlkhash(lklist *hashtable[ ])
{
    int i,k;  lklist *s;
    for(i=0;i<m;i++)_____;
    for(i=0;i<n;i++)
    {
        s=(lklist *)malloc(sizeof(lklist)); s->key=a[i];
        k=a[i] % p; s->next=hashtable[k];_____;
    }
}
```

三、计算题（每题 10 分，共 30 分）

1. 画出广义表 LS=(( ), (e), (a, (b，c，d)))的头、尾链表存储结构。

2. 设有如图 3-4-1 所示的森林。

（1）求图 3-4-1（a）所示的树的先根序列和后根序列。

（2）求森林的先序序列和中序序列。

（3）将此森林转换为相应的二叉树。

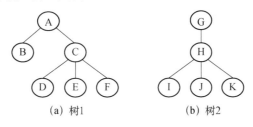

(a) 树1　　　　　　(b) 树2

图 3-4-1　森林

3. 设散列表的地址范围是[0..9]，散列函数为 $H(\text{key})=(\text{key}^2+2)\ \text{MOD}\ 9$，采用链表处理冲突，请画出将元素 7、4、5、3、6、2、8、9 依次插入散列表的存储结构。

四、算法设计题（每题 10 分，共 30 分）

1. 设单链表中有三类字符的元素（大写字母、数字和其他字符），要求利用原单链表中的结点空间设计一个算法，使每个单链表只包含同类字符。

2. 设计一个在链式存储结构上交换二叉树中所有结点的左、右子树的算法。

3. 在链式存储结构上建立一棵二叉排序树。

数据结构模拟试卷（五）

一、选择题（每题 2 分，共 20 分）

1. 数据的最小单位是（   ）。
   A. 数据项　　　　　　　　　　　　　B. 数据类型
   C. 数据元素　　　　　　　　　　　　D. 数据变量

2. 设一组初始记录关键字序列为(50,40,95,20,15,70,60,45)，则以增量 $d=4$ 结束一趟希尔排序后的前 4 条初始记录关键字为（   ）。
   A. 40、50、20、95　　　　　　　　　B. 15、40、60、20
   C. 15、20、40、45　　　　　　　　　D. 45、40、15、20

3. 设一组初始记录关键字序列为(25,50,15,35,80,85,20,40,36,70)，其中含有 5 个长度为 2 的有序子表，则用归并排序对该初始记录关键字序列进行一趟归并排序的结果为（   ）。
   A. (15,25,35,50,20,40,80,85,36,70)
   B. (15,25,35,50,80,20,85,40,70,36)
   C. (15,25,35,50,80,85,20,36,40,70)
   D. (15,25,35,50,80,20,36,40,70,85)

4. 函数 substr("DATASTRUCTURE",5,9)的返回值为（   ）。
   A. "STRUCTURE"　　　　　　　　　　B. "DATA"
   C. "ASTRUCTUR"　　　　　　　　　　D. "DATASTRUCTURE"

5. 设一个有序单链表有 n 个结点，现要求在插入一个新结点后，该单链表仍然保持有序，则该操作的时间复杂度为（   ）。
   A. $O(\log_2 n)$　　　　　　　　　　B. $O(1)$
   C. $O(n^2)$　　　　　　　　　　　　D. $O(n)$

6. 设一棵 m 叉树中度数为 0 的结点数量为 N_0，度数为 1 的结点数量为 N_1……，度数为 m 的结点数量为 N_m，则 $N_0=$（   ）。
   A. $N_1+N_2+\dots+N_m$　　　　　　　B. $1+N_2+2N_3+3N_4+\dots+(m-1)N_m$
   C. $N_2+2N_3+3N_4+\dots+(m-1)N_m$　　D. $2N_1+3N_2+\dots+(m+1)N_m$

7. 设有序表中有 1000 个元素，则用二分查找法查找元素 X 最多需要比较（   ）次。
   A. 25　　　　　　B. 10　　　　　　C. 7　　　　　　D. 1

8. 设连通图 G 中的边集合为 $E=\{(a,b),(a,e),(a,c),(b,e),(e,d),(d,f),(f,c)\}$，则从 a 出发可以得到一个深度优先遍历的序列（   ）。
   A. abedfc　　　　　B. acfebd　　　　　C. aebdfc　　　　　D. aedfcb

9. 设输入序列是(1,2,3,...,*n*)，经过栈的作用后输出序列的第一个元素是 *n*，则输出序列中的第 *i* 个元素是（　　　）。

　　A. *n*-*i*　　　　　　B. *n*-1-*i*　　　　　　C. *n*+1-*i*　　　　　　D. 不能确定

10. 设一组初始记录关键字序列为(45,80,55,40,42,85)，则以第一个初始记录关键字"45"为基准得到一趟快速排序的结果是（　　　）。

　　A. (40,42,45,55,80,83)　　　　　　B. (42,40,45,80,85,88)

　　C. (42,40,45,55,80,85)　　　　　　D. (42,40,45,85,55,80)

二、填空题（每题 2 分，共 20 分）

1. 设有一个顺序共享栈 S[0:*n*-1]，其中第一个栈顶指针 top1 的初值为-1，第二个栈顶指针 top2 的初值为 *n*，则判断共享栈已满的条件是＿＿＿＿＿＿＿＿＿＿。

2. 在图的邻接表中用顺序存储结构存储表头结点的优点是＿＿＿＿＿＿＿＿＿＿。

3. 设有一个 *n* 阶的下三角矩阵 *A*，如果按照行顺序将下三角矩阵中的元素（包括对角线上的元素）存放在 *n*(*n*+1) 个连续的存储单元中，则 *A*[*i*][*j*] 与 *A*[0][0] 之间有＿＿＿＿＿＿个元素。

4. 栈的插入和删除操作只能在栈顶进行，后进栈的元素必定先出栈，所以又把栈称为＿＿＿＿＿＿表；队列的插入和删除操作分别在队列的两端进行，先进队列的元素必定先出队列，所以又把队列称为＿＿＿＿＿＿表。

5. 设一棵完全二叉树的顺序存储结构中存储的元素依次为 A、B、C、D、E、F，则该完全二叉树的先序遍历序列为＿＿＿＿＿＿，中序遍历序列为＿＿＿＿＿＿，后序遍历序列为＿＿＿＿＿＿。

6. 设一棵完全二叉树有 128 个结点，则该完全二叉树的深度为＿＿＿＿，有＿＿＿＿个叶子结点。

7. 设有向图 *G* 的存储结构用邻接矩阵 *A* 来表示，则 *A* 中第 *i* 行中的所有非 0 元素个数之和等于顶点 *i* 的＿＿＿＿，第 *i* 列中的所有非 0 元素个数之和等于顶点 *i* 的＿＿＿＿。

8. 设一组初始记录关键字序列(K$_1$,K$_2$,...,K$_n$)是堆，则对 *i*=1,2,...,*n*/2 而言，满足条件＿＿＿＿＿＿＿＿＿＿。

9. 下面程序段的功能是实现起泡排序，请在下画线处填写正确的语句。

```
void bubble(int  r[n])
{
    for(i=1;i<=n-1; i++)
    {
        for(exchange=0,j=0; j<_____;j++)
            if (r[j]>r[j+1]){temp=r[j+1];_____;r[j]=temp;exchange=1;}
        if (exchange==0) return;
    }
}
```

10. 下面程序段的功能是实现二分查找，请在下画线处填写正确的语句。

```
struct record{int key; int others;};
int bisearch(struct record r[ ], int k)
{
  int low=0,mid,high=n-1;
  while(low<=high)
  {
    _____;
    if(r[mid].key==k) return(mid+1); else if(_____) high=mid-1;else low=mid+1;
  }
  return(0);
}
```

三、应用题（每题 8 分，共 32 分）

1. 设某棵二叉树的中序遍历序列为 DBEAC，先序遍历序列为 ABDEC，要求给出该二叉树的后序遍历序列。

2. 设有无向图 G（如图 3-5-1 所示），给出该无向图的最小生成树的边集合 E，并计算最小生成树各条边的权值之和 W。

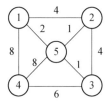

图 3-5-1　无向图 G

3. 设一组初始记录关键字序列为(15,17,18,22,35,51,60)，要求计算出查找成功的平均查找长度。

4. 设散列表的长度为 8，散列函数 $H(k)=k \text{ MOD } 7$，初始记录关键字序列为(25,31,8,27,13,68)，要求分别计算用线性探测法和链地址法作为解决冲突的方法的平均查找长度。

四、算法设计题（每题 14 分，共 28 分）

1. 设计一个用于判断两棵二叉树是否相同的算法。

2. 设计一个用于将两个有序单链表进行合并排序的算法。

数据结构模拟试卷（六）

一、选择题（每题2分，共30分）

1. 设一组权值集合 W={2,3,4,5,6}，则由该权值集合构造的哈夫曼树中的带权路径长度之和为（　　）。

    A. 20　　　　　　　B. 30　　　　　　　C. 40　　　　　　　D. 45

2. 执行一趟快速排序能够得到的序列是（　　）。

    A. [41,12,34,45,27] 55 [72,63]　　　　B. [45,34,12,41] 55 [72,63,27]

    C. [63,12,34,45,27] 55 [41,72]　　　　D. [12,27,45,41] 55 [34,63,72]

3. 设一个单链表的头指针变量为 head，且该单链表没有头结点，则判断其为空的条件是（　　）。

    A. head==0　　　　　　　　　　　　B. head->next==0

    C. head->next==head　　　　　　　　D. head!=0

4. 时间复杂度不受数据初始状态影响且恒为 $O(n\log_2 n)$ 的是（　　）。

    A. 堆排序　　　　　　　　　　　　B. 起泡排序

    C. 希尔排序　　　　　　　　　　　　D. 快速排序

5. 设二叉树的先序遍历序列和后序遍历序列正好相反，则该二叉树满足的条件是（　　）。

    A. 为空或只有一个结点　　　　　　B. 高度等于其结点数量

    C. 任意结点无左孩子结点　　　　　D. 任意结点无右孩子结点

6. 一趟排序结束后不一定能够选出一个元素并放在其最终位置上的排序方法是（　　）。

    A. 堆排序　　　B. 起泡排序　　　C. 快速排序　　　D. 希尔排序

7. 设某棵三叉树有40个结点，则该三叉树的最小高度为（　　）。

    A. 3　　　　　　　B. 4　　　　　　　C. 5　　　　　　　D. 6

8. 不论是在顺序线性表中还是在链式线性表中，顺序查找的时间复杂度都为（　　）。

    A. $O(n)$　　　　　　　　　　　　B. $O(n^2)$

    C. $O(n^{1/2})$　　　　　　　　　　D. $O(\log_2 n)$

9. 2路归并排序的时间复杂度为（　　）。

    A. $O(n)$　　　　　　　　　　　　B. $O(n^2)$

    C. $O(n\log_2 n)$　　　　　　　　　D. $O(\log_2 n)$

10. 深度为 k 的完全二叉树最少有（　　）个结点。

    A. $2^{k-1}-1$　　　B. 2^{k-1}　　　C. $2^{k-1}+1$　　　D. 2^k-1

11. 设指针变量 front 表示链式队列的队列头指针，指针变量 rear 表示链式队列的队列尾指针，指针变量 s 指向将要进队列的结点 X，则进队列的操作序列为（　　　）。

    A. front->next=s;front=s;　　　　　　　B. s->next=rear;rear=s;

    C. rear->next=s;rear=s;　　　　　　　　D. s->next=front;front=s;

12. 设某无向图中有 n 个顶点、e 条边，则建立该无向图的邻接表的时间复杂度为（　　　）。

    A. $O(n+e)$　　　　B. $O(n^2)$　　　　C. $O(ne)$　　　　D. $O(n^3)$

13. 设某棵哈夫曼树中有 199 个结点，则该哈夫曼树中有（　　　）个叶子结点。

    A. 99　　　　　　B. 100　　　　　　C. 101　　　　　　D. 102

14. 设二叉排序树上有 n 个结点，则在二叉排序树上查找结点的平均时间复杂度为（　　　）。

    A. $O(n)$　　　　　B. $O(n^2)$　　　　　C. $O(n \log_2 n)$　　　　D. $O(\log_2 n)$

15. 设用邻接矩阵 A 表示有向图 G 的存储结构，则有向图 G 中顶点 i 的入度为（　　　）。

    A. 第 i 行非 0 元素的个数之和　　　　　B. 第 i 列非 0 元素的个数之和

    C. 第 i 行 0 元素的个数之和　　　　　　D. 第 i 列 0 元素的个数之和

二、判断题（每题 2 分，共 20 分）

1. 一次深度优先遍历可以访问图中的所有顶点。（　　　）

2. 分块查找法的平均查找长度不仅与索引表的长度有关，而且与块的长度有关。（　　　）

3. 起泡排序在初始关键字序列按逆序排列的情况下的交换次数最多。（　　　）

4. 满二叉树一定是完全二叉树，完全二叉树不一定是满二叉树。（　　　）

5. 若已知一棵二叉树的先序序列和后序序列，则能够确定该二叉树的唯一形状。（　　　）

6. 层次遍历初始堆可以得到一个有序序列。（　　　）

7. 设一棵树 T 可以转化成二叉树 BT，则二叉树 BT 中一定没有右子树。（　　　）

8. 线性表的顺序存储结构比链式存储结构更好。（　　　）

9. 通过中序遍历二叉排序树可以得到一个有序序列。（　　　）

10. 快速排序是平均性能最好的一种排序方法。（　　　）

三、填空题（每题 3 分，共 30 分）

1. 语句 for(i=1,t=1,s=0;i<=n;i++) {t=t*i;s=s+t;}的时间复杂度为_____。

2. 设指针变量 p 指向单链表中的结点 A，指针变量 s 指向被插入的新结点 X，则进行插入操作的语句序列为_____（设结点的指针域为 next）。

3. 设有向图 G 的二元组形式为 $G=(D,R)$，$D=\{1,2,3,4,5\}$，$R=\{r\}$，$r=\{<1,2>,<2,4>,<4,5>,<1,3>,<3,2>,<3,5>\}$，请给出该无向图的一种拓扑排序序列_____。

4. 设无向图 G 中有 n 个顶点，则该无向图中每个顶点的度数最多是_____。

5. 设二叉树中度数为 0 的结点数量为 50，度数为 1 的结点数量为 30，则该二叉树共有_____个结点。

6. 设 F 和 R 分别表示顺序循环队列的头指针和尾指针，则判断该循环队列为空的条件为_____。

7. 设二叉树中结点的两个指针域分别为 lchild 和 rchild，则判断指针变量 p 所指的结点为叶子结点的条件是_____。

8. 简单选择排序和直接插入排序的平均时间复杂度为_____。

9. 快速排序的平均空间复杂度为_____，在最坏的情况下为_____。

10. 散列表中解决冲突的两种方法是_____和_____。

四、算法设计题（除第 1 题外，每题 7 分，共 20 分）

1. 在顺序有序表中实现二分查找法。

2. 设计一棵判断二叉树是否为二叉排序树的算法。

3. 在链式存储结构上实现直接插入排序。

数据结构模拟试卷（七）

一、选择题（每题 2 分，共 20 分）

1. 设某无向图有 n 个顶点，则该无向图的邻接表中有（　　）个表头结点。
   A. $2n$　　　　　　　B. n　　　　　　　C. $n/2$　　　　　　D. $n(n-1)$

2. 设无向图 G 中有 n 个顶点，则该无向图的最小生成树上有（　　）条边。
   A. n　　　　　　　B. $n-1$　　　　　　C. $2n$　　　　　　D. $2n-1$

3. 设一组初始记录关键字序列为(60,80,55,40,42,85)，则以关键字"42"为基准得到的一趟快速排序的结果是（　　）。
   A. (40,42,60,55,80,85)　　　　　　B. (42,45,55,60,85,80)
   C. (42,40,55,60,80,85)　　　　　　D. (42,40,60,85,55,80)

4. 通过（　　）二叉排序树可以得到一个从小到大排列的有序序列。
   A. 先序遍历　　　B. 中序遍历　　　C. 后序遍历　　　D. 层次遍历

5. 设按照从上到下、从左到右的顺序对完全二叉树进行顺序编号（从 1 开始），则编号为 i 的结点的左孩子结点的编号为（　　）。
   A. $2i+1$　　　　　　　　　　B. $2i$
   C. $i/2$　　　　　　　　　　D. $2i-1$

6. 程序段"s=i=0;do{i=i+1;s=s+i;}while(i<=n);"的时间复杂度为（　　）。
   A. $O(n)$　　　　　　　　　　B. $O(n\log_2 n)$
   C. $O(n^2)$　　　　　　　　　　D. $O(n^3/2)$

7. 设带有头结点的单向循环链表的头指针变量为 head，则判断其为空的条件是（　　）。
   A. head==0　　　　　　　　B. head->next==0
   C. head->next==head　　　　　D. head!=0

8. 设某棵二叉树的高度为 10，则该二叉树上的叶子结点最多有（　　）个。
   A. 20　　　　　　B. 256　　　　　　C. 512　　　　　　D. 1024

9. 设一组初始记录关键字序列为(13,18,24,35,47,50,62,83,90,115,134)，则利用二分查找法查找初始记录关键字"90"需要比较的关键字个数为（　　）。
   A. 1　　　　　　B. 2　　　　　　C. 3　　　　　　D. 4

10. 设指针变量 top 指向当前链式栈的栈顶，则删除栈顶元素的操作序列为（　　）。
    A. top=top+1;　　　　　　B. top=top-1;
    C. top->next=top;　　　　　D. top=top->next;

二、判断题（每题 2 分，共 20 分）

1. 不论是进队列还是进栈，顺序存储结构都需要考虑溢出情况。（　　）

2. 若向二叉排序树中插入一个结点，则该结点一定成为叶子结点。（   ）

3. 设某堆中有 n 个结点，则在该堆中插入一个新结点的时间复杂度为 $O(\log_2 n)$。（   ）

4. 完全二叉树中的叶子结点只可能在最后两层中出现。（   ）

5. 哈夫曼树中没有度数为 1 的结点。（   ）

6. 对连通图进行深度优先遍历可以访问该无向图中的所有顶点。（   ）

7. 通过先序遍历一棵二叉排序树得到的结点序列不一定是有序序列。（   ）

8. 由树转化成的二叉树的右子树不一定为空。（   ）

9. 线性表中的所有元素都有一个前驱结点和后继结点。（   ）

10. 带权无向图的最小生成树是唯一的。（   ）

三、填空题（每空 2 分，共 30 分）

1. 设指针变量 p 指向双向链表中的结点 A，指针变量 s 指向被插入的结点 X，则在结点 A 的后面插入结点 X 的操作序列为 "_____=p;s->right=p->right;_____=s; p->right->left=s;"（设结点中的两个指针域分别为 left 和 right）。

2. 设完全有向图中有 n 个顶点，则该完全有向图中共有_____条有向条；设完全无向图中有 n 个顶点，则该完全无向图中共有_____条无向边。

3. 设初始记录关键字序列为 $(K_1, K_2, ..., K_n)$，则用筛选法构建初始堆必须从第_____个元素开始。

4. 解决散列表冲突的两种方法是_____和_____。

5. 设一棵二叉树中有 50 个度数为 0 的结点，有 21 个度数为 2 的结点，则该二叉树中度数为 3 的结点数量为_____。

6. 高度为 h 的完全二叉树中最少有_____个结点，最多有_____个结点。

7. 设一组初始记录关键字序列为 (24,35,12,27,18,26)，则第 3 趟直接插入排序结束后的结果是_____。

8. 设一组初始记录关键字序列为 (24,35,12,27,18,26)，则第 3 趟简单选择排序结束后的结果是_____。

9. 设一棵二叉树的先序遍历序列为 ABC，则有_____种不同的二叉树可以得到这个序列。

10. 下面程序段的功能是实现一趟快速排序，请在下画线处填写正确的语句。

```
struct record {int key;datatype others;};
void quickpass(struct record r[], int s, int t, int &i)
{
  int j=t; struct record x=r[s]; i=s;
  while(i<j)
  {
    while (i<j && r[j].key>x.key) j=j-1;  if (i<j) {r[i]=r[j];i=i+1;}
    while (_____) i=i+1;  if (i<j) {r[j]=r[i];j=j-1;}
  }
  _____;
}
```

四、算法设计题（每题 10 分，共 30 分）

1. 在链式结构上实现简单选择排序。

2. 在顺序存储结构上实现求子串的算法。

3. 设计一个求结点在二叉排序树中层次的算法。

数据结构模拟试卷（八）

一、选择题（每题 3 分，共 30 分）

1. 字符串的长度是指（　　）。
   A. 字符串中不同字符的个数　　　　　　B. 字符串中不同字母的个数
   C. 字符串中所含字符的个数　　　　　　D. 字符串中不同数字的个数

2. 建立一个长度为 n 的有序单链表的时间复杂度为（　　）。
   A. $O(n)$　　　　　　　　　　　　　　B. $O(1)$
   C. $O(n^2)$　　　　　　　　　　　　　D. $O(\log_2 n)$

3. 两个字符串相等的充分必要条件是（　　）。
   A. 两个字符串的长度相等　　　　　　　B. 两个字符串的对应位置上的字符相等
   C. 同时具备 A 和 B 两个条件　　　　　D. 以上答案都不对

4. 设某散列表的长度为 100，散列函数为 $H(K)=K \% P$，则 P 在通常情况下最好选择（　　）。
   A. 99　　　　　　B. 97　　　　　　C. 91　　　　　　D. 93

5. 在二叉排序树中插入一个关键字的平均时间复杂度为（　　）。
   A. $O(n)$　　　　　　　　　　　　　　B. $O(\log_2 n)$
   C. $O(n\log_2 n)$　　　　　　　　　　D. $O(n^2)$

6. 设一个顺序有序表 A[1:14] 中有 14 个元素，则在采用二分查找法查找元素 A[4] 的过程中比较元素的顺序为（　　）。
   A. A[1]、A[2]、A[3]、A[4]　　　　　B. A[1]、A[14]、A[7]、A[4]
   C. A[7]、A[3]、A[5]、A[4]　　　　　D. A[7]、A[5]、A[3]、A[4]

7. 设一棵完全二叉树中有 65 个结点，则该完全二叉树的深度为（　　）。
   A. 8　　　　　　B. 7　　　　　　C. 6　　　　　　D. 5

8. 设一棵三叉树中有 2 个度数为 1 的结点，2 个度数为 2 的结点，2 个度数为 3 的结点，则该三叉树中有（　　）个度数为 0 的结点。
   A. 5　　　　　　B. 6　　　　　　C. 7　　　　　　D. 8

9. 设无向图 G 的边集合为 $E=\{(a,b),(a,e),(a,c),(b,e),(e,d),(d,f),(f,c)\}$，则从 a 出发进行深度优先遍历，可以得到序列（　　）。
   A. aedfcb　　　　　　　　　　　　　B. acfebd
   C. aebcfd　　　　　　　　　　　　　D. aedfbc

10. 队列是一种（　　）的线性表。
    A. 先进先出　　　　　　　　　　　　B. 先进后出
    C. 只能插入　　　　　　　　　　　　D. 只能删除

二、判断题（每题 2 分，共 20 分）

1. 如果两个关键字的值不相等，但哈希函数的值相等，则称这两个关键字为同义词。
（　　）

2. 设初始记录关键字序列基本有序，则快速排序算法的时间复杂度为 $O(n \log_2 n)$。
（　　）

3. 分块查找的基本思想是首先在索引表中进行查找，以便确定给定的关键字可能存在的块号，然后在相应的块内进行顺序查找。（　　）

4. 二维数组和多维数组均不是特殊的线性结构。（　　）

5. 向二叉排序树中插入一个结点，需要比较的次数可能大于该二叉树的高度。
（　　）

6. 如果某个有向图的邻接表中的第 i 个单链表为空，则第 i 个顶点的出度为 0。
（　　）

7. 非空的双向循环链表中的任何结点的前驱结点均不为空。（　　）

8. 不论线性表采用顺序存储结构还是链式存储结构，删除值为 X 的结点的时间复杂度均为 $O(n)$。（　　）

9. 图的深度优先遍历算法需要设置一个标志数组，以便区分图中的每个顶点是否被访问过。（　　）

10. 稀疏矩阵的压缩存储可以用一个三元组来表示稀疏矩阵中的非 0 元素。（　　）

三、填空题（每题 3 分，共 30 分）

1. 设一组初始记录关键字序列为(49,38,65,97,76,13,27,50)，则以 $d=4$ 为增量的一趟希尔排序的结果为_____。

2. 下面程序段的功能是实现在二叉排序树中插入一个新结点，请在下画线处填写正确的内容。

```
typedef struct node{int data;struct node *lchild;struct node *rchild;}bitree;
void bstinsert(bitree *&t,int k)
{
    if (t==0 ) {_____;t->data=k;t->lchild=t->rchild=0;}
    else if (t->data>k) bstinsert(t->lchild,k);else_____;
}
```

3. 设指针变量 p 指向单链表中的结点 A，指针变量 s 指向被插入的结点 X，则在结点 A 的后面插入结点 X 需要执行的语句序列为 "s->next=p->next;_____;"。

4. 设指针变量 head 指向双向链表中的头结点，指针变量 p 指向双向链表中的第一个结点，则指针变量 p 和指针变量 head 之间的关系是 p=_____和 head=_____（设结点中的两个指针域分别为 llink 和 rlink）。

5. 设某棵二叉树的中序遍历序列为 ABCD，后序遍历序列为 BADC，则其先序遍历序列为_____。

6. 完全二叉树的第五层最少有_____个结点，最多有_____个结点。

7. 设有向图中不存在有向边 $<v_i, v_j>$，则其对应的邻接矩阵 A 中的数组元素 $A[i][j]$ 的值等于_____。

8. 设一组初始记录关键字序列为(49,38,65,97,76,13,27,50)，则在第 4 趟直接选择排序结束后的结果为_____。

9. 设连通图 G 中有 n 个顶点、e 条边，则对应的最小生成树上有_____条边。

10. 设一组初始记录关键字序列为(50,16,23,68,94,70,73)，则将其调整成初始堆只需把 16 与_____相互交换。

四、算法设计题（每题 10 分，共 20 分）

1. 设计一个在链式存储结构上统计二叉树中结点个数的算法。

2. 设计一个将无向图的邻接矩阵转为对应邻接表的算法。

数据结构模拟试卷（九）

一、选择题（每题 2 分，共 20 分）

1. 下列程序段的时间复杂度为（　　　）。
```
for(i=0; i<m; i++) for(j=0; j<t; j++) c[i][j]=0;
for(i=0; i<m; i++) for(j=0; j<t; j++) for(k=0; k<n; k++) c[i][j]=c[i][j]+a[i][k]*b[k][j];
```
   A. $O(m×n×t)$　　　　B. $O(m+n+t)$　　　　C. $O(m+n×t)$　　　　D. $O(m×t+n)$

2. 设顺序线性表中有 n 个元素，则删除该表中的第 i 个元素需要移动（　　　）个元素。
   A. $n-i$　　　　　　B. $n+1-i$　　　　　C. $n-1-i$　　　　　D. i

3. 设 F 是由 T_1、T_2 和 T_3 三棵树组成的森林，与 F 对应的二叉树为 B，T_1、T_2 和 T_3 的结点数量分别为 N_1、N_2 和 N_3，则二叉树 B 的根结点的左子树的结点数为（　　　）。
   A. N_1-1　　　　　B. N_2-1　　　　　C. N_2+N_3　　　　D. N_1+N_3

4. 利用直接插入排序建立一个有序线性表的时间复杂度为（　　　）。
   A. $O(n)$　　　　　　B. $O(n\log_2 n)$　　　　C. $O(n^2)$　　　　D. $O(\log_2 n)$

5. 设指针变量 p 指向双向链表中的结点 A，指针变量 s 指向被插入的结点 X，则在结点 A 的后面插入结点 X 的操作序列为（　　　）。

   A. p->right=s; s->left=p; p->right->left=s; s->right=p->right;

   B. s->left=p; s->right=p->right; p->right=s; p->right->left=s;

   C. p->right=s; p->right->left=s; s->left=p; s->right=p->right;

   D. s->left=p; s->right=p->right; p->right->left=s; p->right=s;

6. 下列各种排序方法中，平均时间复杂度为 $O(n^2)$ 是（　　　）。
   A. 快速排序　　　　B. 堆排序　　　　　C. 归并排序　　　　D. 起泡排序

7. 设输入序列 $(1,2,3,...,n)$ 经过栈作用后，输出序列中的第一个元素是 n，则输出序列中的第 i 个输出元素是（　　　）。
   A. $n-i$　　　　　　B. $n-1-i$　　　　　C. $n+1-i$　　　　D. 不能确定

8. 设散列表中有 m 个存储单元，散列函数为 $H(key)=key \% p$，则 p 最好选择（　　　）。
   A. 小于或等于 m 的最大奇数　　　　　B. 小于或等于 m 的最大素数
   C. 小于或等于 m 的最大偶数　　　　　D. 小于或等于 m 的最大合数

9. 设在一棵度数为 3 的树中，度数为 3 的结点有 2 个，度数为 2 的结点有 1 个，度数为 1 的结点有 2 个，那么度数为 0 的结点有（　　　）个。
   A. 4　　　　　　　　B. 5　　　　　　　　C. 6　　　　　　　　D. 7

10. 设完全无向图中有 n 个顶点，则该完全无向图中有（　　　）条边。
   A. $n(n-1)/2$　　　B. $n(n-1)$　　　　C. $n(n+1)/2$　　　D. $(n-1)/2$

11. 设顺序表的长度为 n，则顺序查找的平均比较次数为（　　　）。

    A. n　　　　　　B. $n/2$　　　　　　C. $(n+1)/2$　　　　　　D. $(n-1)/2$

12. 设有序表中的序列为(13,18,24,35,47,50,62)，则利用二分查找法查找值为 24 的元素需要经过（　　　）次比较。

    A. 1　　　　　　B. 2　　　　　　C. 3　　　　　　D. 4

13. 设顺序线性表的长度为 30，将其分成 5 块，每块有 6 个元素，如果采用分块查找法，则平均查找长度为（　　　）。

    A. 6　　　　　　B. 11　　　　　　C. 5　　　　　　D. 6.5

14. 设有向无环图 G 中的有向边集合为 $E=\{<1,2>,<2,3>,<3,4>,<1,4>\}$，则下列属于该有向无环图 G 的一种拓扑排序序列的是（　　　）。

    A. (1,2,3,4)　　　　B. (2,3,4,1)　　　　C. (1,4,2,3)　　　　D. (1,2,4,3)

15. 设有一组初始记录关键字序列(34,76,45,18,26,54,92)，则由它生成的二叉排序树的深度为（　　　）。

    A. 4　　　　　　B. 5　　　　　　C. 6　　　　　　D. 7

二、填空题（每题 3 分，共 30 分）

1. 设指针 p 指向单链表中的结点 A，指针 s 指向被插入的结点 X，则在结点 A 的前面插入结点 X 的操作序列如下：

    ①s->next=＿＿＿＿＿＿；
    ②p->next=s；
    ③t=p->data；
    ④p->data=＿＿＿＿＿＿；
    ⑤s->data=t；

2. 设某棵完全二叉树中有 100 个结点，则该二叉树中有＿＿＿＿＿＿个叶子结点。

3. 设某顺序循环队列中有 m 个元素，且规定队列头指针 F 指向队列头元素的前一个位置，队列尾指针 R 指向队列尾元素的当前位置，则该循环队列中最多存储＿＿＿＿＿＿个队列元素。

4. 对一组初始记录关键字序列(40,50,95,20,15,70,60,45,10)进行起泡排序，则第一趟起泡排序需要进行相邻记录比较的次数为＿＿＿＿＿＿，在整个排序过程中最多需要进行＿＿＿＿＿＿趟起泡排序。

5. 在堆排序和快速排序中，如果从平均排序速度最快的角度来考虑，则应选择＿＿＿＿＿＿排序；如果从节省内存空间的角度来考虑，则最好选择＿＿＿＿＿＿排序。

6. 设一组初始记录关键字序列为(20,12,42,31,18,14,28)，则根据它构造的二叉排序树的平均查找长度是＿＿＿＿＿＿。

7. 设一棵二叉树的中序遍历序列为 BDCA，后序遍历序列为 DBAC，则这棵二叉树的先序遍历序列为＿＿＿＿＿＿。

8. 设用于通信的电文仅由 8 个字母组成，每个字母在电文中出现的频数分别为 7、19、2、6、32、3、21、10，根据这些频数得到权值并构造哈夫曼树，则这棵哈夫曼树的高度为＿＿＿＿＿＿。

9. 设一组初始记录关键字序列(80,70,33,65,24,56,48)，则用筛选法建成的初始堆为＿＿＿＿＿＿。

10. 设有无向图 G（如图 3-9-1 所示），则其最小生成树的所有边的权值之和为＿＿＿＿＿＿。

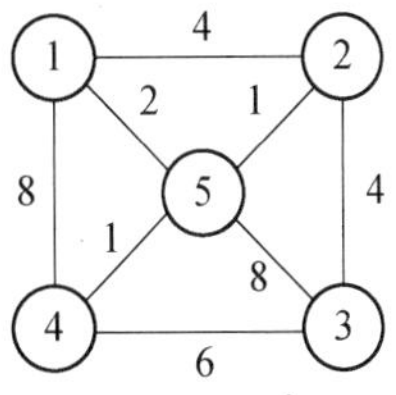

图 3-9-1　无向图 G

三、判断题（每题 2 分，共 20 分）

1. 有向图的邻接表和逆邻接表中的结点个数不一定相等。（　　）

2. 在对链表进行插入和删除操作时，不必移动链表中的结点。（　　）

3. 子串"ABC"在主串"AABCABCD"中的位置为 2。（　　）

4. 若一个叶子结点是某棵二叉树的中序遍历序列的最后一个结点，则它必是该二叉树的先序遍历序列的最后一个结点。（　　）

5. 希尔排序的时间复杂度为 $O(n^2)$。（　　）

6. 在用邻接矩阵作为图的存储结构时，其占用的内存空间与图中的顶点数量无关，而与图中的边数量有关。（　　）

7. 通过中序遍历一棵二叉排序树可以得到一个有序序列。（　　）

8. 进栈操作和进队列操作在链式存储结构上都不需要考虑溢出的情况。（　　）

9. 顺序表查找指的是在顺序存储结构上进行查找。（　　）

10. 堆是完全二叉树，完全二叉树不一定是堆。（　　）

五、算法设计题（每题 10 分，共 30 分）

1. 设计一个计算二叉树中所有结点值之和的算法。

2. 设计一个将所有奇数移到所有偶数之前的算法。

3. 设计一个判断单链表中的元素是否递增的算法。

数据结构模拟试卷（十）

一、选择题（每题 2 分，共 24 分）

1. 下列程序段的时间复杂度为（   ）。

```
i=0, s=0；while (s<n) {s=s+i; i++; }
```

   A. $O(n^{1/2})$ B. $O(n^{1/3})$ C. $O(n)$ D. $O(n^2)$

2. 设某链表中最常用的操作是在链表的尾部插入或删除元素，则选用（   ）存储方式最节省运算时间。

   A. 单链表   B. 单向循环链表

   C. 双向链表   D. 双向循环链表

3. 设指针 q 指向单链表中的结点 A，指针 p 指向单链表中的结点 A 的后继结点 B，指针 s 指向被插入的结点 X，则在结点 A 和后继结点 B 中插入结点 X 的操作序列为（   ）。

   A. s->next=p->next;p->next=-s;   B. q->next=s;s->next=p;

   C. p->next=s->next;s->next=p;   D. p->next=s;s->next=q;

4. 设输入序列为(1,2,3,4,5,6)，则通过栈的作用可以得到输出序列（   ）。

   A. (5,3,4,6,1,2)   B. (3,2,5,6,4,1)

   C. (3,1,2,5,4,6)   D. (1,5,4,6,2,3)

5. 设有一个 10 阶的下三角矩阵 A（包括对角线），按照从上到下、从左到右的顺序将其存储到连续的 55 个存储单元中，每个元素占 1 字节的内存空间，则 $A[5][4]$ 与 $A[0][0]$ 的地址差为（   ）。

   A. 10   B. 19   C. 28   D. 55

6. 设一棵 m 叉树中有 N_1 个度数为 1 的结点，N_2 个度数为 2 的结点……，N_m 个度数为 m 的结点，则该树中共有（   ）个叶子结点。

   A. $\sum_{i=1}^{m}(i-1)N_i$ B. $\sum_{i=1}^{m}N_i$ C. $\sum_{i=2}^{m}N_i$ D. $1+\sum_{i=2}^{m}(i-1)N_i$

7. 在二叉排序树中，左子树的所有结点的值均（   ）根结点的值。

   A. <   B. >   C. =   D. !=

8. 设有一组权值集合 W=(15,3,14,2,6,9,16,17)，要求根据这组权值集合构造一棵哈夫曼树，则这棵哈夫曼树的带权路径长度为（   ）。

   A. 129   B. 219   C. 189   D. 229

9. 设有 n 个关键字具有相同的哈希函数值，则用线性探测法把这 n 个关键字映射到哈希表中需要进行（   ）次线性探测。

   A. n^2 B. $n(n+1)$ C. $n(n+1)/2$ D. $n(n-1)/2$

10. 设某棵二叉树中只有度数为 0 和度数为 2 的结点，且度数为 0 的结点数量为 n，则这棵二叉树中共有（　　）个结点。

　　A. $2n$　　　　　　　　B. $n+1$　　　　　　　　C. $2n-1$　　　　　　　　D. $2n+1$

11. 设一组初始记录关键字序列的长度为 8，则最多经过（　　）趟插入排序可以得到有序序列。

　　A. 6　　　　　　　　B. 7　　　　　　　　C. 8　　　　　　　　D. 9

12. 设一组初始记录关键字序列为(Q,H,C,Y,P,A,M,S,R,D,F,X)，则按字母升序排序的第一趟起泡排序的结果是（　　）。

　　A. (F,H,C,D,P,A,M,Q,R,S,Y,X)

　　B. (P,A,C,S,Q,D,F,X,R,H,M,Y)

　　C. (A,D,C,R,F,Q,M,S,Y,P,H,X)

　　D. (H,C,Q,P,A,M,S,R,D,F,X,Y)

二、填空题（第 1～12 题每题 3 分，第 13～14 题每题 6 分，共 48 分）

1. 设需要对 5 个不同的初始记录关键字进行排序，则至少需要比较_____次，至多需要比较_____次。

2. 快速排序的平均时间复杂度为_____，直接插入排序的平均时间复杂度为_____。

3. 设二叉排序树的高度为 h，则在该树中查找关键字 key 最多需要比较_____次。

4. 设在长度为 20 的有序表中进行二分查找，则比较一次就查找成功的结点有_____个，比较两次就查找成功的结点有_____个。

5. 设一棵 m 叉树的结点数量为 n，用多重链表表示其存储结构，则该树中有_____个空指针域。

6. 设指针变量 p 指向单链表中的结点 A，则删除结点 A 的语句序列为

```
q=p->next; p->data=q->data; p->next=_____; feee(q);
```

7. 数据结构从逻辑上划分为三种基本结构：_____、_____和_____。

8. 设无向图 G 中有 n 个顶点、e 条边，则用邻接矩阵作为无向图的存储结构进行深度优先或广度优先搜索的时间复杂度为_____；用邻接表作为无向图的存储结构进行深度优先或广度优先搜索的时间复杂度为_____。

9. 设散列表的长度为 8，散列函数为 $H(K)=K \% 7$，用线性探测法解决冲突，则根据一组初始记录关键字序列(8,15,16,22,30,32)构造的散列表的平均查找长度是_____。

10. 设一组初始记录关键字序列为(38,65,97,76,13,27,10)，则第 3 趟起泡排序的结果为_____。

11. 设一组初始记录关键字序列为(38,65,97,76,13,27,10)，则第 3 趟简单选择排序的结果为_____。

12. 设有向图 G 中的有向边集合为 $E=\{<1,2>,<2,3>,<1,4>,<4,5>,<5,3>,<4,6>,<6,5>\}$，则该有向图的一个拓扑序列为_____。

13. 下面程序段的功能是建立二叉树，请在下画线处填上正确的内容。

```
typedef struct node{int data;struct node *lchild;_____;}bitree;
void createbitree(bitree *&bt)
{
    scanf("%c",&ch);
```

```
if(ch=='#') _____;else
{ bt=(bitree*)malloc(sizeof(bitree)); bt->data=ch; _____;createbitree(bt->rchild);}
}
```

14. 下面程序段的功能是利用从尾部插入的方法建立单链表，请在下画线处填上正确的内容。

```
typedef struct node {int data; struct node *next;} lklist;
void lklistcreate(_____ *&head )
{
    for (i=1;i<=n;i++)
    {
        p=(lklist *)malloc(sizeof(lklist));scanf("%d",&(p->data));p->next=0;
        if(i==1)head=q=p;else {q->next=p;_____;}
    }
}
```

三、算法设计题（第 1~2 题各 9 分，第 3 题 10 分，共 28 分）

1. 设计一个在链式存储结构上进行合并排序的算法。

2. 设计一个在二叉排序树上查找结点 X 的算法。

3. 设关键字序列$(K_1,K_2,\ldots,K_{n-1})$是堆，设计一个算法将关键字序列$(K_1,K_2,\ldots,K_{n-1},x)$调整为堆。

数据结构模拟试卷（十一）

一、选择题（每题 2 分，共 30 分）

1. 组成数据的基本单位是（　　）。
   A. 数据项　　　　　　　　　　　B. 数据类型
   C. 数据元素　　　　　　　　　　D. 数据变量

2. 下列代码段的时间复杂度是（　　）。
   ```
   i = 1; while ( i<n ) i = i*2
   ```
   A. $O(1)$　　　　B. $O(\log_2 n)$　　　　C. $O(n)$　　　　D. $O(n^2)$

3. 在含有 n 个结点的顺序存储线性表中，往任意结点前插入一个结点所需移动的平均次数为（　　）。
   A. n　　　　B. $n/2$　　　　C. $(n-1)/2$　　　　D. $(n+1)/2$

4. 若一个栈的输入序列是 $(1,2,...,n)$，输出序列的第一个元素是 n，则第 i 个输出元素是（　　）。
   A. 不确定　　　B. $n-i$　　　　C. $n-i+1$　　　　D. $n-i-1$

5. 某线性表中最常用的操作是在最后一个元素之后插入一个元素和删除第一个元素，则采用（　　）存储方式最节省时间。
   A. 单链表　　　　　　　　　　　B. 仅有头指针的单向循环链表
   C. 双向链表　　　　　　　　　　D. 带头结点的双向循环链表

6. 在一棵二叉树中，第 n 层上的结点最多有（　　）个。
   A. 2^{n-1}　　　　B. 2^n　　　　C. n^2　　　　D. n

7. 带表头结点的单链表 h 为空的判定条件是（　　）。
   A. h==NULL　　　　　　　　　　B. h->next == NULL
   C. h->next==h　　　　　　　　　D. 以上都错

8. 栈和队列的共同特点是（　　）。
   A. 都是先进后出　　　　　　　　B. 都是先进先出
   C. 只允许在端点处插入和删除　　D. 都是非线性结构

9. 向一个栈顶指针为 top 的栈中插入一个 s 所指的结点，步骤为（　　）。
   A. top->next = s;　　　　　　　　　　　B. s->next = top->next; top->next = s;
   C. s->next = top; top = s;　　　　　　　D. s->next = top->next; top = top->next;

10. 任何一棵二叉树的叶子结点在先序、中序、后序遍历序列中，相对次序（　　）。
    A. 不变　　　　　　　　　　　　B. 变化
    C. 不确定　　　　　　　　　　　D. 以上都不对

11. 设 a、b 为一棵二叉树上的两个结点，在进行中序遍历时，a 在 b 前面的条件是（　　）。

    A. a 在 b 的右边　　　　　　　　B. a 在 b 的左边

    C. a 是 b 的祖先结点　　　　　　　D. a 是 b 的子孙结点

12. 要连通具有 n 个顶点的有向图，至少需要（　　）条边。

    A. $n-1$　　　　　　B. n　　　　　　C. $n+1$　　　　　　D. n^2

13. 一个具有 n 个顶点、e 条边的无向图，如果采用邻接表作为存储结构，则其深度优先搜索的时间复杂度为（　　）。

    A. $O(n^2)$　　　　B. $O(n+e^2)$　　　　C. $O(n^2+e)$　　　　D. $O(n+e)$

14. 在对 n 个元素进行直接插入排序的过程中，空间复杂度是（　　）。

    A. $O(1)$　　　　　B. $O(n)$　　　　　C. $O(n^2)$　　　　　D. $O(n\log n)$

15. 在对 n 个元素进行起泡排序的过程中，至少需要（　　）趟才能完成排序。

    A. n　　　　　　　B. $n-1$　　　　　　C. $n/2$　　　　　　D. 1

二、填空题（每题 2 分，共 20 分）

1. 算法的执行时间是＿＿＿＿＿＿的函数。

2. 设 tail 是指向非空的、带表头结点的单向循环链表的表尾指针，那么该链表的起始结点的存储位置应该表示成＿＿＿＿＿＿。

3. 含 n 个顶点的有向完全图有＿＿＿＿＿＿条弧。

4. 从单链表中删除结点 p 后面的元素的操作是＿＿＿＿＿＿。

5. 有一个空栈和一个输入序列(1,2,3,4,5)，经过 PUSH、PUSH、POP、PUSH、POP、PUSH 动作处理后，栈顶元素是＿＿＿＿＿＿。

6. 已知某二叉树有 50 个叶子结点，则该二叉树的结点总数至少是＿＿＿＿＿＿个。

7. 已知某循环队列存储在数组 $A[0,m-1]$ 中，其头、尾指针分别是 front 和 rear，则当前队列中的元素个数是＿＿＿＿＿＿。

8. 快速排序在最坏情况下的时间复杂度是＿＿＿＿＿＿。

9. 已知序列(22,18,96,43,17)，如果采用升序的起泡排序，则第二趟起泡排序得到的序列为＿＿＿＿＿＿。

10. 对一组记录(46,79,56,38,40,80,35,50,74)进行直接插入排序，当把第 8 个记录插入前面已排序的有序表时，寻找插入位置需比较＿＿＿＿＿＿次。

三、简答题（每题 6 分，共 30 分）

1. 阅读下面程序并回答问题。

```
Status ListInsert(LinkList &L, int i, ElemType e){
    //L 为带头结点的单链表
    p = L; j=0;
    while(p && j<i-1){
        p = p->next;
        ++j;                       }    （语句S1）
    }
    if(!p || j>i-1)  return ERROR;
    s = (LinkList) malloc(sizeof(LNode));
    s->data = e;
    s->next = p->next; p->next = s;   （语句S2）
    return OK;
}
```

（1）说明语句 S1 的功能。

（2）说明语句 S2 的功能。

（3）链表 L 为(1,7,5,6,8,12,10)，调用函数 ListInsert(L,5,9)后，写出新的链表 L。

2. 假定 3 个元素 A、B、C 依次进栈，在进栈过程中允许出栈，请写出所有可能的出栈序列。

3. 请写出如图 3-11-1 所示的树的先序、中序和后序遍历序列。

4. 已知如图 3-11-2 所示的无向网 G，根据普利姆（Prim）算法从顶点 V_1 出发并构造最小生成树（要求给出构造过程）。

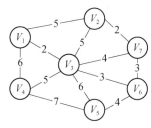

图 3-11-1　树

5. 请写出如图 3-11-2 所示的无向图 G 的邻接矩阵和邻接表。

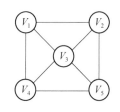

图 3-11-2　无向图 G

四、算法填空题（每空 2 分，共 10 分）

1. 下面程序段的功能是在单链表中的 p 所指的结点之前插入 s 所指的结点，请在下画线处填上正确的语句。

```
s->next = p->next;
p->next = s;
t = p->data;
p->data = _____(1)_____;
s->data = _____(2)_____;
```

2. 下面程序段的功能是实现二分查找法，请在下画线处填上正确的语句。

```
int BinarySearch(Table S, int key){
    int low=1, high, mid;
    high=S.length;
    while (low<high){
```

```
          (1)      ;
    if (S.r[mid].key = = key)
        return (mid);
    else if (        (2)        )
        low=mid+1;
        else        (3)        ;
    }
    return 0;
}
```

五、算法编程题（10分）

已知数组 $A[10]$={2,6,5,7,9,20,16,15,11,3}，请用直接插入排序将数组 A 按照从小到大的顺序进行排序，并给出该排序方法的时间复杂度。

数据结构模拟试卷（十二）

一、选择题（每空 2 分，共 30 分）

1. 数据结构用于研究数据的（　　　）及它们之间的相互关系。
   A. 理想结构、物理结构
   B. 理想结构、抽象结构
   C. 物理结构、逻辑结构
   D. 抽象结构、逻辑结构

2. 下列代码段的时间复杂度是（　　　）。

   ```
   i = 1; while ( i<n ) i = i*2
   ```
   A. $O(1)$　　　　B. $O(\log_2 n)$　　　　C. $O(n)$　　　　D. $O(n^2)$

3. 线性表 L 在（　　　）的情况下可使用链式存储结构实现。
   A. 需经常修改 L 中的结点值
   B. 需不断对 L 进行删除、插入操作
   C. 含有大量结点
   D. 结点的结构复杂

4. 若一个栈的输入序列是 $(1,2,...,n)$，输出序列的第一个元素是 n，则第 i 个输出元素是（　　　）。
   A. 不确定　　　　B. $n-i$　　　　C. $n-i+1$　　　　D. $n-i-1$

5. 链式存储结构所占内存空间（　　　）。
   A. 分两个部分，一个部分存放结点值，另一个部分存放表示结点间关系的指针
   B. 只有一个部分，用于存放结点值
   C. 只有一个部分，用于存储表示结点间关系的指针
   D. 分两个部分，一个部分存放结点值，另一个部分存放结点所占存储单元的数量

6. 栈中元素的进出原则是（　　　）。
   A. 先进先出　　　　B. 后进先出　　　　C. 栈为空则进　　　　D. 栈为满则出

7. 不含任何结点的空树（　　　）。
   A. 是一棵树
   B. 是一棵二叉树
   C. 是一棵树，也是一棵二叉树
   D. 既不是树，也不是二叉树

8. 下列关于遍历二叉树的叙述中，正确的是（　　　）。
   A. 若一个结点是某二叉树中序遍历的最后一个结点，则它必是该二叉树先序遍历的最后一个结点
   B. 若一个结点是某二叉树先序遍历的最后一个结点，则它必是该二叉树中序遍历的最后一个结点
   C. 若一个结点是某二叉树中序遍历的最后一个结点，则它必是该二叉树先序遍历的最后一个结点
   D. 若一个结点是某二叉树先序遍历的最后一个结点，则它必是该二叉树中序遍历的最后一个结点

9. 具有 n（$n>0$）个结点的完全二叉树的深度为（   ）。

A. $\lceil \log_2(n) \rceil$

B. $\lfloor \log_2(n) \rfloor$

C. $\lfloor \log_2(n) \rfloor+1$

D. $\lceil \log_2(n)+1 \rceil$

10. 任何一棵二叉树的叶子结点在先序、中序、后序遍历序列中，相对次序（   ）。

A. 不变

B. 变化

C. 不确定

D. 以上都不对

11. 把一棵树转换为二叉树后，这棵二叉树的形态（   ）。

A. 是唯一的

B. 有多种

C. 有多种，但根结点都没有左孩子结点

D. 有多种，但根结点都没有右孩子结点

12. 要连通具有 n 个顶点的有向图，至少需要（   ）条边。

A. $n-1$

B. n

C. $n+1$

D. n^2

13. 在一个无向图中，所有顶点的度数之和等于无向图的边数的（   ）倍。

A. 1/2

B. 1

C. 2

D. 4

14. 链表适用于（   ）查找。

A. 顺序

B. 二分

C. 链式

D. 随机

15. 排序方法中，从未排序序列中依次取出元素与已排序序列（初始为空）中的元素进行比较，将其放入已排序序列的正确位置上的方法，被称为（   ）

A. 希尔排序

B. 起泡排序

C. 插入排序

D. 选择排序

二、填空题（每题 2 分，共 20 分）

1. 数据结构是一门研究非数值计算的程序设计问题中的计算机的_____及它们之间的关系和_____等的学科。

2. 线性结构的元素之间存在_____关系，树型结构的元素之间存在_____关系，图形结构的元素之间存在_____关系。

3. 在顺序表中访问任意一个结点的时间复杂度均为_____，因此顺序表也称_____的数据结构。

4. 栈是一种特殊的线性表，允许插入和删除的一端被称为_____，不允许插入和删除的一端被称为_____。

5. 向栈中存入元素的操作是先_____，后_____。

6. 设一棵完全二叉树有 700 个结点，则共有_____个叶子结点。

7. 遍历图有_____、_____等方法。

8. 含 n 个顶点、e 条边的图，若采用邻接矩阵存储，则空间复杂度为_____。

9. 二分查找有序表(4,6,12,20,28,38,50,70,88,100)，若要查找该表中的元素 20，则将依次与该表中的元素_____比较大小。

10. 大多数排序方法都有两个基本操作：_____和_____。

三、简答题（每题 6 分，共 30 分）

1. 请画出由 3 个结点构成的所有二叉树，它们的高度分别是多少？

2. 将如图 3-12-1 所示的二叉树转换成相应的森林。

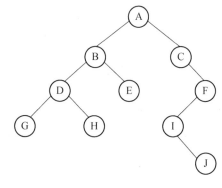

图 3-12-1　二叉树

3. 用权值序列(10,16,20,6,30,24)构造一棵哈夫曼树，并用图表示构造的全过程。

4. 设有无向图 G（如图 3-12-2 所示），请给出该图的最小生成树的边集合 E，并计算最小生成树的各条边的权值之和 W。

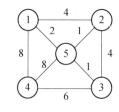

图 3-12-2　无向图 G

5. 已知序列(10,18,4,3,6,12,1,9,18,8)，请根据快速排序写出前两趟排序的结果。

四、算法填空题（每空 2 分，共 10 分）

1. 下面程序段的功能是实现起泡排序，请在下画线处填上正确的语句。

```
void bubble(int  r[n])
{for(i=1;i<=n-1; i++)
  {
    for(exchange=0,j=0; j<___(1)___;j++)
      if (r[j]>r[j+1]){temp=r[j+1];_____(2)_____;
                       r[j]=temp;exchange=1;}
    if (exchange==0) return;
  }}
```

2. 下面程序段的功能是建立二叉树，请在下画线处填上正确的语句。

```
void createbitree(bitree *&bt)
{ scanf("%c",&ch);
if(ch=='#')    (1)    ;else
{ bt=(bitree*)malloc(sizeof(    (2)    ));
bt->data=ch;
   (3)   ;
createbitree(bt->rchild);}}
```

五、算法编程题（共 10 分）

试编写一个算法，在带头结点的单链表结构上实现线性表操作，函数 LENGTH()的功能是求线性表 L 的元素个数。

```
int LENGTH(linklist L){
     } return(n);   }
```

数据结构模拟试卷（十三）

一、选择题（每题 2 分，共 30 分）

1. 栈和队列的共同特点是（　　）。
    A. 只允许在端点处插入和删除元素　　B. 都是先进后出
    C. 都是先进先出　　D. 没有共同点

2. 采用链式存储结构的队列在进行插入操作时，（　　）。
    A. 仅修改头指针　　B. 头、尾指针都要修改
    C. 仅修改尾指针　　D. 头、尾指针可能都要修改

3. 以下数据结构中哪一个是非线性结构？（　　）
    A. 队列　　B. 栈　　C. 线性表　　D. 二叉树

4. 若用链表作为栈的存储结构，则退栈前（　　）。
    A. 必须判断栈是否为满　　B. 必须判断栈是否为空
    C. 必须判断栈元素的类型　　D. 对栈不进行任何判别

5. 设某棵二叉树的中序遍历序列为 ABCD，先序遍历序列为 CABD，则通过后序遍历该二叉树得到的序列为（　　）。
    A. BADC　　B. BCDA　　C. CDAB　　D. CBDA

6. 某无向图有 n 个顶点，该无向图的邻接表中有（　　）个表头结点。
    A. $2n$　　B. n　　C. $n/2$　　D. $n(n-1)$

7. 设一组初始记录关键字序列的长度为 8，则最多经过（　　）趟插入排序可以得到有序序列。
    A. 6　　B. 7　　C. 8　　D. 9

8. 若某线性表最常用的操作是存取任意指定序号的元素和在线性表末尾进行插入和删除操作，则利用（　　）存储方式最节省时间。
    A. 顺序表　　B. 双向链表
    C. 带头结点的双向循环链表　　D. 单向循环链表

9. 下面程序段中，对 x 进行赋值的语句的频度为（　　）。

```
FOR i:=1 TO n DO
   FOR j:=1 TO n DO
      x:=x+1;
```

    A. $O(2n)$　　B. $O(n)$　　C. $O(n^2)$　　D. $O(\log_2 n)$

10. 链表不具有的特点是（　　）。
    A. 插入、删除都不需要移动元素　　B. 可随机访问任意元素
    C. 不必事先估计内存空间　　D. 所需内存空间与线性长度成正比

11. 设某棵二叉树中只有度数为 0 和度数为 2 的结点，且度数为 0 的结点数量为 n，则这棵二叉树中共有（　　　）个结点。

    A. $2n$ B. $n+1$ C. $2n-1$ D. $2n+1$

12. 对 n 个元素进行直接插入排序，则其空间复杂度是（　　　）。

    A. $O(1)$ B. $O(n)$ C. $O(n^2)$ D. $O(n\log n)$

13. 下列程序段的时间复杂度是（　　　）。

```
i = 1; while ( i<n ) i = i*2
```

    A. $O(1)$ B. $O(\log_2 n)$ C. $O(n)$ D. $O(n^2)$

14. 有一组权值集合 W=(15,3,14,2,6,9,16,17)，根据这组权值集合构造一棵哈夫曼树，这棵哈夫曼树的带权路径长度为（　　　）。

    A. 129   B. 219   C. 189   D. 229

15. 设连通图 G 中的边集合 E={(a,b),(a,e),(a,c),(b,e),(e,d),(d,f),(f,c)}，则从 a 出发不可能得到深度优先搜索的序列为（　　　）。

    A. abedfc   B. aebdfc   C. acfebd   D. aedfcb

二、填空题（每空 2 分，共 20 分）

1. 设指针变量 p 指向单链表中的结点 A，指针变量 s 指向被插入的新结点 X，则进行插入操作的语句序列为_____，_____（设结点的指针域为 next）。

2. 单链表表示法的基本思想是用_____表示结点间的逻辑关系。

3. 设在长度为 20 的有序表中进行二分查找，则比较两次就查找成功的结点有_____个。

4. 设一个顺序循环队列中有 M 个存储单元，则该顺序循环队列中最多能够存储_____个队列元素，当前实际存储_____个队列元素（设头指针 F 指向当前队列头元素的前一个位置，尾指针指向当前队列尾元素的位置。

5. 若用链表存储一棵二叉树，每个结点除了有数据域外，还有指向左孩子结点和右孩子结点的两个指针，则在这种存储结构中，含 n 个结点的二叉树共有_____个指针域，其中有_____个指针是空指针。

6. 一棵有 n 个结点的完全二叉树，如果按照从上到下、从左到右的顺序从 1 开始编号，则第 i 个结点的双亲结点的编号为_____，右孩子结点的编号为_____。

三、简答题（每题 5 分，共 20 分）

1. 假定让三个元素 X、Y、Z 依次进栈，进栈过程中允许出栈，写出所有可能的出栈序列。

2. 根据二叉树的定义，画出具有三个结点的二叉树的所有形态。

3. 已知无向图 G（如图 3-13-1 所示），根据普利姆（Prim）算法从顶点 V_1 出发，构造最小生成树（要求画出构造过程）。

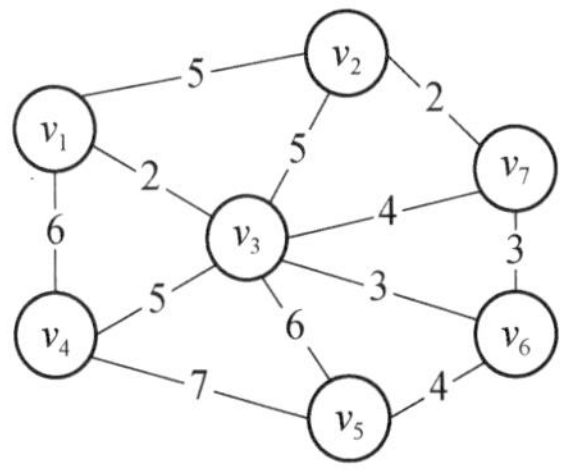

图 3-13-1　无向图 G

4. 已知一个数据表为{48,25,56,32,40}，请写出起泡排序（升序）过程中的每趟排序的数据变化情况。

四、综合题（每题 6 分，共 30 分）

1. 用尾部插入法建立带头结点的单链表。

```
LinkList Creat_LinkList1( ) {
  LNode *L=(LNode *)malloc(sizeof(LNode));   /*表头*/
  LNode *p=L, *s;
  L->next=_____(1)_____;                      /*空表*/
  int x;                    /*设元素的类型为int*/
  scanf("%d",&x);
  while (x!=flag){
    s = _____(2)_____;     s->data =_____(3)_____; s->next =_____(4)_____;
    p->next = _____(5)_____; p = _____(6)_____;
    scanf ("%d",&x);
  }
  return L;
}
```

2. 从长度为 length 的线性表中查找值为 x 的第一个元素，若找到，则返回该元素在线性表中的位置，否则返回 0。

线性表的结构如下：

```
typedef struct {
  ElemType *elem; // 内存空间的基地址
  int length; // 当前长度
} SqList;
int LocateElem(SqList L, int x, int length) {
  i = 1; // i 的初值为第 1 个元素的位序
  p = _____(1)_____
  while (i <=_____(2)_____  && _____(3)_____ ){
    _____(4)_____;
  }
  if (i <= L.length)
    return _____(5)_____;
  else
    return _____(6)_____;
}
```

3. 阅读下面的程序，说明该程序的功能。

```
LinkList Test(LinkList L){    /*L为链表*/
LNode *q, *p;          /*链表结点*/
if( L && L->next){
    q=L; L=L->next; p=L;
    while(p->next) p=p->next;
    p->next = q;
    q->next = NULL;
}
return L;
}
```

4. 什么是堆？将序列{16,18,52,48,39,88,28,91}调整成为堆顶元素为最大值的堆，把每个步骤通过图表示出来。

5. 试写一个函数，从整型顺序表 A 中找出最大值和最小值。函数的原型如下：原型的参数表给出了顺序表对象，通过参数表中的 Max 得到最大整数，通过 Min 得到最小整数（可使用顺序表的两个公有函数：length( )求顺序表的长度，getData(int k)提取第 k 个元素的值）。

数据结构模拟试卷（十四）

一、选择题（每题 2 分，共 30 分）

1. 数据结构可以从逻辑上分成（　　　）。
   - A. 动态结构和静态结构
   - B. 紧凑结构和非紧凑结构
   - C. 线性结构和非线性结构
   - D. 内部结构和外部结构

2. 下列程序段的时间复杂度是（　　　）。
   ```
   i = 1;  while ( i<n ) i = i*2
   ```
   - A. $O(1)$
   - B. $O(\log_2 n)$
   - C. $O(n)$
   - D. $O(n^2)$

3. 在计算机的存储器中，物理地址和逻辑地址的相对位置相同且连续的结构被称为（　　　）。
   - A. 逻辑结构
   - B. 顺序存储结构
   - C. 链式存储结构
   - D. 以上都对

4. 算法分析的两个主要方面是（　　　）。
   - A. 正确性和简单性
   - B. 可读性和文档性
   - C. 数据复杂性和程序复杂性
   - D. 时间复杂度和空间复杂度

5. 链式存储结构所占内存空间（　　　）。
   - A. 分两个部分，一个部分存放结点值，另一个部分存放表示结点间关系的指针
   - B. 只有一个部分，用于存放结点值
   - C. 只有一个部分，用于存储表示结点间关系的指针
   - D. 分两个部分，一个部分存放结点值，另一个部分存放结点所占存储单元的数量

6. 栈中元素的进出原则是（　　　）。
   - A. 先进先出
   - B. 后进先出
   - C. 栈为空则进
   - D. 栈为满则出

7. 在一个单链表中，若要删除 ptr 指针所指结点的直接后继结点，则需要执行的操作是（　　　）。
   - A. ptr->next = ptr->next->next;
   - B. ptr = ptr->next;ptr->next = ptr->next->next;
   - C. ptr = ptr->next->next;
   - D. ptr->next= ptr;

8. 把一棵树转换为二叉树后，这棵二叉树的形态（　　　）。
   - A. 是唯一的
   - B. 有多种
   - C. 有多种，但根结点都没有左孩子结点
   - D. 有多种，但根结点都没有右孩子结点

9. 具有 n（$n>0$）个结点的完全二叉树的深度为（　　）。

    A. $\lceil \log_2(n) \rceil$ B. $\lfloor \log_2(n) \rfloor$

    C. $\lfloor \log_2(n) \rfloor +1$ D. $\lceil \log_2(n)+1 \rceil$

10. 根据二叉树的定义可知，具有 3 个不同结点的不同二叉树有（　　）种。

    A. 5   B. 6   C. 30   D. 32

11. 在一个有向图中，所有顶点的度数之和等于所有边数之和的（　　）倍。

    A. 1/2   B. 1   C. 2   D. 4

12. 一个有 n 个顶点的无向图最多有（　　）条边。

    A. n B. $n(n-1)$ C. $n(n-1)/2$ D. $2n$

13. 顺序查找法适用于存储结构为（　　）的线性表。

    A. 散列存储   B. 顺序存储或链式存储

    C. 压缩存储   D. 索引存储

14. 解决使用散列法时出现的冲突的常用方法是（　　）。

    A. 数字分析法、除余法、平方取中法

    B. 数字分析法、除余法、线性探测法

    C. 数字分析法、线性探测法、多重散列法

    D. 线性探测法、多重散列法、链地址法

15. 在用某种排序方法对线性表(25,84,21,47,15,27,68,35,20)进行排序时，该线性表的序列的变化情况如下：

```
25,84,21,47,15,27,68,35,20
20,15,21,25,47,27,68,35,84
15,20,21,25,35,27,47,68,84
15,20,21,25,27,35,47,68,84
```

则采用的排序方法是（　　）。

    A. 选择排序   B. 希尔排序   C. 归并排序   D. 快速排序

二、填空题（每题 3 分，共 30 分）

1. 算法具有 5 个特性：_____、_____、有效性、有输入、有输出。

2. 线性结构的元素之间存在_____的关系，树型结构的元素之间存在_____的关系，图型结构的元素之间存在_____的关系。

3. 设指针变量 p 指向单链表中的结点 B，结点 A 为结点 B 的后继结点，则删除结点 A 的语句序列为

```
q=p->next; p->next=_____; feee(q);
```

4. 栈是一种特殊的线性表，允许插入和删除的一端被称为_____，不允许插入和删除的一端被称为_____。

5. 在以 HL 为表头指针的带表头附加结点的单链表中，判断单链表为空的条件为_____。

6. 一棵具有 257 个结点的完全二叉树，它的深度为_____。

7. 遍历图有_____、_____等方法。

8. 若无向图 G 的顶点度数最小值大于或等于_____，则该无向图 G 至少有一条回路。

9. 通过二分查找有序表(4,6,12,20,28,38,50,70,88,100)中的元素 20，它将依次与元素_____比较大小。

10. 在对含 n 个元素的序列进行起泡排序时,最少的比较次数是_____。

三、简答题(每题 4 分,共 20 分)

1. 分别写出如图 3-14-1 所示二叉树的先序、中序和后序遍历序列。

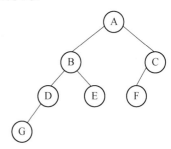

图 3-14-1 二叉树

2. 已知 4 个带权结点,其权值分别为 2、3、8、7,试以它们为叶子结点生成一棵哈夫曼树,要求用图表示该哈夫曼树的生成过程。

3. 已知如图 3-14-2 所示的无向图 G,根据普利姆(Prim)算法从顶点 v_1 出发,并构造最小生成树,要求用图表示每一步的生成过程。

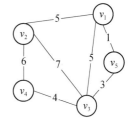

图 3-14-2 无向图 G

4. 请写出如图 3-14-3 所示的无向图的邻接矩阵和邻接表。

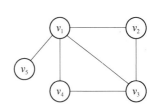

图 3-14-3 无向图

5. 已知序列{6,3,8,9,5},通过快速排序按照从小到大的顺序排序,请写出第一趟快速排序的过程。

四、算法填空题（每空 2 分，共 10 分）

1. 已知 L 是带头结点的非空单链表，且结点 P 既不是第一个结点，也不是最后一个结点，下列选项中可实现删除结点 P 的直接后继结点的语句是_____(1)_____，可实现在结点 P 后插入一个结点 R 的语句是_____(2)_____。

① P->next = P->next->next;

② P = P->next->next;

③ P->next = R;

④ while(P->next != Q)   P = P->next;

⑤ Q = P;

⑥ Q = P->next;

⑦ R->next = P->next;

⑧ L = L->next;

⑨ free(Q);

2. 已知有序的一维数组 $A[n]$，通过二分查找关键字 K，请在下画线处填上正确的语句。

```
int Search_Bin(ElemType A[], ElemType K)
{
    int low, high, mid;
    low=1; high=n;
    while (low < high){
            (1)        ;
        if (A[mid] = = K)
            return mid;
        else if (_____(2)_____)
                    (3)        ;
            else
                high = mid -1;
    }
    return 0;
}
```

五、算法编程题（共 10 分）

已知整型数组 $A[n]$，使用起泡排序将数组 A 按照从小到大的顺序进行排序。

```
void Bubble_Sort(){
    int i, j, flag;
    int temp;
    ...
}
```

数据结构模拟试卷（十五）

一、选择题（每题 2 分，共 36 分）

1. 下列关于 m 阶 B-树的说法中错误的是（　　）。
   A. 根结点至多有 m 棵子树
   B. 所有叶子结点都在同一层上
   C. 非叶子结点至少有 $m/2$（m 为偶数）或 $m/2+1$（m 为奇数）棵子树
   D. 根结点中的元素是有序的

2. 若根据查找表(23,44,36,48,52,73,64,58)建立开散列表，用 $H(k)=k\%13$ 计算散列地址，则元素 64 的散列地址为（　　）。
   A. 4　　　　　　　　B. 8　　　　　　　　C. 12　　　　　　　　D. 13

3. 设串的长度为 n，则它的子串个数为（　　）。
   A. n　　　　　　B. $n(n+1)$　　　　C. $n(n+1)/2$　　　　D. $n(n+1)/2+1$

4. 串是一种特殊的线性表，其特殊性体现在（　　）。
   A. 可以顺序存储　　　　　　　　B. 元素是一个字符
   C. 可以链式存储　　　　　　　　D. 元素可以是多个字符

5. 一组初始记录关键字序列为(46,79,56,38,40,84)，则利用快速排序以第一个初始记录关键字为基准得到的一次划分结果为（　　）。
   A. (38,40,46,56,79,84)　　　　　　B. (40,38,46,79,56,84)
   C. (40,38,46,56,79,84)　　　　　　D. (40,38,46,84,56,79)

6. 在对 n 个元素进行快速排序的过程中，若每次划分得到的左、右两个子区间中元素的个数相等或只相差 1，则在整个快速排序过程中得到的含两个元素的区间个数大致为（　　）。
   A. n　　　　　　B. $n/2$　　　　　　C. $\log_2 n$　　　　D. $2n$

7. 假定在一棵二叉树中，双分支结点数量为 15，单分支结点数量为 30 个，则叶子结点数量为（　　）。
   A. 15　　　　　　B. 16　　　　　　C. 17　　　　　　D. 47

8. 下列的 4 棵二叉树中，（　　）不是完全二叉树。

A.

B.

C.

D.

9. 设 a、b 为一棵二叉树上的两个结点，在进行中序遍历时，a 在 b 前面的条件是（　　）。

    A. a 在 b 的右边　　　　　　　　　　B. a 在 b 的左边

    C. a 是 b 的祖先结点　　　　　　　　D. a 是 b 的子孙结点

10. 一个有 n 个结点的图最多有（　　）个连通分量。

    A. 0　　　　　　B. 1　　　　　　C. $n-1$　　　　　　D. n

11. 若某线性表最常用的操作是存取任意指定序号的元素和在线性表尾部进行插入和删除操作，则利用（　　）存储方式最节省时间。

    A. 顺序表　　　　　　　　　　　　B. 双向链表

    C. 带头结点的双向循环链表　　　　D. 单向循环链表

12. 设 tail 是指向一个非空的带表头结点的单向循环链表的尾指针，那么删除该链表起始结点的操作序列应该是（　　）。

    A. ptr = tail; tail = tail->next; free (ptr);

    B. tail = tail->next; free (tail);

    C. tail = tail->next->next; free (tail); free (ptr);

    D. ptr = tail->next->next; tail->next->next = ptr->next; free (ptr);

13. 从长度为 n 的顺序表中删除第 i 个元素（$1 \leqslant i \leqslant n$）时，需要往前移动（　　）个元素。

    A. $n-i$　　　　B. $n-i+1$　　　　C. $n-i-1$　　　　D. i

14. 采用链式存储结构时，要求（　　）。

    A. 每个结点占用一片连续的区域

    B. 所有结点占用一片连续的区域

    C. 结点的最后一个数据域的类型是指针类型

    D. 每个结点有多少个后继结点，就设多少个指针域

15. 若一个栈的输入序列是(a,b,c)，则通过进栈、出栈操作可得到 a、b、c 的不同排列序列的个数为（　　）。

    A. 4　　　　　　B. 5　　　　　　C. 6　　　　　　D. 7

16. 设计一个用于判别表达式中左、右括号是否配对出现的算法，采用（　　）最佳。

    A. 线性表的顺序存储结构　　　　　B. 栈

    C. 队列　　　　　　　　　　　　　D. 线性表的链式存储结构

17. 一个栈的入栈序列为(a,b,c,d,e)，则不可能得到的出栈序列是（　　）。

    A. (e,d,c,b,a)　　　　　　　　　　B. (d,e,c,b,a)

    C. (d,c,e,a,b)　　　　　　　　　　D. (a,b,c,d,e)

18. 设有一个顺序栈 S，其元素 s_1、s_2、s_3、s_4、s_5、s_6 依次进栈，如果这 6 个元素出栈的顺序是 s_2、s_3、s_4、s_6、s_5、s_1，则栈的容量至少是（　　）。

    A. 2　　　　　　　　　　　　　　　B. 3

    C. 5　　　　　　　　　　　　　　　D. 6

二、填空题（每空 2 分，共 26 分）

1. 平衡因子的定义是结点的_____减去结点的_____。

2. 可二分查找的存储结构仅限于_____存储结构，且要求是_____。

3. 两个串相等的充分必要条件是两个串的_____相等且对应位置的_____相同。

4. 若对一组记录(76,38,62,53,80,74,83,65,85)进行堆排序，已知除第一个元素外，以其余元素为根的结点都已是堆，则在对第一个元素进行筛选运算时，它最终将被筛选到下标为_____的位置。

5. 如某二叉树有 20 个叶子结点，有 30 个结点，仅有一个孩子结点，则该二叉树的结点点数为_____。

6. 已知一棵度为 3 的树有 2 个度为 1 的结点，3 个度为 2 的结点，4 个度为 3 的结点，则该树有_____个叶子结点。

7. 有向图 G 用邻接表存储，其第 i 行的所有元素之和等于顶点 i 的_____。

8. 在双向循环链表中，若要在指针 p 所指的结点前插入指针 s 所指的结点，则需执行下列语句：s->next=p; s->prior=p->prior; _____=s; p->prior=s; （注意：结点的前向指针为 prior，后向指针为 next）。

9. 从一个长度为 n 的向量中删除第 i 个元素（$1 \leq i \leq n$）时，需向前移动_____个元素。

10. 如果栈的最大长度难以估计，则最好使用_____。

三、判断题 （每题 1 分，共 8 分）

1. 散列函数越复杂越好，因为随机性好、发生冲突的概率小。　　　　　　　　　（　　）

2. 串是由有限个字符构成的连续序列，串长为串中字符的个数，子串是由主串中的字符构成的有限序列。　　　　　　　　　　　　　　　　　　　　　　　　　　　　（　　）

3. 若将一批杂乱无章的数据按堆结构组织起来，则堆中的数据必然按从小到大的顺序线性排列。　　　　　　　　　　　　　　　　　　　　　　　　　　　　　　　　　　（　　）

4. 对含 n 个记录的集合进行快速排序，需要的平均时间是 $O(n \log_2 n)$。　　　（　　）

5. 邻接矩阵只存储了边的信息，没有存储顶点的信息。　　　　　　　　　　　　（　　）

6. AOE 网中的关键路径是指长度最短的路径。　　　　　　　　　　　　　　　　（　　）

7. 双向链表的特点是很容易找到任意结点的前驱结点和后继结点。　　　　　　　（　　）

8. 在顺序表中插入和删除元素时，移动元素的个数与该元素的位置有关。　　　　（　　）

四、简答题 （每题 6 分，共 30 分）

1. 试分析顺序表和链表的适用场景。

2. 设有一个有向图为 $G=(V,E)$。其中，$V=\{v_1,v_2,v_3,v_4,v_5\}$，$E=\{<v_2,v_1>,<v_3,v_2>,<v_4,v_3>,<v_4,v_2>,<v_1,v_4>,<v_4,v_5>,<v_5,v_1>\}$，请画出该有向图 G 并判断它是否是强连通图。

3. 假设用于通信的电文仅由八个字母（A、B、C、D、E、F、G、H）组成，每个字母在电文中出现的频率分别为 0.07、0.19、0.02、0.06、0.32、0.03、0.21、0.10。试为这八个字母设计哈夫曼编码。

4. 正读和反读都相同的字符序列为回文序列，例如，"abba" 和 "abcba" 都是回文序列，而 "abcde" 和 "ababab" 都不是回文序列。假设一个字符序列已存入计算机，请分析用线性表、栈和队列这些方式正确输出回文序列的可行性。

5. 若用带头结点的单链表来表示链栈，则栈为空的标志是什么？

数据结构模拟试卷（十六）

一、选择题 （每题 2 分，共 36 分）

1. 若采用链地址法构造散列表，散列函数为 H(key)=key MOD 17，则需（　　）个链表。
   A. 17　　　　　　　B. 13　　　　　　　C. 16　　　　　　　D. 任意

2. 对于长度为 n 的顺序存储有序表，若采用二分查找法，则对所有元素的最大查找长度为（　　）的值向上取整。
   A. $\log_2(n+1)$　　　B. $\log_2 n$　　　C. $n/2$　　　D. $(n+1)/2$

3. 串是一种特殊的线性表，其特殊性体现在（　　）。
   A. 可以顺序存储　　　　　　　　B. 元素是一个字符
   C. 可以链式存储　　　　　　　　D. 元素可以是多个字符

4. 以下叙述中正确的是（　　）。
   A. 串是一种特殊的线性表　　　　B. 串的长度必须大于零
   C. 串中的元素只能是字母　　　　D. 空串就是空白串

5. 对下列四个序列进行快速排序，各以第一个元素为基准进行第一次划分，则在该次划分过程中需要移动元素次数最多的序列为（　　）。
   A. (1, 3, 5, 7, 9)　　　　　　　B. (9, 7, 5, 3, 1)
   C. (5, 3, 1, 7, 9)　　　　　　　D. (5, 7, 9, 1, 3)

6. 快速排序在（　　）的情况下最不利于发挥其长处。
   A. 要排序的数据量太大
   B. 要排序的数据中含有多个相同值
   C. 要排序的数据已基本有序
   D. 要排序的数据个数为奇数

7. 由于二叉树中每个结点的度最大为 2，因此二叉树是一种特殊的树，这种说法（　　）。
   A. 正确　　　　　　　B. 错误

8. 某二叉树的先序遍历的结点访问顺序是 a、b、d、g、c、e、f、h，中序遍历的结点访问顺序是 d、g、b、a、e、c、h、f，则后序遍历的结点访问顺序是_____。
   A. b、d、g、c、e、f、h、a　　　B. g、d、b、e、c、f、h、a
   C. b、d、g、a、e、c、h、f　　　D. g、d、b、e、h、f、c、a

9. 在有向图 G 的拓扑序列中，若顶点 v_i 在顶点 v_j 之前，则下列情形中不可能出现的是（　　）。
   A. G 中有弧 $<v_i,v_j>$　　　　　B. G 中有一条从 v_i 到 v_j 的路径
   C. G 中没有弧 $<v_i,v_j>$　　　　D. G 中有一条从 v_j 到 v_i 的路径

10. 有一个含 *n* 个顶点的连通无向图，其边至少为（　　）条。

    A. *n*−1　　　　　　　　　　　　　　B. *n*

    C. *n*+1　　　　　　　　　　　　　　D. *n*log*n*

11. 某线性表中最常用的操作是在最后一个元素之后插入一个元素和删除第一个元素，则采用（　　）存储方式最节省运算时间。

    A. 单链表　　　　　　　　　　　　　B. 仅有头指针的单向循环链表

    C. 双向链表　　　　　　　　　　　　D. 仅有尾指针的单向循环链表

12. 在一个单链表中，已知 qtr 所指结点是 ptr 所指结点的直接前驱结点。现要在 qtr 所指结点和 ptr 所指结点之间插入一个 rtr 所指结点，要执行的操作序列是（　　）。

    A. rtr->next=ptr->next; ptr->next=rtr;

    B. ptr->next=rtr->next;

    C. qtr->next=rtr; rtr->next=ptr;

    D. ptr->next=rtr; rtr->next=qtr->next;

13. 下列关于线性表的叙述中，错误的是（　　）。

    A. 线性表采用顺序存储结构，必须占用一片连续的存储单元

    B. 线性表采用顺序存储结构，便于进行插入和删除操作

    C. 线性表采用链式存储结构，不必占用一片连续的存储单元

    D. 线性表采用链式存储结构，便于进行插入和删除操作

14. 某算法的时间复杂度为 $O(n^2)$，表明该算法的（　　）。

    A. 问题规模是 n^2　　　　　　　　　B. 执行时间等于 n^2

    C. 执行时间与 n^2 成正比　　　　　　D. 问题规模与 n^2 成正比

15. 若一个栈的输入序列是(a,b,c)，则通过进栈、出栈操作可得到 a、b、c 的不同排列序列的个数为（　　）。

    A. 4　　　　　　　　　　　　　　　　B. 5

    C. 6　　　　　　　　　　　　　　　　D. 7

16. 在代码中判定一个循环队列（元素最多为 m，m==Maxsize−1）为满的条件是（　　）。

    A. ((rear- front)+ Maxsize)% Maxsize ==m

    B. rear-front-1==m

    C. front==rear

    D. front==rear+1

17. 从一个栈顶指针为 H 的链栈中删除一个结点时，用 x 保存被删除结点的值，则需执行（　　）（不带空的头结点）。

    A. x=H;H=H->next;　　　　　　　　B. x=H->data;

    C. H= H->next;x=H->data;　　　　　D. x=H->data; H=H->next;

18. 循环队列用数组 *A*[0,*m*−1]存放元素，已知其头、尾指针分别是 front 和 rear。则代码中的当前队列的元素个数可表示为（　　）。

    A. (rear−front+m)%m　　　　　　　B. rear−front+1

    C. rear−front−1　　　　　　　　　　D. rear−front

二、填空题 （每题 2 分，共 20 分）

1. 假设在有序线性表 A[1..20]上进行二分查找，则比较一次就查找成功的结点数量为_____，比较两次就查找成功的结点数量为_____，比较三次就查找成功的结点数量为_____，比较四次就查找成功的结点数量为_____，比较五次就查找成功的结点数量为_____，平均查找长度为_____。

2. 用_____法构造的哈希函数肯定不会发生冲突。

3. 空串的长度等于_____。

4. 假定序列为(46,79,56,38,40,84)，则利用堆排序建立的初始小根堆为(___,___,___,___,___,___)。

5. 一个有 2001 个结点的完全二叉树的高度为_____。

6. 深度为 k 的完全二叉树至少有_____个结点，至多有_____个结点。

7. 有向图 G 用邻接矩阵存储，其第 i 行的所有元素之和等于顶点 i 的_____。

8. 将线性表中元素的个数 n 称为线性表的_____。

9. 如果栈的最大长度难以估计，则最好使用_____。

10. 在向一个长度为 n 的向量的第 i 个元素（$1 \leq i \leq n+1$）之前插入一个元素时，需向后移动_____个元素。

三、判断题 （每题 2 分，共 14 分）

1. 任意查找树的平均查找时间都小于用顺序查找法查找相同结点的线性表的平均查找时间。 （   ）

2. 如果一个串中的所有字符均在另一个串中出现，则说明前者是后者的子串。 （   ）

3. 对一个堆按层次遍历，不一定能得到一个有序序列。 （   ）

4. 简单选择排序是一种稳定的排序方法。 （   ）

5. 有回路的图不能进行拓扑排序。 （   ）

6. Dijkstra 算法是一种按路径长度递增的、求最短路径的算法。 （   ）

7. 在顺序表中插入和删除元素时，移动元素的个数与该元素的位置有关。 （   ）

四、简答题 （每题 5 分，共 30 分）

1. 设有一组初始记录关键字序列(24,35,12,27,18,26)，请写出前 3 趟直接插入排序的结果。

2. 已知一个数据表为{48,25,56,32,40}，请写出在起泡排序（升序）过程中的每趟排序的数据变化情况。

3. 假设一棵二叉树的先序序列为 EBADCFHGIKJ、中序序列为 ABCDEFGHIJK，请画出该二叉树。

4. 试指出树和二叉树的三个主要差别。

5. 线性结构有哪些特点？

6. 假定 3 个元素 A、B、C 依次进栈，在进栈过程中允许出栈，请写出所有可能的出栈序列。

数据结构模拟试卷（十七）

一、选择题 （每题 2 分，共 36 分）

1. 二分查找法（　　　）存储结构。

　　A. 只适用于顺序

　　B. 只适用于链式

　　C. 既适用于顺序也适用于链式

　　D. 既不适用于顺序也不适用于链式

2. 若采用链地址法构造散列表，散列函数为 H(key)=key MOD 17，则需（　　　）个链表。

　　A. 17　　　　　　　　B. 13　　　　　　　　C. 16　　　　　　　　D. 任意

3. 设有两个串 p 和 q，求 q 在 p 中首次出现的位置的运算叫作（　　　）。

　　A. 连接　　　　　　B. 模式匹配　　　　　C. 求子串　　　　　　D. 求串长

4. 串是一种特殊的线性表，其特殊性体现在（　　　）。

　　A. 可以顺序存储　　　　　　　　　　B. 元素是一个字符

　　C. 可以链式存储　　　　　　　　　　D. 元素可以是多个字符

5. 在归并排序过程中，归并的趟数为（　　　）。

　　A. n　　　　　　　　　　　　　　　B. n 的平方根

　　C. $\log_2 n$ 向上取整　　　　　　　　D. $\log_2 n$ 向下取整

6. 在对序列进行快速排序时，若以第一个元素为基准进行第一次划分，则在该次划分过程中需要移动元素次数最多的序列为（　　　）。

　　A. (1, 3, 5, 7, 9)　　　　　　　　　　B. (9, 7, 5, 3, 1)

　　C. (5, 3, 1, 7, 9)　　　　　　　　　　D. (5, 7, 9, 1, 3)

7. 在线索二叉树中，t 所指结点没有左子树的充分必要条件是（　　　）。

　　A. t->left=NULL　　　　　　　　　　B. t->ltag=1

　　C. t->ltag=1 且 t->left=NULL　　　　D. 以上都不对

8. 树最适合用来表示（　　　）。

　　A. 有序元素　　　　　　　　　　　　B. 无序元素

　　C. 具有分支层次关系的元素　　　　　D. 无联系的元素

9. 在一棵非空二叉树的中序遍历序列中，根结点的右边（　　　）。

　　A. 只有右子树的所有结点

　　B. 只有右子树的部分结点

　　C. 只有左子树的部分结点

　　D. 只有左子树的所有结点

10. 下列结构中最适合表示稀疏无向图的是（　　　）。
    A. 邻接矩阵　　　　　　　　　　　　B. 逆邻接表
    C. 邻接多重表　　　　　　　　　　　D. 十字链表

11. 带表头结点的单链表 h 为空的条件是（　　　）。
    A. h== NULL　　　　　　　　　　　B. h->next == NULL
    C. h->next == h　　　　　　　　　D. h != NULL

12. 循环链表的主要优点是（　　　）。
    A. 不再需要头指针
    B. 在已知某个结点的位置后，容易找到它的直接前驱结点
    C. 在进行插入、删除操作时，能更好地保证链表不断开
    D. 从任意结点出发都能扫描整个循环链表

13. 不带头结点的单链表 h 为空的条件是（　　　）。
    A. h== NULL　　　　　　　　　　　B. h->next == NULL
    C. h->next == h　　　　　　　　　D. h!= NULL

14. 可以从逻辑上把数据结构分为（　　　）两大类。
    A. 动态结构、静态结构　　　　　　　B. 顺序结构、链式结构
    C. 线性结构、非线性结构　　　　　　D. 初等结构、构造型结构

15. 一个栈的入栈序列为(a,b,c,d,e)，则不可能的输出序列是（　　　）。
    A. (e,d,c,b,a)　　　B. (d,e,c,b,a)　　　C. (d,c,e,a,b)　　　D. (a,b,c,d,e)

16. 设计一个用于判别表达式中左、右括号是否配对出现的算法，采用（　　　）最佳。
    A. 线性表的顺序存储结构　　　　　　B. 栈
    C. 队列　　　　　　　　　　　　　　D. 线性表的链式存储结构

17. 若一个栈的输入序列是(a,b,c)，则通过进栈、出栈操作得到 a、b、c 的不同排列序列的个数为（　　　）。
    A. 4　　　　　　B. 5　　　　　　C. 6　　　　　　D. 7

18. 栈常用的两种存储结构是（　　　）。
    A. 顺序存储结构和链式存储结构
    B. 散列存储结构和索引存储结构
    C. 链表存储结构和数组
    D. 线性存储结构和非线性存储结构

二、填空题（每题2分，共20分）

1. 散列存储时，装载因子的值越大，则存取元素时发生冲突的可能性就_____；其值越小，则存取元素时发生冲突的可能性就_____。

2. 在各种查找方法中，平均查找长度与结点个数无关的查找方法是_____查找法。

3. 空格串是由_____空格字符组成的串，其长度等于包含的空格_____。

4. 在堆排序的过程中，对任意分支结点进行筛选运算的时间复杂度为_____，整个堆排序的时间复杂度为_____。

5. 一棵有 2001 个结点的完全二叉树的高度为_____。

6. 在一棵二叉树中，度为 0 的结点个数为 n_0，度为 2 的结点个数为 n_2，则有 $n_0=$_____。

7. 设有稠密图 G，则采用_____存储结构较省空间。

8. 当一组数据的逻辑结构呈线性关系时，这种结构被称为_____。

9. 在向一个长度为 n 的向量的第 i 个元素（$1 \leqslant i \leqslant n+1$）之前插入一个元素时，需向后移动_____个元素。

10. 设有一个空栈，现在输入序列(1,2,3,4,5)，经过 PUSH、PUSH、POP、PUSH、POP、PUSH 动作的操作后，栈顶指针所指元素是_____。

三、判断题（每题 2 分，共 14 分）

1. 任意查找树的平均查找时间都小于用顺序查找法查找相同结点的线性表的平均查找时间。 （   ）

2. KMP 算法的最大特点是主串的指针不需要回溯。 （   ）

3. 对一个堆按层次遍历，不一定能得到一个有序序列。 （   ）

4. 对含 n 个记录的集合进行快速排序，需要的平均时间是 $O(n \log_2 n)$。 （   ）

5. 无向图的邻接矩阵一定是对称矩阵，有向图的邻接矩阵一定是非对称矩阵。 （   ）

6. 在含 n 个结点的无向图中，若边数大于 $n-1$，则该无向图必是连通图。 （   ）

7. 如果单链表带头结点，则插入操作永远不会改变头结点的值。 （   ）

四、简答题（每题 5 分，共 30 分）

1. 已知一个图的顶点集合 V 和边集合 E 分别如下：

$V=\{1,2,3,4,5,6,7\}$。

$E=\{(1,2)3,(1,3)5,(1,4)8,(2,5)10,(2,3)6,(3,4)15,$

$(3,5)12,(3,6)9,(4,6)4,(4,7)20,(5,6)18,(6,7)25\}$。

用克鲁斯卡尔算法得到最小生成树，试写出在最小生成树中依次得到的各条边。

2. 已知一个数据表为 $\{48,25,56,32,40\}$，请写出在起泡排序（升序）过程中的每趟排序的数据变化情况。

3. 从概念上讲，树与二叉树是两种不同的数据结构，那么将树转化为二叉树的基本目的是什么？

4. 具有 3 个结点的二叉树有 5 种不同的形态，请将它们分别画出来。

5. 试指出树和二叉树的 3 个主要差别。

6. 简述栈和队列的共同点和不同点，它们与线性表各有什么关系？

数据结构模拟试卷（一）参考答案

一、选择题

1. A　2. D　3. D　4. C　5. C　6. D　7. D　8. C　9. D　10. A

二、填空题

1. 正确性，易读性，强壮性，高效率

2. $O(n)$

3. 9，3，3

4. −1，34X * + 2Y * 3 / −

5. $2n$，$n−1$，$n+1$

6. e，$2e$

7. 有向无回路

8. $n(n−1)/2$，$n(n−1)$

9. (12,40)，（　　），(74)，(23,55,63)

10. 增加 1

11. $O(\log_2 n)$，$O(n\log_2 n)$

12. 归并

三、计算题

1. 线性表为(78,50,40,60,34,90)

2. 邻接矩阵：
$$\begin{bmatrix} 0 & 1 & 1 & 1 & 0 \\ 1 & 0 & 1 & 0 & 1 \\ 1 & 1 & 0 & 1 & 1 \\ 1 & 0 & 1 & 0 & 1 \\ 0 & 1 & 1 & 1 & 0 \end{bmatrix}$$

邻接表：

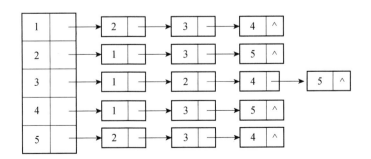

3. 用克鲁斯卡尔算法得到的最小生成树如下：

(1,2)3,(4,6)4,(1,3)5,(1,4)8,(2,5)10,(4,7)20

4. 每加入一个数据的小根堆的变化如下：

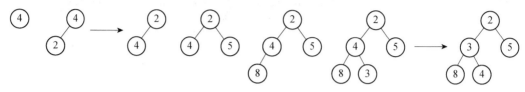

四、算法阅读题

1.（1）查询单链表的尾结点。

（2）将第一个结点链接到单链表的尾部，作为新的尾结点。

（3）返回的线性表为$(a_2,a_3,\cdots,a_n,a_1)$。

2. 通过递归后序遍历链式存储的二叉树。

五、算法填空题

true，BST->left，BST->right

六、算法编写题

```
int CountX(LNode* HL,ElemType x)
  { int i=0; LNode* p=HL;//i 为计数器
    while(p!=NULL)
     { if (P->data==x) i++;
         p=p->next;
     }//while, 出循环时 i 的值为 x 结点个数
    return i;
  }//CountX
```

数据结构模拟试卷（二）参考答案

一、选择题

1. D 2. B 3. C 4. A 5. A 6. C 7. B 8. C

二、填空题

1. 构造一个好的哈希函数，确定解决冲突的方法

2. stack.top++，stack.s[stack.top]=x

3. 有序

4. $O(n^2)$，$O(n\log_2 n)$

5. N_0-1，$2N_0+N_1$

6. $d/2$

7. (31,38,54,56,75,80,55,63)

8. (1,3,4,5,2)，(1,3,2,4,5)

三、应用题

1. (22,40,45,48,80,78)，(40,45,48,80,22,78)

2. q->llink=p; q->rlink=p->rlink; p->rlink->llink=q; p->rlink=q;

3. 2 次，ASL=(91×1+2×2+3×4+4×2)/9=25/9

4. 略

5. $E=\{(1,3),(1,2),(3,5),(5,6),(6,4)\}$

6. 略

四、算法设计题

1.
```
void quickpass(int r[], int s, int t)
{
  int i=s, j=t, x=r[s];
  while(i<j){
    while (i<j && r[j]>x) j=j-1; if (i<j) {r[i]=r[j];i=i+1;}
    while (i<j && r[i]<x) i=i+1; if (i<j) {r[j]=r[i];j=j-1;}
  }
  r[i]=x;
}
```

2.
```
typedef struct node {int data; struct node *next;}lklist;
void intersection(lklist *ha,lklist *hb,lklist *&hc)
{
  lklist *p,*q,*t;
```

```
    for(p=ha,hc=0;p!=0;p=p->next)
    {   for(q=hb;q!=0;q=q->next) if (q->data==p->data) break;
        if(q!=0){ t=(lklist *)malloc(sizeof(lklist)); t->data=p->data;t->next=hc; hc=t;}
    }
}
```

数据结构模拟试卷（三）参考答案

一、选择题

1. B 2. B 3. A 4. A 5. A 6. B 7. D 8. C 9. B 10. D

第 3 题分析：首先用指针变量 q 指向结点 A 的后继结点，然后将后继结点的值复制到结点 A 中，最后删除后继结点。

第 9 题分析：快速排序、归并排序和插入排序都必须等到整个排序结束后才能求出最小的 10 个初始记录关键字，而堆排序只需要在初始堆的基础上进行 10 次筛选，每次筛选的时间复杂度都为 $O(\log_2 n)$。

二、填空题

1. 顺序存储结构，链式存储结构
2. 9，501
3. 5
4. 出度，入度
5. 0
6. $e=d$
7. 中序
8. 7
9. $O(1)$
10. $i/2$，$2i+1$
11. (5,16,71,23,72,94,73)
12. (1,4,3,2)
13. j+1，hashtable[j].key==k
14. return(t)，t=t->rchild

第 8 题分析：二分查找的过程可以用一棵二叉树来描述，该二叉树也被称为二叉判定树。在有序表上进行二分查找时的查找长度不超过二叉判定树的高度，即 $1+\log_2 n$。

三、计算题

1.

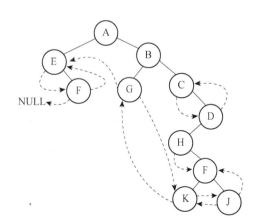

2. $H(36)=36 \text{ MOD } 7=1$;　　　　$H_1(22)=(1+1) \text{ MOD } 7=2$; …冲突

$H(15)=15 \text{ MOD } 7=1$; …冲突　　$H_2(22)=(2+1) \text{ MOD } 7=3$;

$H_1(15)=(1+1) \text{ MOD } 7=2$;

$H(40)=40 \text{ MOD } 7=5$;

$H(63)=63 \text{ MOD } 7=0$;

$H(22)=22 \text{ MOD } 7=1$; …冲突

（1）

0	1	2	3	4	5	6
63	36	15	22		40	

（2）ASL=$\dfrac{1+2+1+1+3}{5}=1.6$

3. (8,9,4,3,6,1),10,(12,<u>18</u>,18)

(1,6,4,3),8,(9),10,12,(<u>18</u>,18)

1,(3,4,6),8,9,10,12,<u>18</u>,(18)

1,3,(4,6),8,9,10,12,<u>18</u>,18

1,3, 4,6,8,9,10,12,<u>18</u>,18

四、算法设计题

1.

```
typedef int datatype;
typedef struct node {datatype data; struct node *next;}lklist;
void delredundant(lklist *&head)
{
    lklist *p,*q,*s;
    for(p=head;p!=0;p=p->next)
    {
      for(q=p->next,s=q;q!=0; )
      if (q->data==p->data) {s->next=q->next; free(q);q=s->next;}
      else {s=q,q=q->next;}
    }
}
```

2.

```
typedef struct node {datatype data; struct node *lchild,*rchild;} bitree;
bitree *q[20]; int r=0,f=0,flag=0;
void preorder(bitree *bt, char x)
{
  if (bt!=0 && flag==0)
      if (bt->data==x) { flag=1; return;}
      else {r=(r+1)% 20; q[r]=bt; preorder(bt->lchild,x); preorder(bt->rchild,x); }
}
void parent(bitree *bt,char x)
{
    int i;
    preorder(bt,x);
    for(i=f+1; i<=r; i++) if (q[i]->lchild->data==x || q[i]->rchild->data) break;
    if (flag==0) printf("not found x\n");
    else if (i<=r) printf("%c",bt->data); else printf("not parent");
}
```

数据结构模拟试卷（四）参考答案

一、选择题

1. C   2. D   3. D   4. B   5. C   6. A   7. B   8. A   9. C   10. A

二、填空题

1. $O(n^2)$， $O(n\log_2 n)$

2. p>llink->rlink=p->rlink; p->rlink->llink=p->rlink;

3. 3   4. 2^{k-1}

5. $n/2$ 6. 50，51

7. $m-1$，(R−F+M)%M   8. $n+1-i$，$n-i$

9. (19,18,16,20,30,22)   10. (16,18,19,20,32,22)

11. $A[i][j]=1$ 12. 等于

13. BDCA   14. hashtable[i]=0，hashtable[k]=s

三、计算题

1.

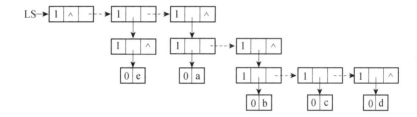

2.

（1）ABCDEF，BDEFCA

（2）ABCDEFGHIJK

（3）BDEFCAIJKHG

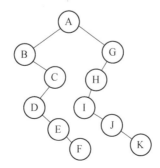

3. $H(4)=H(5)=0$，$H(3)=H(6)=H(9)=2$，$H(8)=3$，$H(2)=H(7)=6$

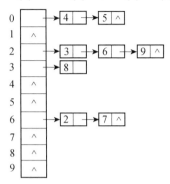

四、算法设计题

1.

```
typedef char datatype;
typedef struct node {datatype data; struct node *next;}lklist;
void split(lklist *head,lklist *&ha,lklist *&hb,lklist *&hc)
{
    lklist *p; ha=0,hb=0,hc=0;
    for(p=head;p!=0;p=head)
    {
     head=p->next; p->next=0;
     if (p->data>='A' && p->data<='Z') {p->next=ha; ha=p;}
     else if (p->data>='0' && p->data<='9') {p->next=hb; hb=p;} else {p->next=hc; hc=p;}
    }
}
```

2.

```
typedef struct node {int data; struct node *lchild,*rchild;} bitree;
void swapbitree(bitree *bt)
{
    bitree *p;
    if(bt==0) return;
    swapbitree(bt->lchild); swapbitree(bt->rchild);
    p=bt->lchild; bt->lchild=bt->rchild; bt->rchild=p;
}
```

3.

```
#define n 10
typedef struct node{int key; struct node *lchild,*rchild;}bitree;
void bstinsert(bitree *&bt,int key)
{
    if (bt==0){bt=(bitree *)malloc(sizeof(bitree)); bt->key=key;bt->lchild=bt->rchild=0;}
    else if (bt->key>key) bstinsert(bt->lchild,key); else bstinsert(bt->rchild,key);
}
void createbsttree(bitree *&bt)
{
    int i;
    for(i=1;i<=n;i++) bstinsert(bt,random(100));
}
```

数据结构模拟试卷（五）参考答案

一、选择题

1. A   2. B   3. A   4. A   5. D   6. B   7. B   8. B   9. C   10. C

二、填空题

1. top1+1=top2
2. 可以随机访问任意一个顶点的简单链表
3. $i(i+1)/2+j-1$
4. FILO，FIFO
5. ABDECF，DBEAFC，DEBFCA
6. 8，64
7. 出度，入度
8. $k_i<=k_{2i}$ && $k_i<=k_{2i+1}$
9. n−i，r[j+1]=r[j]
10. mid=(low+high)/2，r[mid].key>k

三、应用题

1. DEBCA
2. $E=\{(1,5),(5,2),(5,3),(3,4)\}$，$W=10$
3. ASL=(1×1+2×2+3×4)/7=15/7
4. ASL1=7/6，ASL2=4/3

四、算法设计题

1.

```
typedef struct node {datatype data; struct node *lchild,*rchild;} bitree;
int judgebitree(bitree *bt1,bitree *bt2)
{
  if (bt1==0 && bt2==0) return(1);
  else if (bt1==0 || bt2==0 ||bt1->data!=bt2->data) return(0);
  else return(judgebitree(bt1->lchild,bt2->lchild)*judgebitree(bt1->rchild,bt2->rchild));
}
```

2.

```
void mergelklist(lklist *ha,lklist *hb,lklist *&hc)
{
  lklist *s=hc=0;
  while(ha!=0 && hb!=0)
   if(ha->data<hb->data){if(s==0) hc=s=ha; else {s->next=ha; s=ha;};ha=ha->next;}
    else {if(s==0) hc=s=hb; else {s->next=hb; s=hb;};hb=hb->next;}
  if(ha==0) s->next=hb; else s->next=ha;
}
```

数据结构模拟试卷（六）参考答案

一、选择题

1. D　2. A　3. A　4. A　5. D　6. D　7. B　8. A　9. C　10. B　11. C　12. A　13. B
14. D　15. B

二、判断题

1. 错　2. 对　3. 对　4. 对　5. 错　6. 错　7. 对　8. 错　9. 对　10. 对

三、填空题

1. $O(n)$

2. s->next=p->next; p->next=s

3. (1,3,2,4,5)

4. $n-1$

5. 129

6. F==R

7. p->lchild==0&&p->rchild==0

8. $O(n^2)$

9. $O(n \log_2 n)$，$O(n)$

10. 开放定址法，链地址法

四、算法设计题

1.
```
struct record {int key; int others;};
int bisearch(struct record r[ ], int k)
{
  int low=0,mid,high=n-1;
  while(low<=high)
{
    mid=(low+high)/2;
    if(r[mid].key==k) return(mid+1); else if(r[mid].key>k) high=mid-1; else low=mid+1;
  }
  return(0);
}
```

2.
```
int minnum=-32768,flag=1;
typedef struct node{int key; struct node *lchild,*rchild;}bitree;
void inorder(bitree *bt)
{
  if (bt!=0) {inorder(bt->lchild); if(minnum>bt->key) flag=0; minnum=bt->key;inorder(bt->rchild);}
}
```

3.

```
void straightinsertsort(lklist *&head)
{
  lklist *s,*p,*q;  int t;
  if (head==0 || head->next==0) return;
  else for(q=head,p=head->next;p!=0;p=q->next)
  {
    for(s=head;s!=q->next;s=s->next) if (s->data>p->data) break;
    if(s==q->next)q=p;
else{q->next=p->next; p->next=s->next; s->next=p; t=p->data;p->data=s->data;s->data=t;}
  }
}
```

数据结构模拟试卷（七）参考答案

一、选择题

1. B　2. B　3. C　4. B　5. B　6. A　7. C　8. C　9. B　10. D

二、判断题

1. 对　2. 对　3. 对　4. 对　5. 对　6. 对　7. 对　8. 错　9. 错　10. 错

三、填空题

1. s->left，p->right

2. $n(n-1)$，$n(n-1)/2$

3. $n/2$

4. 开放定址法，链地址法

5. 14

6. 2^{h-1}，2^h-1

7. (12,24,35,27,18,26)

8. (12,18,24,27,35,26)

9. 5

10. i<j && r[i].key<x.key，r[i]=x

四、算法设计题

1.

```
void simpleselectsorlklist(lklist *&head)
{
  lklist *p,*q,*s;  int min,t;
  if(head==0 ||head->next==0) return;
  for(q=head; q!=0;q=q->next)
  {
    min=q->data; s=q;
    for(p=q->next; p!=0;p=p->next) if(min>p->data){min=p->data; s=p;}
    if(s!=q){t=s->data; s->data=q->data; q->data=t;}
  }
}
```

2.

```
void substring(char s[ ], long start, long count, char t[ ])
{
  long i,j,length=strlen(s);
  if (start<1 || start>length) printf("The copy position is wrong");
  else if (start+count-1>length) printf("Too characters to be copied");
  else { for(i=start-1,j=0; i<start+count-1;i++,j++) t[j]=s[i]; t[j]= '\0';}
}
```

3.
```
int lev=0;
typedef struct node{int key; struct node *lchild,*rchild;}bitree;
void level(bitree *bt,int x)
{
  if (bt!=0)
  {lev++; if (bt->key==x) return; else if (bt->key>x) level(bt->lchild,x); else level(bt->rchild,x);}
}
```

数据结构模拟试卷（八）参考答案

一、选择题

1. C　2. C　3. C　4. B　5. B　6. C　7. B　8. C　9. A　10. A

二、判断题

1. 对　2. 错　3. 对　4. 错　5. 错　6. 对　7. 对　8. 对　9. 对　10. 对

三、填空题

1. (49,13,27,50,76,38,65,97)

2. t=(bitree *)malloc(sizeof(bitree))，bstinsert(t->rchild,k)

3. p->next=s

4. head->rlink，p->llink

5. CABD

6. 1，16

7. 0

8. (13,27,38,50,76,49,65,97)

9. $n-1$

10. 50

四、算法设计题

1.

```
void countnode(bitree *bt,int &count)
{
    if(bt!=0)
    {count++; countnode(bt->lchild,count); countnode(bt->rchild,count);}
}
```

2.

```
typedef struct {int vertex[m]; int edge[m][m];}gadjmatrix;
typedef struct node1{int info;int adjvertex; struct node1 *nextarc;}glinklistnode;
typedef struct node2{int vertexinfo;glinklistnode *firstarc;}glinkheadnode;
void adjmatrixtoadjlist(gadjmatrix g1[ ],glinkheadnode g2[ ])
{
    int i,j; glinklistnode *p;
    for(i=0;i<=n-1;i++) g2[i].firstarc=0;
    for(i=0;i<=n-1;i++) for(j=0;j<=n-1;j++)
    if (g1.edge[i][j]==1)
    {
        p=(glinklistnode *)malloc(sizeof(glinklistnode));p->adjvertex=j;
        p->nextarc=g[i].firstarc; g[i].firstarc=p;
        p=(glinklistnode *)malloc(sizeof(glinklistnode));p->adjvertex=i;
        p->nextarc=g[j].firstarc; g[j].firstarc=p;
    }
}
```

数据结构模拟试卷（九）参考答案

一、选择题

1. A 2. A 3. A 4. C 5. D 6. D 7. C 8. B 9. C 10. A 11. C 12. C 13. D 14. A 15. A

二、填空题

1. p->next，s->data   2. 50

3. $m-1$ 4. 6，8

5. 快速，堆   6. 19/7

7. CBDA   8. 6

9. (24,65,33,80,70,56,48)   10. 8

三、判断题

1. 错 2. 对 3. 对 4. 对 5. 错 6. 错 7. 对 8. 对 9. 错 10. 对

四、算法设计题

1.

```
void sum(bitree *bt,int &s)
{
    if(bt!=0) {s=s+bt->data; sum(bt->lchild,s); sum(bt->rchild,s);}
}
```

2.

```
void quickpass(int r[], int s, int t)
{
  int i=s,j=t,x=r[s];
  while(i<j)
{
    while (i<j && r[j]%2==0) j=j-1;  if (i<j) {r[i]=r[j];i=i+1;}
    while (i<j && r[i]%2==1) i=i+1;  if (i<j) {r[j]=r[i];j=j-1;}
  }
  r[i]=x;
}
```

3.

```
int isriselk(lklist *head)
{
    if(head==0||head->next==0) return(1);else
    for(q=head,p=head->next; p!=0; q=p,p=p->next)if(q->data>p->data) return(0);
    return(1);}
```

数据结构模拟试卷（十）参考答案

一、选择题

1. A   2. D   3. B   4. B   5. B   6. D   7. A   8. D   9. D   10. C   11. B   12. D

二、填空题

1. 4，10

2. $O(n\log_2 n)$，$O(n^2)$

3. h

4. 1，2

5. $n(m-1)+1$

6. q->next

7. 线性结构，树型结构，图型结构

8. $O(n^2)$，$O(n+e)$

9. 8/3

10. (38,13,27,10,65,76,97)

11. (10,13,27,76,65,97,38)

12. 124653

13. struct node *rchild，bt=0，createbitree(bt->lchild)

14. lklist，q=p

三、算法设计题

1.
```
void mergelklist(lklist *ha,lklist *hb,lklist *&hc)
{
    lklist *s=hc=0;
    while(ha!=0 && hb!=0)
      if(ha->data<hb->data){if(s==0) hc=s=ha; else {s->next=ha; s=ha;};ha=ha->next;}
      else {if(s==0) hc=s=hb; else {s->next=hb; s=hb;};hb=hb->next;}
    if(ha==0) s->next=hb; else s->next=ha;
}
```

2.
```
bitree *bstsearch1(bitree *t, int key)
{
  bitree *p=t;
  while(p!=0) if (p->key==key) return(p);else if (p->key>key)p=p->lchild; else p=p->rchild;
  return(0);
}
```

3.

```
void adjustheap(int r[ ],int n)
{
  int j=n,i=j/2,temp=r[j-1];
  while (i>=1) if (temp>=r[i-1])break; else{r[j-1]=r[i-1]; j=i; i=i/2;}
  r[j-1]=temp;
}
```

数据结构模拟试卷（十一）参考答案

一、选择题

1. C 2. B 3. D 4. C 5. C 6. A 7. B 8. C 9. B 10. A 11. B 12. B 13. D
14. A 15. D

二、填空题

1. 关于问题规模 n 的函数

2. tail->next->next

3. $n(n-1)$

4. p->next = p->next->next

5. 4

6. 99

7. (rear−front+m)%m

8. $O(n^2)$

9. (18,22,17,43,96)

10. 4

三、 简答题

1. （1）语句 S1 的功能：寻找第 i−1 个结点。

   （2）语句 S2 的功能：将结点 s 插入第 i 个结点前。

   （3）新的链表 L：(1,7,5,6,9,8,12,10)。

2. ABC、ACB、BAC、BCA、CBA。（每答对 1 个出栈序列得 1 分，全对得 6 分）

3. 先序遍历序列：ABDFGHIEC。

   中序遍历序列：FDHGIBEAC。

   后序遍历序列：FHIGDEBCA。

4. 画出 1 个图得 1 分，共 6 分。

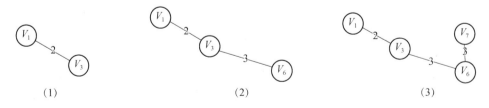

(1)　　　　　　　　　　(2)　　　　　　　　　　(3)

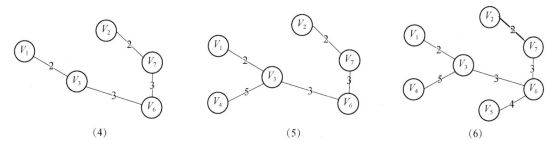

（4）　　　　　　　　　　　（5）　　　　　　　　　　　（6）

5. 邻接矩阵（3分，错1个位置扣1分），邻接表（3分，错1个位置扣1分）。

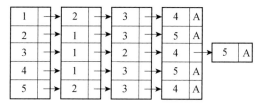

四、算法填空题

1.（1）s->data

　（2）t

2.（1）mid=(low+high)/2

　（2）S.r[mid].key < key

　（3）high=mid-1

五、算法编程题

```
void InsertSort(){
  int i, j, temp;
  int A[10]={2,6,5,7,9,20,16,15,11,3};     (1分)
  for(i=1; i<10; i++){                      (1分)
   if(A[i] < A[i-1]){                        (1分)
    temp = A[i];                             (1分，交换第5行和第6行也可得分)
    for(j=i-1; j>=0&&A[j]>temp; j--)          (2分)
      A[j+1] = A[j];                          (1分)
    A[j+1]=temp;                              (1分)
  }    }; }
```

该排序方法的时间复杂度为 $O(n^2)$。　　　　　（2分）

数据结构模拟试卷（十二）参考答案

一、选择题

1. C   2. B   3. B   4. C   5. A   6. B   7. C   8. A   9. B   10. A   11. A   12. B   13. C
14. A   15. C

二、填空题

1. 操作对象，运算

2. 一对一，一对多，多对多

3. O(1)，随机存取

4. 栈顶，栈底

5. 移动栈顶指针，存入元素

6. 350

7. 深度优先搜索遍历，广度优先搜索遍历

8. $O(n^2)$

9. 28、6、12、20

10. 比较，移动

三、 简答题

1. 共有 5 种二叉树，具体如下所示。

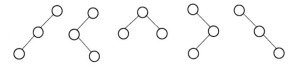

其中，有 4 棵树的高度为 3，1 棵树的高度为 2。

2. 相应的森林如下所示。

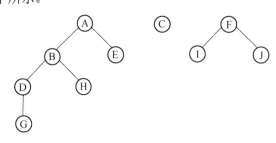

3. 构造哈夫曼树的过程如下所示。

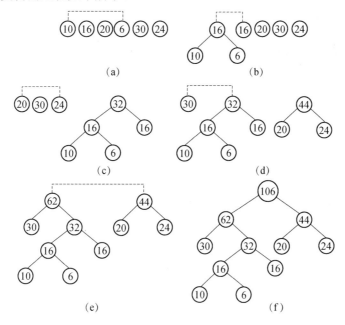

(a)

(b)

(c)

(d)

(e)

(f)

4. $E=\{(1,5),(5,2),(5,3),(3,4)\}$，$W=10$

5. $(8,9,4,3,6,1),10,(12,18,18)$

四、算法填空题

1. （1）n−i

   （2）r[j+1]=r[j]

2. （1）bt=0

   （2）bitree

   （3）createbitree(bt->lchild)

五、算法编程题

```
int LENGTH(linklist L){
    p=L->next; n=0;
    while(p!=NULL){
    n++;
    p=p->next;
    }
    return(n);
}
```

数据结构模拟试卷（十三）参考答案

一、选择题

1. A 2. D 3. D 4. B 5. A 6. B 7. B 8. A 9. C 10. B 11. C 12. A 13. B
14. D 15. C

二、填空题

1. s->next=p->next，p->next=s

2. 指针

3. 2

4. $M-1$，$(R-F+M)\%M$

5. $2n$，$n+1$

6. $i/2$ 或$(i+)/2$，$2i+1$

三、简答题

1. 可能的出栈序列如下（答对 1 个得 1 分）：

XYZ、XZY、YXZ、YZX、ZYX

2.

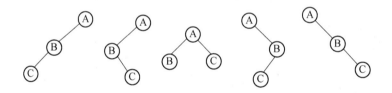

3.

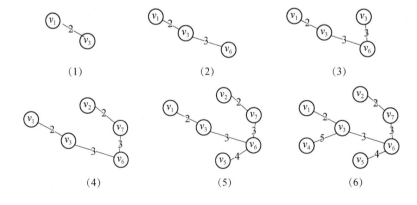

(1)   (2)   (3)

(4)   (5)   (6)

4.
第一趟排序：{25,48,32,40,56}
第二趟排序：{25,32,40,48,56}

四、综合题

1.（1）null
　（2）(LNode *)malloc(sizeof(LNode));
　（3）x
　（4）null
　（5）s
　（6）p->next

2.（1）L.elem 或 L
　（2）L.length
　（3）p!=x 或 p->elem[i]!=x
　（4）++p (p++)
　（5）i
　（6）0

3.
首先将链表的头指针后移一位（1分），用指针 q 指向原来的头指针（1分），通过指针 p 找到链表的表尾，最后将原链表的表尾指向 q（2分）。程序实现的功能是将链表的表头变成表尾，将原表头的下一个结点变成表头（2分）。

4.
堆可以被看作一棵树的数组对象，将根结点最大的堆叫作最大堆或大根堆，将根结点最小的堆叫作最小堆或小根堆，堆满足下列性质。
（1）堆中某个结点的值总是不大于或不小于其父结点的值。
（2）堆总是一棵完全二叉树。

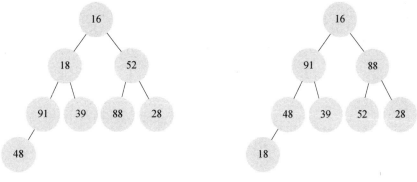

（0）初始状态　　　　　　　　　　（1）调整了 1 次

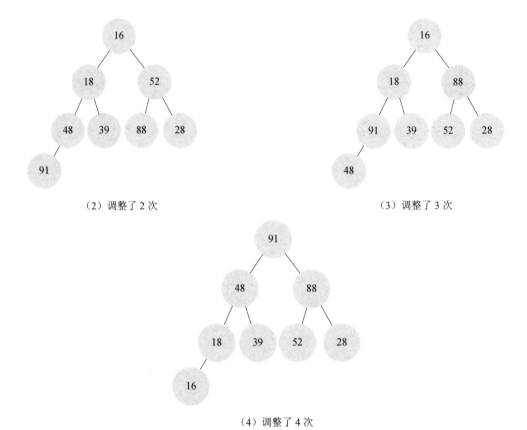

（2）调整了 2 次　　　　　　　　　　　　　　　　　（3）调整了 3 次

（4）调整了 4 次

5. 设线性表结构为 L。

```
void FindMaxAndMin(L, int &Max, int &Min){
    int k=0, Max = Min = L. getData(0);      ……  (2分)
    while(k< L.length()){                ……  (1分)
        int x = L. getData(k);           ……  (1分)
        if ( x > Max) Max = x;           ……  (1分)
        if ( x < Min) Min = x;           ……  (1分)
        ++k;
    }
}
```

说明：该题也可以通过对数组进行访问来获取最大值、最小值。

数据结构模拟试卷（十四）参考答案

一、选择题

1. C 2. B 3. B 4. D 5. A 6. B 7. A 8. A 9. C 10. A 11. C 12. C 13. B
14. D 15. D

二、填空题

1. 有穷性，确定性

2. 一对一，一对多，多对多（答错 1 空得 1 分，全部答对得 2 分）

3. q->next 或 p->next->next

4. 栈顶，栈底

5. HL->next ==NULL

6. 9

7. 深度优先搜索遍历，广度优先搜索遍历

8. 2

9. 28、6、12、20

10. $n-1$

三、简答题

1. 先序遍历序列：ABDGECF。
   中序遍历序列：GDBEAFC。
   后序遍历序列：GDEBFCA。

2.
（1）

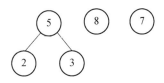

（2）

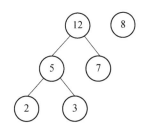

（3）

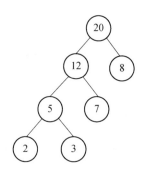

3.

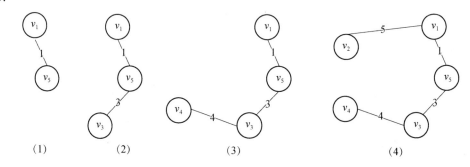

| （1） | （2） | （3） | （4） |

4. 邻接矩阵：

$$\begin{bmatrix} 0 & 1 & 1 & 1 & 1 \\ 1 & 0 & 1 & 0 & 0 \\ 1 & 1 & 0 & 1 & 0 \\ 1 & 0 & 1 & 0 & 0 \\ 1 & 0 & 0 & 0 & 0 \end{bmatrix}$$

邻接表：

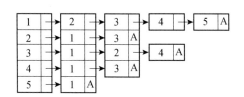

5.

（1） 6　3　8　9　5
　　　　i　　　　　j

（2） 5　3　8　9
　　　　i　　　　j

（3） 5　3　8　9
　　　　　　i　　j

（4） 5　3　9　8
　　　　　　i　j

（5）5　3　9　8

　　　　　　ij

（6）5　3　6　9　8

　　　　　　ij

四、算法填空题

1.（1）⑥①⑨

　　（2）③⑦

2.（1）mid = (low+high)/2

　　（2）A[mid] < K

　　（3）low = mid+1

五、算法编程题

```
void Bubble_Sort(){
    int i, j, flag;
    int temp;
    for (i=1; j<=n-1; ++ i) {              (1分)
        flag=1;                     (1分)
        for (j=1; j<=n-i; ++j)             (1分)
            if(A[j+1] < A[j]){         (2分)
                flag=0 ;        (1分)
                temp = A[j];        (1分)
                A[j] = A[j+1];      (1分)
                A[j+1] = temp;      (1分)
            }
        if (flag= =1)  break ;          (1分)
    }
}
```

数据结构模拟试卷（十五）参考答案

一、选择题

1. D 2. C 3. D 4. B 5. C 6. B 7. B 8. C 9. B 10. D 11. A 12. D 13. A
14. A 15. B 16. B 17. C 18. B

二、填空题

1. 左子树的高度，左子树的高
（或 右子树的高度，右子树的高）

2. 顺序，有序的

3. 长度，字符

4. 8

5. 69

6. 12

7. 出度

8. p->Prior->Next

9. $n-i$

10. 链栈、链式栈、链式结构或链式结构栈

三、判断题

1. 错 2. 错 3. 错 4. 对 5. 对 6. 错 7. 对 8. 对

四、简答题

1. 若线性表的长度变化不大，且其主要操作是查找，则采用顺序表；若线性表的长度变化较大，且其主要操作是插入和删除，则采用链表。

2. 该有向图是强连通图，如下所示。

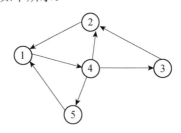

3.

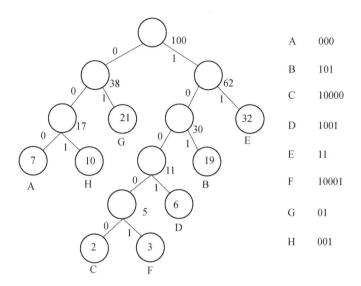

A	000
B	101
C	10000
D	1001
E	11
F	10001
G	01
H	001

4.

线性表：随机存储，可以实现，靠循环变量从表尾开始输出。

栈：后进先出，可以实现，按正序进栈、逆序出栈。

队列：先进先出，不易实现。

判断哪种方式最好，还要根据具体情况进行分析。若正文已以顺序存储，则直接用线性表从后往前读取即可，或先将栈顶移到数组末尾，然后直接用 POP 动作实现。若正文以单链表形式存储，则等同于队列，需要辅助空间，可以从链首开始进栈，待全部压入栈后再依次输出。

5. 头结点的指针域为空。

数据结构模拟试卷（十六）参考答案

一、选择题

1. A 2. A 3. B 4. A 5. D 6. C 7. A 8. D 9. D 10. A 11. D

12. C 13. B 14. C 15. B 16. A 17. D 18. A

二、填空题

1. 1，2，4，8，5，3.7
2. 直接定址或直接寻址
3. 0
4. 38，40，56，79，46，84
5. 11
6. 2^{k-1}，2^k-1
7. 出度
8. 长度
9. 链栈、链式栈、链式结构或链式结构栈
10. $n-i+1$

三、判断题

1. 错 2. 错 3. 对 4. 错 5. 对 6. 对 7. 对

四、简答题

1. (24,35,12,27,18,26)

   (12,24,35,27,18,26)

   (12,24,27,35,18,26)

2. 初始：{48,25,56,32,40}

   第 1 趟：{25,48,32,40,56}

   第 2 趟：{25,32,40,48,56}

   第 3 趟：{25,32,40,48,56}

3.

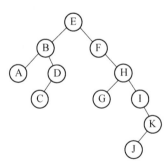

4. 树的结点个数至少为 1（不同教材的规定不同），而二叉树的结点个数可以为 0。

   树中结点的最大度数没有限制，而二叉树结点的最大度数为 2。

   树的结点无左、右之分，而二叉树的结点有左、右之分。

5. 线性结构在非空有限集合中有以下特点。

（1）存在唯一的"第一个"元素。

（2）存在唯一的"最后一个"元素。

（3）除第一个元素外，集合中的每个元素均只有一个前驱结点。

（4）除最后一个元素外，集合中的每个元素均只有一个后继结点。

6. ABC、ACB、BAC、BCA、CBA

数据结构模拟试卷（十七）参考答案

一、选择题

1. A 2. A 3. B 4. B 5. C 6. D 6. B 8. C 9. A 10. C 11. B 12. D 13. A
14. C 15. C 16. B 17. B 18. A

二、填空题

1. 越大，越小

2. 哈希表

3. 一个或多个，个数

4. $O(\log_2 n)$，$O(n \log_2 n)$

5. 11

6. n_2+1

7. 邻接矩阵

8. 线性结构

9. $n-i+1$

10. 4

三、判断题

1. 错 2. 对 3. 对 4. 对 5. 错 6. 错 7. 对

四、简答题

1. 最小生成树如下：

   (1,2)3,(4,6)4,(1,3)5,(1,4)8,(2,5)10,(4,7)20

2. 初始：{48,25,56,32,40}

   第 1 趟：{25,48,32,40,56}

   第 2 趟：{25,32,40,48,56}

   第 3 趟：{25,32,40,48,56}

3. 树可采用孩子—兄弟链表（二叉链表）作为存储结构，目的是利用二叉树的已有算法解决树的有关问题。

4.

5. ①树的结点个数至少为 1（不同教材的规定不同），而二叉树的结点个数可以为 0。②树中结点的最大度数没有限制，而二叉树结点的最大度数为2。③树的结点无左、右之分，而二叉树的结点有左、右之分。

6. 共同点：都有顺序储存结构和链式储存结构，都只能在线性表的端点处进行插入和删除操作。

不同点：操作不同。栈和队列是在程序设计中被广泛使用的两种线性数据结构，它们的不同点在于基本操作的特殊性，栈必须按"后进先出"的规则进行操作，而队列必须按"先进先出"的规则进行操作。

与线性表的关系：栈和队列都是线性表，且都是限制了插入、删除位置的线性表。